E-Book inside.

Mit folgendem persönlichen Code erhalten Sie die E-Book-Ausgabe dieses Buches zum kostenlosen Download.

2018v-cw6p5-
6r5i3-400l6

Registrieren Sie sich unter **www.hanser-fachbuch.de/ebookinside** und nutzen Sie das E-Book auf Ihrem Rechner*, Tablet-PC und E-Book-Reader.

* Systemvoraussetzungen:
Internet-Verbindung und Adobe® Reader®

Kaufmann

Praxisbuch Lean Six Sigma

Uwe H. Kaufmann

Praxisbuch Lean Six Sigma

Werkzeuge und Beispiele

HANSER

FSC
www.fsc.org
MIX
Papier aus verantwortungsvollen Quellen
FSC® C014889

Bibliografische Information der Deutschen Nationalbibliothek

Die Deutsche Nationalbibliothek verzeichnet diese Publikation in der Deutschen Nationalbibliografie; detaillierte bibliografische Daten sind im Internet über <http://dnb.d-nb.de> abrufbar.

http://www.hanser-fachbuch.de

Lektorat: Lisa Hoffmann-Bäuml
Herstellung: Thomas Gerhardy
Satz: Kösel, Krugzell
Umschlaggestaltung: Stephan Rönigk
Druck & Bindung: Friedrich Pustet, Regensburg
Printed in Germany

ISBN 978-3-446-42703-7
E-Book-ISBN 978-3-446-43151-5

Inhalt

Einleitung

1. Definition von Lean Six Sigma

Lean Six Sigma ist ein weitverbreiteter und überaus erfolgreicher Ansatz zur Prozessverbesserung, der sich aus den Werkzeugen von zwei erprobten Methoden, Lean und Six Sigma, zusammensetzt. **Lean** wurde über mehrere Jahrzehnte maßgeblich von Toyota entwickelt und umfasst eine Vielzahl von Werkzeugen zum **Reduzieren von Verschwendung** in Prozessen.

Die Zielstellungen für Lean sind unter anderem:

- Verkürzen von Durchlaufzeiten,
- Reduzieren von Lagerhaltungskosten,
- Verminderung von gebundenem Kapital,
- Erhöhen von Prozesseffizienz,
- Anheben der Kapazität von Prozessen,
- Verbesserung des Durchlaufs von Waren und Dienstleistungen von Kundenforderungen bis zur Lieferung der Ware oder Leistung,
- Motivieren von am Prozess beteiligten Mitarbeitern,
- Steigern der Kundenzufriedenheit,
- Verbessern des Unternehmensergebnisses.

Six Sigma ist ein Produkt von Motorolas erfolgreichem Kampf gegen Produktionsprobleme in deren TV-Fertigungsstätten während der 80er-Jahre und ist auf das **Reduzieren der allgegenwärtigen Variation** in Prozessen ausgerichtet.

Die Zielstellungen für Six Sigma sind unter anderem:

- Reduzieren von Fehlern und Nacharbeit,
- Verbessern von Qualität und Prozessfähigkeit,
- Steigern der Vorhersagbarkeit von Prozessergebnissen,
- Erhöhen der Zuverlässigkeit von Waren und Lieferungen,
- Anheben der Kapazität von Prozessen,

- Motivieren von am Prozess beteiligten Mitarbeitern,
- Steigern der Kundenzufriedenheit,
- Verbessern des Unternehmensergebnisses.

Aufgrund der Verbindung von Variation und Verschwendung in bidirektionaler Ursache-Wirkungs-Beziehung wurde Lean Six Sigma geschaffen, das eine folgerichtige Kombination der Werkzeuge beider Methoden darstellt.

Lean: Reduzieren von Verschwendung in Prozessen

Beim Versenden von Gütern mit Logistikunternehmen können unterschiedliche Fehler zu Kundenunzufriedenheit führen. Beispielsweise kann der Versand grundsätzlich zu lange dauern. Das liegt in der Regel an Verschwendung im Ablauf wie unnötigen Wartezeiten, unnötig langen Transportwegen oder Nacharbeit aufgrund von Fehlern. Derartige Probleme sind vorzugsweise mit Lean-Werkzeugen zu bearbeiten. Durch das Reduzieren der Verschwendung von Ressourcen werden gleichzeitig weitere Fehler im Prozess offensichtlicher und können durch Six-Sigma-Werkzeuge reduziert werden.

Werden beide Ansätze aus der Sicht des Projektumfanges betrachtet, so ergibt sich für Lean eher eine Makroperspektive, die einen Prozess in seinem gesamten Umfang von der Anforderung bis zur Lieferung darstellt und verbessert. Dagegen wird Six Sigma oftmals eingesetzt, um spezielle Probleme im Prozess zu analysieren und Lösungen dafür zu finden.

In den vergangenen 20 Jahren wurden durch Lean Six Sigma in einer Vielzahl von Unternehmen aller Branchen Milliarden an Kosten gespart und zusätzliche Erträge erwirtschaftet. Diese Unternehmen haben dadurch ihre Kundenbeziehung entscheidend verbessert, ihre Organisation einer Umwälzung unterzogen oder die nächste Generation von Führungskräften ausgebildet und einer praktischen Herausforderung ausgesetzt. Sogar Regierungsstellen wie Ministerien oder Behörden konnten mithilfe von Lean Six Sigma Kundenzufriedenheit erhöhen und Effizienz steigern.

Während die Werkzeuge für Lean Six Sigma aus beiden Methoden entlehnt sind, stammt die Vorgabe des Projektablaufs mit den Phasen **DEFINE, MEASURE, ANALYSE, IMPROVE, CONTROL** aus den Grundlagen für Six-Sigma-Projektmanagement. Dieser Projektablauf wird oftmals mit **DMAIC** bezeichnet.

Six Sigma: Reduzieren von Fehlern in Prozessen

Beim Versenden der Güter kann es auch zu Beschädigungen, Fehlsendungen oder falschen Rechnungen kommen. Dadurch werden die Sendungen oftmals nach wesentlich längerer Zeit zugestellt, als das versprochen wurde. Die resultierende Prozessvariation hat immer Kundenunzufriedenheit aufgrund des Mangels an Verlässlichkeit zur Folge. Derartige Probleme sind vorzugsweise mit Six-Sigma-Werkzeugen zu beheben. Das Beheben dieser Probleme bildet gleichzeitig eine gute Voraussetzung für die Reduzierung von Verschwendung im gleichen Prozess. ■

Neben der Verbesserung von Geschäftsprozessen werden mit dem Einführen einer Lean-Six-Sigma-Initiative oftmals weiter reichende Ziele verfolgt. So hat Jack Welch mit seiner Six-Sigma-Initiative in den 90er-Jahren einen unternehmensweiten kulturellen Wandel für General Electric angestrebt und auch erfolgreich umgesetzt (Tabelle 1).

TABELLE 1 General Electrics Kulturwandel unterstützt durch Six Sigma

Zustand vor der Einführung von Six Sigma	Zustand nach Einführung von Six Sigma
Einsatz von Ansätzen und Werkzeugen zur Qualitätsverbesserung ist sporadisch.	Bewährte Ansätze und Werkzeuge zur Qualitätsverbesserung werden diszipliniert und konsistent umgesetzt.
Ware wird an den Kunden versandt und Qualitätsprobleme werden beim Kunden korrigiert („Ship and Fix“-Mentalität).	Waren werden sofort fehlerfrei produziert und entsprechend den Kundenforderungen versandt.
Kosten von Nicht-Qualität werden ignoriert.	Kosten von Qualitätsproblemen werden ermittelt und an betroffene Mitarbeiter kommuniziert.
Werte, Denk- und Verhaltensweisen sowie Praktiken sind funktionsorientiert.	Werte, Denk- und Verhaltensweisen sowie Praktiken sind prozessorientiert.
Geschäftsentscheidungen werden oftmals nach Gefühl getroffen.	Geschäftsentscheidungen werden nach Erfassung und Analyse von objektiven Daten getroffen.

2. Lean-Six-Sigma-Ausbildung

Für die **Ausbildung zum Lean-Six-Sigma-Projektleiter** werden sogenannte **Green-Belt-Trainings** angeboten, die in der Regel zehn Tage dauern und parallel zur Arbeit an einem geschäftsrelevanten Projekt durchgeführt und daher über einen Zeitraum von zwei bis drei Monaten verteilt werden. Nach dem Durchlaufen des Trainings, dem Bestehen des Examens und dem erfolgreichen Abschluss des Projektes wird ein Green-Belt-Zertifikat erteilt. Mit diesem Zertifikat ist es möglich, an einem **Black-Belt-Training** teilzunehmen, das weitere zehn Tage Training und Projektarbeit beinhaltet. Nach dem Bestehen des Examens und dem erfolgreichen Projektabschluss wird ein Black-Belt-Zertifikat erteilt. Einige wenige Black Belts werden zum Master Black Belt ausgebildet.

Lean Six Sigma als Bestandteil der Leistungsbewertung von Führungskräften

In vielen Unternehmen aller Branchen ist ein erfolgreich abgeschlossenes Green-Belt-Projekt ein wichtiger Meilenstein auf dem Weg der Entwicklung von Führungskräften.

Ein Lean-Six-Sigma-Projekt erfordert vom Projektleiter, dem Green Belt oder Black Belt, eine Reihe von Eigenschaften, die zu den Grundkomponenten erfolgreicher Führung zählen. Absolute Kundenorientierung bei gleichzeitiger Absicherung der Relevanz für das eigene Unternehmen zählen genauso dazu wie Fähigkeiten zur Interpretation und Analyse von Daten sowie die daraus abgeleitete Entscheidungsfindung zur Verbesserung von Geschäftsprozessen. Zusätzlich werden die Projektleiter gefordert, ein nicht unterstelltes Team zu motivieren, dabei mit allen Ebenen des Unternehmens effektiv zu kommunizieren und für die Erfüllung der Projektaufgabe zu kämpfen.

Nicht jeder, der diese Fähigkeiten unter Beweis stellen kann und die entsprechenden Aufgaben erfüllt, ist automatisch für eine Führungsposition qualifiziert. Dagegen sollte die Eignung von nicht erfolgreichen Lean-Six-Sigma-Projektleitern für eine Führungsposition infrage gestellt werden.

Ein Ziel der Entwicklung von Black Belts und insbesondere Master Black Belts besteht oftmals in Personalentwicklung und Leistungsbewertung, bevor Mitarbeiter in Führungsebenen befördert werden, um sie mit zusätzlichen Werkzeugen auszustatten und vertraut zu machen, die besonders im Alltag einer Führungskraft vorteilhaft sein können.

3. Ziele und Gründe für dieses Buch

Dieses Buch liefert eine Erläuterung der Lean-Six-Sigma-Methodologie anhand einer durchgehenden und detaillierten Projektdokumentation. Das in diesem Buch veranschaulichte Projekt basiert auf einer realen Fallstudie, wobei zum Schutz unseres Kunden Namen und Daten geändert wurden. Die Fallstudie behandelt ein Problem eines Finanzierungsunternehmens, das aufgrund von mangelhaften Prozessen mit dem Abwandern von Kunden zu kämpfen hat und dadurch Marktanteil sowie Umsatz verliert. Im Laufe des Buches wird die Projektarbeit, insbesondere die Anwendung der typischen Lean-Six-Sigma-Werkzeuge an diesem Fallbeispiel erläutert, bis zum Abschluss eine wesentlich verbesserte Prozessfähigkeit aufgezeigt werden kann, die in gestiegene Kundenzufriedenheit und -bindung umschlägt und damit das Unternehmensergebnis nachhaltig steigert.

Verwendung von Lean-Six-Sigma-Werkzeugen

Der Charakter der Lean-Six-Sigma-Methode besteht in der Bereitstellung von Werkzeugen für sehr unterschiedliche Problemstellungen, Datenkonstellationen und Analyseansätze. Daher gibt es kein reales Lean-Six-Sigma-Projekt, das den Einsatz aller bereitgestellten und gelehrten Werkzeuge erfordert. Vielmehr ist es eine der wichtigsten und oftmals schwierigsten Aufgaben des Projektleiters, die geeigneten Werkzeuge auszuwählen und zum Einsatz zu bringen.

Im vorliegenden Fallbeispiel wird daher die Anwendung einer Untermenge aller zur Verfügung stehenden Werkzeuge demonstriert. Es ist weder sinnvoll noch realistisch, die Vielzahl der für das Fallbeispiel weniger passenden Hilfsmittel am Beispiel zu erläutern.

Die Idee für dieses Buch wurde durch eine Vielzahl von Anfragen seitens unserer Kunden geweckt, die nach Fallstudien zur Unterstützung ihrer frisch trainierten und noch wenig erfahrenen Black Belts oder Green Belts suchen. Zusätzlich zu Training und Projektbegleitung bietet dieses Buch eine Schritt-für-Schritt-Handlungsanweisung zum Bearbeiten eines Projektes. Entsprechend dieser Ausrichtung werden die Grundlagen von Lean Six Sigma sehr knapp behandelt (hierzu sei auf vorhandene Grundlagenliteratur verwiesen).

Das Ziel dieses Buches ist es, ein Referenzprojekt für die Arbeit in allen Phasen des DMAIC-Zyklus anzubieten. Es gibt unerfahrenen Praktikern der Lean-Six-Sigma-Methodologie eine klare Hilfestellung zur effizienten Anwendung verschiedener DMAIC-Werkzeuge. Und es gibt einfache Rezepte zum Einsatz von eher komplex anmutenden Werkzeugen, ohne deren Hintergründe detailliert zu beleuchten. Im Vordergrund steht die Anwendung im Projekt, nicht die theoretische Herleitung der Zusammenhänge.

4. Zum Aufbau des Buches

Das Buch ist nach dem Six-Sigma-Projektzyklus DMAIC in die fünf Teile DEFINE, MEASURE, ANALYSE, IMPROVE und CONTROL gegliedert.

Jeder Teil folgt der Gliederung

1. Übersicht
2. Schritte
3. Zielsetzung
4. Voraussetzungen
5. Ergebnisse
6. Checkliste auf Vollständigkeit und Erfolg
7. Hinweise
8. Teamdynamik
9. Projektablauf

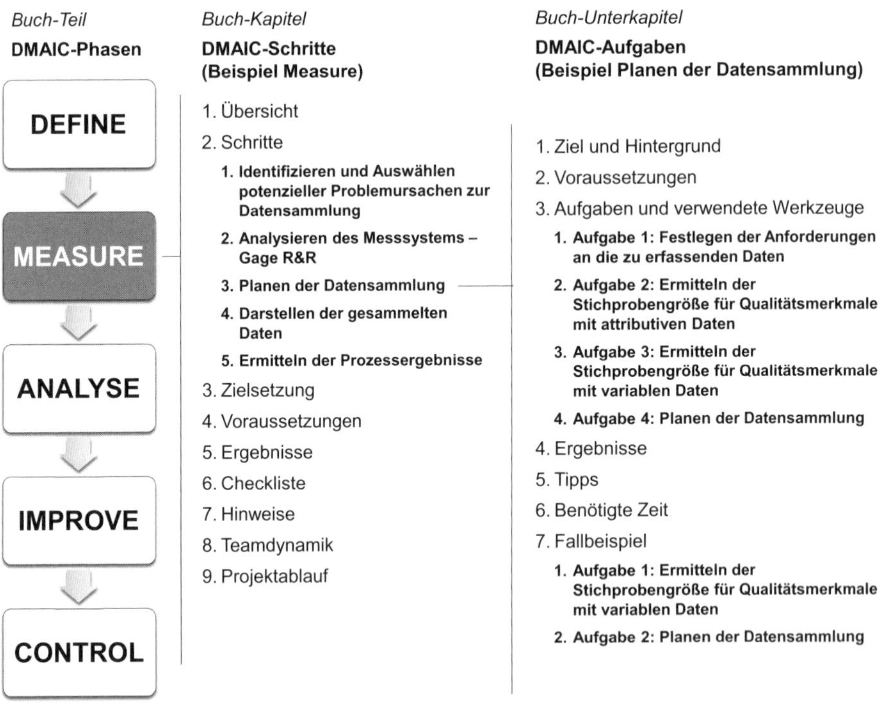

BILD 1 Struktur des Buches am Beispiel der Phase „Measure“ und des Schrittes „Planen der Datensammlung“

Bild 1 zeigt beispielhaft den Aufbau der einzelnen Buchteile:

- In Punkt 1. wird die entsprechende Phase im DMAIC-Zyklus dargestellt.
- In Punkt 2. werden die zu bearbeitenden Schritte in der jeweiligen Phase dargestellt, während Punkt 3. die Zielsetzung für diese Phase festlegt.
- In Punkt 4. werden die erforderlichen Voraussetzungen für die entsprechende Projektphase genannt, während Punkt 5. die zu erwartenden Ergebnisse aufzählt.
- In Punkt 6. wird eine Checkliste für Projektleiter und deren Sponsoren angeboten, mit deren Hilfe bei Abschluss der behandelten Projektphase Vollständigkeit und Erfolg geprüft werden können.
- In Punkt 7. gibt es Hinweise auf potenzielle methodische Fehler und vorgeschlagene Vorbeuge- beziehungsweise Abstellmaßnahmen, während Punkt 8. entsprechende Hinweise für oftmals zu beobachtende teamdynamische Probleme liefert.
- In Punkt 9. wird der im Fallbeispiel tatsächlich umgesetzte Projektablauf dargelegt.

DEFINE: Beschreiben des Problems

Die ersten drei Kapitel im Teil DEFINE beschäftigen sich mit dem Beschreiben des Projektes, insbesondere der Problemstellung, mit dem Zusammenstellen des Teams, der Projektstruktur sowie dem Projektablauf. Außerdem wird der Prozess grob dargestellt und die Stimme des Kunden eingeholt.

Diese Projektphase „organisiert den Erfolg".

MEASURE: Erfassen von Daten

Die nächsten fünf Kapitel im Teil MEASURE beschreiben Vorbereiten und Durchführen der Datensammlung sowie das Darstellen der Ergebnisse in analytischer und grafischer Art und Weise.

Diese Projektphase schafft die Datengrundlage für alle weiteren Schritte.

ANALYSE: Ermitteln der kritischen Ursachen

Die nächsten drei Kapitel im Teil ANALYSE stellen Prozessanalyse- und Datenanalysemethoden dar, wobei die Datenanalyse grundsätzlich zuerst grafisch und danach bei Bedarf auf statistischem Wege erfolgt.

Diese Projektphase ermittelt die tatsächlichen Ursachen für das Problem und damit die Eingangsinformation für die Lösungsfindung.

IMPROVE: Generieren und Implementieren von Lösungen

Die nächsten zwei Kapitel im Teil IMPROVE beschreiben, wie ausgehend von den kritischen Ursachen Lösungsideen generiert, daraus Lösungen entworfen und auf Tauglichkeit geprüft werden. Außerdem wird die Umsetzung der Lösungen geplant.

Diese Projektphase schafft die Lösungen für das Problem.

CONTROL: Sicherstellen der Ergebnisse

Das letzte Kapitel im Teil CONTROL ist dem Absichern der Lösungen und dem Übertragen der Projektergebnisse in den „normalen Prozessablauf" gewidmet.

Diese Projektphase sichert die Nachhaltigkeit der Projektergebnisse.

Gliederung jedes Kapitels

Jedes Kapitel folgt der Gliederung

1. Ziel und Hintergrund
2. Voraussetzungen
3. Aufgaben und verwendete Werkzeuge
4. Ergebnisse
5. Tipps
6. Benötigte Zeit
7. Fallbeispiel

In Punkt 1. findet sich eine Einleitung zum jeweiligen Projektschritt.

In Punkt 2. werden die erforderlichen Voraussetzungen für die im Projektschritt zu bearbeitenden Aufgaben genannt, während Punkt 4. die im Projektschritt zu erzeugenden Ergebnisse auflistet, die wiederum die Voraussetzungen für den folgenden Projektschritt und damit das folgende Kapitel bilden.

Während in Punkt 3. die in diesem Projektschritt anstehenden Aufgaben und die dabei verwendeten Werkzeuge an verschiedenen Beispielen beschrieben werden, ist Punkt 7. der Applikation der für das Fallbeispiel relevanten Werkzeuge gewidmet.

In Punkt 5. werden Tipps zu potenziellen Schwachstellen oder Fallen in der Projektarbeit und entsprechende Vorsorgemaßnahmen oder Auswege angeboten.

■ 5. Mit Arbeitshilfen auf CD

Neben diesem Buch werden dem Leser umfangreiche Arbeitsmittel auf CD zur Verfügung gestellt. Diese Arbeitsmittel umfassen:

- Alle im Fallbeispiel verwendeten Daten werden im Format Microsoft Excel (www.microsoft.com) geliefert.
- Alle Datendarstellungen und -analysen wurden mithilfe von Microsoft Excel unter Einbindung der Software SigmaXL (www.sigmaxl.com) durchgeführt. Die entsprechenden Dateien sind ebenfalls beigelegt.
- Die Dokumentation der Projektarbeit wurde auf Microsoft PowerPoint erstellt. Dazu sind die vollständigen und detaillierten Dateien zur Beschreibung der einzelnen Pro-

jektphasen DEFINE, MEASURE, ANALYSE, IMPROVE und CONTROL auf dem Datenträger verfügbar.

- Zusätzlich wurde eine Managementpräsentation beigelegt, die zur Darstellung des kompletten Projektes nach Fertigstellung in Führungsebenen verwendet wurde.

Damit sollte es Ihnen möglich sein, jeden einzelnen Schritt des beschriebenen Lean-Six-Sigma-Projektes nachzuvollziehen und die entsprechenden Schlussfolgerungen für ein eigenes Projekt zu ziehen.

Die CD startet automatisch und läuft problemlos auf:

- Windows 2000, Windows XP, Windows Vista, Windows 7 oder höher,
- Prozessor: Pentium 4 (oder Equivalent, 120 MHz) oder höher,
- 32 MB RAM oder höher,
- 1024 × 768-Display mit 16 Bit oder höher.

Sie können bequem die Daten von der CD starten und die Dateien in Ihre gewünschten Verzeichnisse abspeichern. Legen Sie die CD in das entsprechende Laufwerk, es erscheint dann automatisch die Startmaske. Sollte die CD nicht automatisch starten, dann drücken Sie bitte die Anwendungsdatei „Soziale_Verantwortung_starten.exe“. Sie können auch direkt über den Explorer auf die CD zugreifen und die Daten beliebig abspeichern. Unter dem Ordner „Alle Daten“ finden Sie noch mal alle Daten ohne die Einbindung in die Anwendung.

1 DEFINE – DEFINIEREN

Übersicht

Schritte

1. Projektcharter erstellen
2. Grobprozessablauf (SIPOC) abbilden
3. Stimme des Kunden (VOC) verstehen

Zielsetzung

Beschreiben der Problemstellung

In der Phase DEFINE werden die Grundlagen für den Erfolg des Projektes gelegt. Eine im Projektcharter umfassend beschriebene Projektdefinition, die auf einem ernsten Problem basiert und den Ansatz zur Lösung sowie die Projektzielstellung beschreibt, ist der Schlüssel zum Erfolg. Da jeder Prozess nur einem Zweck dient – der Erfüllung der Forderungen des Prozesskunden –, wird in der Phase DEFINE die Stimme des Kunden eingeholt und in Spezifikationen übersetzt. Außerdem wird eine Übersicht des Prozessablaufes dargestellt, um ein gemeinsames Verständnis über sowohl Projektumfang als auch Prozessschritte zwischen den Prozessteammitgliedern zu erreichen.

Den Kern dieser Phase bildet der Projektcharter.

Voraussetzungen

Folgende Voraussetzungen müssen gegeben sein, um diese Phase beginnen zu können:

- Problemstellung, die auf einer relevanten Geschäftssituation basiert,
- Sponsor, der sich mit dem Problem und den Randbedingungen identifiziert und gewillt ist, ein Projekt zur Lösung des Problems mit Ressourcen zu unterstützen und während des Projektablaufs zu überwachen,
- Projektleiter, der am Projekt interessiert ist, dieses zum Erfolg führen und dafür zusätzliche Aufwendungen erbringen kann.

Ergebnisse

Diese Phase liefert die folgenden Ergebnisse:

- Projektcharter,
- Liste der Kundenforderungen mit Prioritäten und Spezifikationen,
- Übersicht über den Prozessablauf,
- Analyse der Projektbetroffenen und deren Einstellung zum Projekt sowie Maßnahmen zur Gewinnung von zusätzlicher Unterstützung, falls erforderlich.

Checkliste auf Vollständigkeit und Erfolg

Zur Überprüfung des erfolgreichen Abschlusses der Phase DEFINE sind die folgenden Fragen zu beantworten:

1. Weshalb ist dieses Projekt wichtig für das Unternehmen? Warum ist es wichtig, dieses Projekt genau jetzt zu bearbeiten?
2. Wie hilft dieses Projekt, die Strategie des Unternehmens umzusetzen?
3. Welches Problem wird mit dem Projekt bearbeitet? Worin zeigt sich das Problem? Wann, wo und unter welchen Bedingungen tritt es auf?
4. Was ist die Zielstellung des Projektes? Kann bei dessen Erfüllung das Projekt als erfolgreich eingestuft werden?
5. Welcher Prozess ist betroffen? Wurde der Prozessablauf dargestellt?
6. Was sind die Grenzen für dieses Projekt? Welche Produkte und/oder Leistungen sind einbezogen? Was sind Start- und Endpunkt des zu bearbeitenden Prozesses?

7. Wer ist am Projekt beteiligt (Sponsor, Projektleiter, Projektteammitglieder, Coach)?
8. Verstehen alle Beteiligten die Wichtigkeit des Projektes und die Auswirkungen des Problems?
9. Wer sind die Prozesskunden?
10. Welche Daten wurden gesammelt und liegen vor, die die Anforderungen der Kunden an den Prozess kennzeichnen?
11. Sind Meilensteine für die Projektarbeit festgelegt worden?
12. Welche Erkenntnisse führten bereits zu ersten Verbesserungen (Quick Wins)?

Hinweise

1. Die Phase DEFINE sollte mit einem Teammeeting begonnen werden, das vom Sponsor des Projektes eingeleitet wird. Die Aufgabe des Sponsors ist es, die Wichtigkeit des Projektes für die Organisation zu begründen und dessen Beitrag zur Erreichung der strategischen Ziele zu erläutern. Die Motivation des Teams hängt maßgeblich davon ab, inwiefern die Teammitglieder ihre Beteiligung an dem Projekt als einen wesentlichen Beitrag zum Erfolg der Organisation ansehen, und nicht als eine zusätzliche Bürde.
2. Der überwältigende Teil der in den Projektphasen beschriebenen Werkzeuge beschäftigt sich mit der Prozessverbesserung und weniger mit der Akzeptanz, die für die Wirksamkeit der Verbesserung ebenfalls erforderlich ist. Daher ist es unerlässlich, während der Projektarbeit für einen ausgewogenen und kontinuierlichen Informationsfluss an alle Teammitglieder, an die Führungsebene und daneben auch an die von den absehbaren Veränderungen Betroffenen zu sorgen. Diese Kommunikation muss so früh wie möglich beginnen, um die beabsichtigten Ergebnisse zu erreichen.
3. Durch frühzeitiges Einbeziehen einiger der von Verbesserungen am Prozess Betroffenen wird die Akzeptanz des Projektes und der bevorstehenden Änderungen zusätzlich erhöht.

Teamdynamik

Zu Beginn des Projektes ist meist die Motivation der Teammitglieder sehr hoch, da das Projekt den Teammitgliedern Möglichkeiten bietet, an einer neuen Aufgabenstellung mitzuarbeiten und damit zu Verbesserungen der Organisation sowie oftmals auch zum Vorteil für sich selbst teilzunehmen. Für Anfänger im Lean-Six-Sigma-Ansatz besteht der Reiz, etwas Neues zu erlernen und damit ihren Horizont zu erweitern.

Die wichtigste Voraussetzung für eine positive Stimmung und eine gute Teamarbeit ist die Einstimmung durch den Sponsor, der stellvertretend für die Unternehmensführung die Wichtigkeit des Projektes für die Erfüllung der Unternehmensziele herausstellt.

■ Projektablauf - Beispiel

In dem Beispiel des Teams „Aktivieren schlafender Autohändler" werden die in Tabelle 2 dargestellten Projektmeetings durchgeführt.

TABELLE 2 Projektmeetings

Nr.	Projektschritt	Termin	Dauer
01	Erstellen des Projektcharters	17. Feb.	2 h
02	Vorstellen des Projektcharters im Quality Council	23. Feb.	
03	Erstellen des Projektcharters	24. Feb.	1 h
04	Organisieren von Unterstützung	24. Feb.	1 h
05	Abbilden des Grobprozessablaufs	26. Feb.	2 h
06	Verstehen der Stimme des Kunden - Planen des VOC	26. Feb.	3 h
07	Verstehen der Stimme des Kunden - Auswerten der Kundenbefragungsdaten	12. März	4 h
08	Verstehen der Stimme des Kunden - Auswerten der Kundenbefragungsdaten und Einleiten von Quick Hits	16. März	4 h

1 Projektcharter erstellen

1.1 Ziel und Hintergrund

Der Projektcharter ist eine Zusammenfassung aller für den Beginn des Projektes relevanten Informationen. Das Erstellen des Projektcharters hat zum Ziel, die Grundlagen und die Rahmenbedingungen für das Projekt zu definieren.

Eine im Projektcharter umfassend beschriebene Projektdefinition, die auf einem ernsten Problem basiert und den Ansatz zur Lösung sowie die Projektzielstellung darstellt, ist der Schlüssel zum Erfolg. Der Projektcharter ist eine Vereinbarung zwischen dem Managementteam des Unternehmens und dem Projektteam. Diese Vereinbarung kann auch während der Projektbearbeitung angepasst werden. Allerdings sollte dies nicht dazu führen, zu Beginn der Projektarbeit weniger Augenmerk auf dieses Dokument zu richten. Vielmehr sollte der Charter nach bestem Wissen und Gewissen ausgefüllt werden. Spätere Anpassungen wären zulässig, wenn sich beispielsweise nach Datensammlung oder -analyse herausstellen sollte, dass eine zu Beginn des Projektes getroffene Annahme nicht oder nicht vollständig zutrifft.

1.2 Voraussetzungen

Voraussetzungen für diesen Schritt sind:

- eine geschäftsrelevante Problemstellung,
- ein Mitglied der Führungsebene, das sich als Projektsponsor anbietet,
- Mitarbeiter, die Interesse an der Lösung des Problems haben.

1.3 Aufgaben und verwendete Werkzeuge

Die in diesem Schritt zu bearbeitenden Aufgaben und die dazu empfohlenen Werkzeuge sind in Tabelle 1.1 dargestellt.

TABELLE 1.1 In diesem Schritt zu bearbeitende Aufgaben

Aufgabe	Werkzeug
1. Erläutern der Geschäftssituation	Grafische Darstellungen zur Veranschaulichung des Ausmaßes des Problems wie Pareto- oder Kreisdiagramm
2. Beschreiben der Problemstellung, des Ziels sowie der Grenzen des Projektes	Projektcharter
3. Festlegen der Projektmessgrößen und Abschätzen des finanziellen und nicht finanziellen Nutzens	Projektcharter
4. Bestimmen der Projektbeteiligten	Projektcharter
5. Planen der Projektphasen	Projektcharter
6. Analyse der Betroffenen	Stakeholderanalyse

1.3.1 Aufgabe 1: Erläutern der Geschäftssituation

Für den Erfolg des Projektes ist es erforderlich, die nötige Unterstützung aus der Organisation abzusichern.

> **!** Unterstützung für das Projekt ist leichter zu mobilisieren, wenn die Bedeutung des Projektes offensichtlich gemacht sowie zielgerichtet kommuniziert wird.

Grundsätzlich lässt sich die Bedeutung aus finanziellen Gegebenheiten sowie Kunden- oder Mitarbeiterrückmeldungen ableiten. Zu finanziellen Gründen für das Projekt können beispielsweise zählen:

- durch Fehler, unnötige Prüfung oder Nacharbeit entstandene Kosten,
- durch fehlende Kapazitäten, Stillstand oder lange Durchlaufzeiten entgangener Umsatz,
- durch unnötige Lagerhaltung oder lange Durchlaufzeiten gebundenes Kapital.

Kunden- oder Mitarbeiterrückmeldungen können beispielsweise Unzufriedenheit aus folgenden Gründen beinhalten:

- verspätete Lieferungen von Waren oder Dienstleistungen,
- fehlerhaft gelieferte Waren oder unzureichende Dienstleistungen,

- ungerechtfertigt lange Reaktionszeiten bei Anfragen und Reklamationen,
- unfreundliche Behandlung,
- mangelhafte Kommunikation mit Mitarbeitern oder Kunden.

Die genannten Gründe sind leichter verständlich, wenn sie in geeigneter Weise grafisch dargestellt werden. Diese Darstellungen können entweder das Ausmaß des durch diese Gründe hervorgerufenen Problems oder die Zielvorstellung verdeutlichen. Pareto- oder Kreisdiagramme sind gut geeignet, den Anteil des Problems an der Gesamtsituation zu beschreiben. Das ist besonders dann sinnvoll, wenn die zu beschreibende Situation über längere Zeit besteht. Falls sich die Situation mit der Zeit herausgebildet hat, kann auch ein Verlaufsdiagramm zur Darstellung der Entwicklung des Problems über die entsprechende Zeitspanne sinnvoll eingesetzt werden.

Grundsätzlich gilt: Die Darstellung muss einfach lesbar sein und für die Leitung der Organisation als Entscheidungsgrundlage dienen können. Grafische Darstellungen des Anteils von einzelnen Fehlerkategorien oder Reklamationsarten sind weniger geeignet als die Verdeutlichung von deren Auswirkungen (Kosten, Kapazitätseinbußen, drohender Kundenverlust oder Mitarbeiterkündigungen). Auch ein Bezug zur Strategie des Unternehmens wie in Bild 1.4 dargestellt sowie der daraus abgeleitete Vorteil für die Mitarbeiter sind wertvolle Entscheidungshilfen für die Führung und dienen als Motivation für Projektbeteiligte.

1.3.2 Aufgabe 2: Beschreiben der Problemstellung, des Ziels sowie der Grenzen des Projektes

Während in Kapitel 1.3.1 die Bedeutung des Problems und damit des Projektes für das Unternehmen herausgestellt wurde, ist es nun die Aufgabe, Problemstellung und Messgrößen mit Zielstellung sowie den betroffenen Prozess zu definieren.

Problemstellung

Die Problemstellung ist im Gegensatz zur Beschreibung der Geschäftssituation prozessbezogen. Grundsätzlich werden zwei Gruppen von Problemen unterschieden:

- durchlaufzeitbezogene Probleme,
- fehlerbezogene Probleme.

Obwohl beide Gruppen meist verknüpft sind – das heißt, lange Durchlaufzeiten sind oft auf Fehler im Prozess oder in Zulieferungen zurückzuführen –, ist es für die Projektbearbeitung sinnvoll, die grundsätzliche Natur des Problems zu beschreiben und messbar darzustellen.

Zielstellung

Messgrößen sind demzufolge entweder Durchlaufzeiten oder Fehleranteile. Sowohl Durchlaufzeiten als auch Fehleranteile sind als Prozentsätze der Erfüllung einer Zielstellung abzubilden, wobei die Zielstellung für eine Zeit tatsächlich als solche angegeben wird, jedoch der Prozentsatz der Erfüllung dieser Vorgabe als Messgröße dient. Mittelwerte sind zu vermeiden, da sie nur unter bestimmten Bedingungen Aussagen zur Erfüllung einer Vorgabe zulassen.

Projektgrenzen

Bei der Auswahl des zu verbessernden Prozesses spielt die Kenntnis des Auftretens der potenziellen Ursachen eine große Rolle, da Probleme in der Regel nicht an der Stelle behoben werden können, wo die Symptome sichtbar werden, sondern eine Verbesserung des verursachenden Prozesses verlangen. Beispielsweise kann es sinnvoll sein, fehlerhaft ausgefüllte Antragsformulare für Kreditanträge nicht in dem Prozess des Ausfüllens zu beheben, sondern das Design des Formulars zu ändern und den entsprechenden vorgelagerten Prozess anzupassen.

Obwohl weder Ursache noch Lösung des Problems bekannt sind, kann der vermeintlich ursachentragende Prozessabschnitt oft sinnvoll eingegrenzt werden. Dazu werden Start- und Endpunkt des durch das Projekt zu analysierenden Prozessabschnitts möglichst genau definiert. Damit wird der „horizontale Rahmen“ für das Projekt festgelegt. Aus Gründen des begrenzten Auftretens des Problems oder wegen der gewünschten Vereinfachung der Datensammlung und -analyse kann es sinnvoll sein, einen „vertikalen Rahmen“ zu definieren. Der vertikale Rahmen ergibt sich aus einbezogenen oder ausgeschlossenen Produkt-, Leistungs- oder Kundengruppen.

1.3.3 Aufgabe 3: Festlegen der Projektmessgrößen und Abschätzen des finanziellen und nicht finanziellen Nutzens

Während in der vorangegangenen Aufgabe die unternehmensrelevante Zielstellung vorgegeben wurde, ist es nun erforderlich, die entsprechenden Prozessmessgrößen zu definieren. Das können eine oder mehrere sein. Falls mehrere Messgrößen in einem Projekt bearbeitet werden sollen, ist wiederum die Frage zu stellen, ob diese Messgrößen notwendigerweise in einem Projekt behandelt werden müssen. Wenn mehrere Messgrößen einen ähnlichen Charakter haben - wie beispielsweise eine Gesamtdurchlaufzeit für eine Kreditabwicklung und eine Kreditentscheidungszeit für den gleichen Kreditbearbeitungsprozess -, ist es wahrscheinlich, dass ähnliche Ursachen vorliegen, somit eine

> **!** In der Regel gibt es eine einzige Messgröße, mit der das zur Geschäftssituation führende Problem ausreichend beschrieben und messbar gemacht werden kann. Falls es zwingend erforderlich erscheint, mehrere Messgrößen einzuführen, kann das ein Hinweis auf einen zu groß gewählten Projektumfang sein. Es sollte dann die Frage gestellt werden, ob diese Messgrößen nicht in mehreren Projekten bearbeitet werden könnten. Der Vorteil in der Verringerung des Projektumfanges liegt in der Verkürzung der Projektlaufzeit und der Möglichkeit, Ergebnisse früher zu zeigen und damit Unterstützung für weitere Projekte zu erlangen. ■

Bearbeitung in ein und demselben Projekt Sinn ergibt. Falls dagegen zu einer Messgröße Kreditbearbeitungszeit eine weitere wie beispielsweise Fehler in der Kreditentscheidung kommt, kann es eher sinnvoll sein, getrennte Projekte zu eröffnen.

Oftmals sind diese Messgrößen zu Beginn des Projektes nicht oder nur unzureichend bekannt, sodass vorerst die bekannte unternehmensrelevante Messgröße angegeben wird. Diese Information kann nach Erfassen der Stimme des Kunden (Voice of the Customer, VOC) ergänzt oder ausgetauscht werden. Zu jeder Messgröße gilt es, einen Ist-Zustand, einen Idealzustand und eine Zielvorgabe zu bestimmen.

Ist-Zustand ist die Information über den Prozess zu Beginn des Projektes. Um saisonale oder zufällige Variation dieser Ist-Zustands-Messgröße so gering wie möglich zu halten, kann ein Mittelwert über die letzten drei oder sechs Monate gebildet werden. Das empfiehlt sich allerdings nicht, wenn in diesem Zeitraum selbst eine systematische Veränderung des Prozesses stattgefunden hat – entweder durch Verbesserungsmaßnahmen oder durch prozessimmanente Fehlerursachen. In jedem Falle sollte die Festlegung des Ist-Zustandes so nahe wie möglich den zu Projektbeginn vorliegenden Zustand beschreiben.

Idealzustand ist der bestmögliche Zustand für die Messgröße. Bei durchlaufzeitbezogenen Problemen ist ein Idealzustand anhand von Vergleichen mit ähnlichen Prozessen bei Wettbewerbern, Schwesterunternehmen oder im eigenen Hause zu ermitteln. Benchmarking ist ein probates Mittel zur Festlegung des derzeit Machbaren. Bei fehlerbezogenen Problemen ist der Bestzustand „fehlerfrei“, das heißt 0%. Falls der Prozess aus technischen Gründen einen Grenzwert für die Fehlerfreiheit besitzen sollte, der mit den bekannten technischen Mitteln nicht unterschritten werden kann, ist dieser Grenzwert als Idealzustand zu setzen. Der Idealzustand hat für die Projektbearbeitung keine Bedeutung. Er dient hingegen der Prüfung der Zielstellung.

Die Zielstellung für die Messgröße kann im Einzelfall dem Idealzustand entsprechen, ist aber in der Regel davon verschieden. Die Zielstellung für die Messgröße sollte von der unternehmensrelevanten Zielstellung abgeleitet werden. Das heißt, es ist wichtig, dass das Ziel für die Messgröße die Erfüllung der Projektzielstellung ermöglicht. Beispielsweise ist die Erhöhung der Kundenzufriedenheit oftmals eine Projektzielstellung, die allerdings nicht als Projektmessgröße dienen kann. Um in diesem Beispiel die relevante Messgröße oder Messgrößen zu ermitteln, ist die Stimme des Kunden einzuholen und eine Grobprozessdarstellung vorzunehmen. Danach ist es möglich. Messgröße und auch Zielstellung zu definieren.

> **!** Die Zielstellung sollte anspruchsvoll sein. Dadurch wird einerseits erreicht, dass die Leitung der Organisation einen hohen Grad an Unterstützung bereitstellt. Andererseits wird damit eine gewisse Neuheit der Lösung erzwungen, die auf dem nötigen „Out of the box“-Denken basiert, mit dem ein Paradigmenwechsel eingeleitet wird. Weniger anspruchsvolle Zielstellungen sind mit herkömmlichen Denkschemen erreichbar und weniger erstrebenswert. ■

Zusätzlich zu den bereits definierten Messgrößen, den Hauptmessgrößen, sollte über das Einführen einer resultierenden Messgröße nachgedacht werden. Eine resultierende Messgröße wird nicht von der Projektzielstellung abgeleitet, sondern ist ein Resultat, das sich, oft unbeabsichtigt, durch die Projektbearbeitung ergeben kann (Bild 1.1). Beispielsweise kann es passieren, dass als Konsequenz aus der Reduzierung der Durchlaufzeit die Fehlerrate in einem Prozess unbeabsichtigterweise erhöht wird. Um dies zu verhindern, sollte die Fehlerrate als resultierende Messgröße ständig gemessen und überwacht werden.

Oftmals ist es möglich, den finanziellen Nutzen des Projektes abzuschätzen. Ausgehend von der Geschäftssituation kann die vorgegebene Prozessverbesserung in einen messbaren finanziellen Vorteil übersetzt werden. Diese Abschätzung basiert auf einer Serie von Annahmen. Sie sollte allerdings ausreichend fundiert sein, sodass sie im Management akzeptiert wird. Daher sollte der finanzielle Nutzen für Lean-Six-Sigma-Projekte vor der Vorlage bei der Leitung der Organisation zur Entscheidung über die Projektauswahl immer von der Finanzabteilung berechnet oder zumindest überprüft werden. Das erhöht die Akzeptanz für die Projektarbeit und beugt unangenehmen Überraschungen vor.

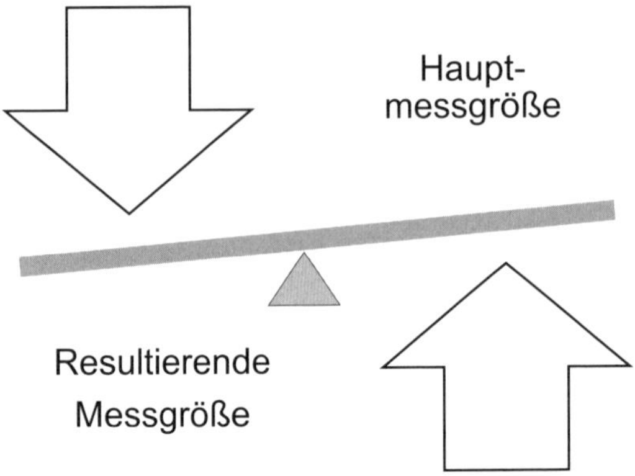

BILD 1.1 Balance zwischen Hauptmessgröße und resultierender Messgröße

Erhöhung des Kundennutzens ist eine der Haupteinsatzgebiete von Lean-Six-Sigma-Projekten. Daher ist es wichtig, für jedes Projekt den Anteil an der Generierung von zusätzlichem Kundennutzen herauszustellen. Im Unternehmen ist dies außerdem ein Argument für die Auswahl bestimmter Projekte.

1.3.4 Aufgabe 4: Bestimmen der Projektbeteiligten

Für die erfolgreiche Durchführung von Lean-Six-Sigma-Projekten ist eine definierte Infrastruktur erforderlich. Zu dieser Infrastruktur (Bild 1.2) zählen:

- Lean Six Sigma Council oder Quality Council,
- Projektsponsor,

- Projektleiter, der sogenannte Green Belt oder Black Belt,
- Projektmitarbeiter oder Projektmitglieder und
- Projektunterstützung.

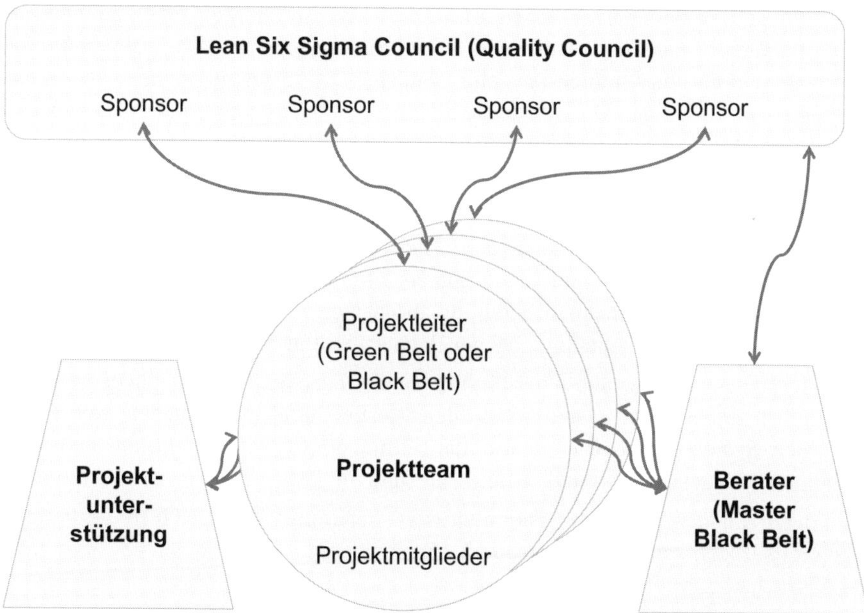

BILD 1.2 Lean-Six-Sigma-Infrastruktur

Während der Lean Six Sigma Council nicht projektbezogen arbeitet, sondern die Einführung der Methode sowie die Projektarbeit aller Projektteams überwacht, werden Projektsponsor, -leiter, -mitarbeiter und die gegebenenfalls erforderliche Unterstützung einem Projekt zugeordnet.

Der Projektsponsor ist in der Regel ein Mitglied des Lean Six Sigma Councils oder ein Mitarbeiter einer mittleren oder oberen Führungsebene, der verantwortlich für den zu bearbeitenden Prozess ist. Er hat das Interesse, den Prozess zu optimieren, um seine eigenen Ergebnisse zu verbessern. Der Sponsor ist oft der Initiator für das Projekt. Seine Vorbereitung für die Aufgabe als Projektsponsor besteht in einem Champion-Training von mindestens zwei Tagen, in dem er in der Methode und in seinen Aufgaben bei Projektauswahl, -definition und -überwachung geschult wird.

Der Projektleiter kann ein Green Belt oder ein Black Belt sein. Während der Green Belt in der Regel weniger Projekterfahrung hat und mit etwa zwei Wochen Training ausgestattet wurde, kann der Black Belt auf vorherige Projekterfahrung und bis zu vier Wochen Training zurückgreifen. Das Training sowohl für den Green Belt als auch für den Black Belt konzentriert sich in unterschiedlicher Tiefe und Umfang auf Theorie und Anwendung der in den Projektphasen DMAIC benötigten Werkzeuge. Für komplexe Projekte kann es sich anbieten, mehrere Projektleiter heranzuziehen, wobei ein Black Belt in der Regel die Gesamtprojektleitung übernimmt und ein oder mehrere Green Belts

Teilbereiche des komplexen Projektes übertragen bekommen. Diese Projektleiter müssen nicht zwangsläufig mit dem zu bearbeitenden Prozess vertraut sein. Prozessverständnis ist allerdings besonders für Einsteiger eine gute Startbedingung.

Projektmitarbeiter sind die in die Projektarbeit einbezogenen Mitarbeiter. Es ist eine Notwendigkeit, dass für jeden Abschnitt des zu verbessernden Prozesses mindestens ein permanentes Teammitglied mit Prozesskenntnis eingebunden wird. Projektmitarbeiter erhalten in der Regel mindestens eine eintägige Einführung in die Lean-Six-Sigma-Methodologie. In einigen Unternehmen werden alle Teammitglieder zum Green Belt ausgebildet, was die Projektbearbeitung wesentlich beschleunigen und den zukünftigen Multiplikatoreffekt entscheidend verbessern kann.

Zusätzlich kann es sich als erforderlich erweisen, je nach Bearbeitungsschritt zusätzliche Mitarbeiter in das Team zu berufen. Diese Projektunterstützung kann beispielsweise in der Projektauswahl und -definition erforderlich sein, um den finanziellen Nutzen des Projektes von der Finanzabteilung abschätzen zu lassen. Außerdem kann ein Mitarbeiter aus der EDV-Abteilung bei der Datenerfassung eine wertvolle Hilfe sein.

Besonders in der Anfangsphase der Einführung der Lean-Six-Sigma-Methode ist es unumgänglich, einen erfahrenen internen oder externen Berater zu bestellen, den Master Black Belt. Seine Aufgabe ist es, sowohl die Leitung der Organisation als auch einzelne Projekte mit seinem Wissen und seiner Erfahrung um Lean Six Sigma zu unterstützen.

In einigen Fällen werden Prozesskunden oder -lieferanten erfolgreich in die Projektarbeit einbezogen – entweder permanent oder temporär.

1.3.5 Aufgabe 5: Planen der Projektphasen

Wie vor jedem anderen Projekt auch wird für das Lean-Six-Sigma-Projekt ein Projektplan erstellt. Grundsätzlich sollte davon ausgegangen werden, dass nur in den seltensten Fällen Lean-Six-Sigma-Projekte als Hauptaufgabe bearbeitet werden. Erfahrungsgemäß stehen dem Team nicht mehr als 10 bis 20 % der Arbeitszeit für die Projektarbeit zur Verfügung. Zusätzlich können, je nach Projektphase und Arbeitspaket, weitere Arbeiten von einzelnen Teammitgliedern übernommen werden, sodass über einen beschränkten Zeitraum wie beispielsweise die Zeitspanne der Datenerfassung bis zu 30 % der Arbeitszeit für die Projektarbeit eingesetzt werden. Eine ungeschriebene Regel besagt, dass Lean-Six-Sigma-Projekte in weniger als sechs Monaten abzuschließen oder zumindest in die CONTROL-Phase zu bringen sind.

Für die DEFINE-Phase sind je nach Projektcharakteristik eine bis mehrere Wochen einzuplanen. Während die Erstellung des Projektcharters in wenigen Tagen abgeschlossen sein sollte und auch der Grobprozessablauf in kurzer Zeit dargestellt werden kann, sollte für die Erfassung der Stimme des Kunden ein größerer Zeitraum eingeplant werden. Falls allerdings Kundenumfragedaten in ausreichendem Umfang und mit der geforderten Aussagekraft hinsichtlich des durch das Projekt zu bearbeitenden Problems vorliegen, sind auch hierfür nicht mehr als ein paar Tage in den Plan zu stellen.

Erfahrungsgemäß erfordert die MEASURE-Phase die längste Zeit. Auch für Prozesse mit hohem Datenvolumen sind in der Regel Daten über mehrere Wochen zu sammeln, um wöchentliche oder monatliche Zyklen in den Daten erkennen zu können. Beispielsweise können sich der Monatsabschluss in Finanzen und das damit verbundene Berichtswesen dramatisch auf viele Abwicklungsprozesse auswirken. Wenn derartige Daten nicht in die Datensammlung aufgenommen werden, geht wertvolle Information für die Prozessanalyse und -verbesserung verloren. Daher ist eine MEASURE-Phase von mindestens sechs Wochen empfehlenswert.

Obwohl die ANALYSE-Phase die in der Fülle der Werkzeuge komplexeste Phase darstellt, kann sie in der Regel in zwei bis vier Wochen abgeschlossen werden, da ein beträchtlicher Anteil dieser Phase mit computergestützten Analysewerkzeugen bewältigt werden kann.

Für die IMPROVE-Phase sollte ebenso viel Zeit eingeplant werden. Falls diese Phase Pilotläufe der veränderten Prozesse erfordert, kann eine längere Zeit dafür nötig sein. Für viele Prozesse kann bereits bei der Planung des Projektes abgeschätzt werden, ob solcherart Pilotläufe machbar und erforderlich sein könnten.

Die CONTROL-Phase wird aufgrund ihres Charakters oftmals nicht in die Projektbearbeitungszeit eingerechnet. Die Langzeitüberwachung des verbesserten Prozesses wird nur zum Teil vom Team übernommen. Nachdem das Team Prozessstabilität und -fähigkeit nachgewiesen hat, wird die Verantwortung an den Prozesseigner, den Prozessverantwortlichen übergeben. Eine ungeschriebene Regel besagt, dass nach drei Monaten mit einem stabilen und fähigen Prozess davon ausgegangen werden kann, dass das Team erfolgreich gearbeitet hat und das Projekt als abgeschlossen erklärt werden kann. Diese Zeitspanne kann je nach Charakteristik des Prozesses länger sein.

1.3.6 Aufgabe 6: Analyse der Betroffenen

Außer den Projektbeteiligten sind die durch das Projekt Betroffenen, die Stakeholder, zu analysieren und erforderlichenfalls Maßnahmen zu ergreifen, um deren Unterstützung zu gewinnen. Stakeholder sind oftmals Mitarbeiter des Unternehmens in Leitungsfunktionen oder ohne Führungsverantwortung, die Aufgaben wie Erfassung der Stimme des Kunden, Datensammlung im Prozess oder Einführung von Verbesserungen positiv oder negativ beeinflussen können und daher für den Erfolg des Projektes wichtig sind. Erfahrungsgemäß ist es vorteilhaft, die wichtigsten Maßnahmen zur Gewährleistung unternehmensweiter Unterstützung in einem durchdachten Kommunikationsplan zusammenzufassen.

Dieser Kommunikationsplan enthält Maßnahmen zur Information über die Lean-Six-Sigma-Projekte wie beispielsweise:

- Informationskolumne in Newsletter und in E-Newsletter der Organisation,
- regelmäßige Statusberichte in Besprechungen der Leitung,
- Vorstellen einzelner Projektteams während der Projektarbeit,

- Vorstellen der Projektergebnisse organisationsweit,
- Statusberichte in Mitarbeiterversammlungen.

> Die Kommunikation über die Zielstellung des Projektes sollte so früh wie möglich beginnen. Obwohl die Unterstützung seitens der Betroffenen erst wesentlich später benötigt werden sollte, ist schrittweise und gezielte Kommunikation erforderlich, um Gerüchten und Informationen aus „zweiter Hand“ vorzubeugen.

Neben strukturierter und zentral gesteuerter Information ist die informelle und persönliche Kommunikation mit ausgewählten meinungsbildenden Personen der Organisation von erheblicher Bedeutung. Grundsätzlich gilt für Personen in Leitungsfunktionen, dass sowohl positive als auch negative Überraschungen absolut zu vermeiden sind, besonders dann, wenn diese in einer Besprechung präsentiert werden. Es ist kommunikationstechnisch wesentlich eleganter, diese Personen im Einzelgespräch zu informieren, deren Einverständnis zu gewinnen und damit die Unterstützung für die in der folgenden Besprechung präsentierten Sachverhalte abzusichern.

1.4 Ergebnisse

Dieser Schritt liefert die folgenden Ergebnisse:

- Projektcharter,
- Stakeholderanalyse.

1.5 Tipps

1. Es empfiehlt sich, diesen Schritt von Projektsponsor und Projektleiter vorbereiten zu lassen. Dazu ist es erforderlich, dass zuvor im Quality Council bereits ein Projektleiter bestimmt wurde.
2. Erfahrungsgemäß ist es von Vorteil, das erste Teammeeting vom Projektsponsor beginnen und insbesondere die Bedeutung der Aufgabenstellung für das Unternehmen von ihm erläutern zu lassen. Weitere Teammeetings finden ohne den Sponsor statt, der nur zu wichtigen Schritten und Entscheidungen eingeladen wird.
3. Falls sowohl Projektsponsor als auch Projektleiter keine Erfahrung mit dem Führen von Lean-Six-Sigma-Projekten haben, ist ein erfahrener Sponsor, Green oder Black Belt oder ein interner oder externer Berater, ein Master Black Belt, zurate zu ziehen.

Dadurch wird die Aussicht auf Projekterfolg maßgeblich erhöht und Frustration vermieden.

4. Obwohl beim erstmaligen Erstellen des Projektcharters einige Fragen wie die Definition der Messgrößen nicht vollständig beantwortet werden können, ist der Projektcharter nach bestem Wissen und Gewissen auszufüllen. Der Projektcharter definiert die Rahmenbedingungen für das Projekt und ist somit Voraussetzung für dessen Erfolg.
5. Oftmals wird die Bedeutung der Kommunikation unterschätzt, was im Projektverlauf früher oder später zu Problemen führt. Das Durchführen der Stakeholderanalyse ist ein Muss, keine Option.
6. Ein Lean-Six-Sigma-Projekt ist ein Projekt und benötigt einen Projektplan. Allerdings ist dieser Projektplan wenig komplex und kann in Tabellenkalkulationsprogrammen oder sogar in Textverarbeitungssystemen problemlos erstellt und gepflegt werden. Die Anwendung von Programmen wie „MS Project" ist hier nicht erforderlich!

Für die Effektivität dieses Schrittes und damit für den Erfolg des gesamten Projektes ist es unabdingbar, dass alle Teammitglieder bei der Bearbeitung anwesend sind.

1.6 Benötigte Zeit

Für den Schritt „1. Projektcharter erstellen" sollten zwei bis drei Meetings von ein bis zwei Stunden Dauer eingeplant werden, da das Ausfüllen des Projektcharters mit Rückfragen, dem Einladen zusätzlicher Personen oder der Datensammlung zum Problem verbunden sein und damit nicht in einem Meeting abgeschlossen werden kann.

1.7 Fallbeispiel

Das Fallbeispiel behandelt die Durchführung eines Lean-Six-Sigma-Projektes in einer Bank.

Das Kreditinstitut unterlag in der nahen Vergangenheit einer Neuausrichtung, in deren Mittelpunkt der Aufbau eines neuen Geschäftszweiges, die Absatzfinanzierung von Gebrauchtwagen, stand. Die Absatzfinanzierung von Gebrauchtwagen wird über die Gebrauchtwagenhändler erreicht, die als „Agenten" der Kreditinstitute deren Finanzierungspakete ihren Kunden anbieten. Die Händler schließen keine Exklusivverträge mit Kreditinstituten ab, sondern wählen aus einem Pool von Instituten mit Rahmenverträgen dasjenige aus, dessen Finanzierung dem Kunden angeboten werden soll.

Nachdem mit diesem neuen Geschäft etwas Erfahrung gesammelt werden konnte, hat sich die Notwendigkeit einer kritischen Analyse und drastischen Verbesserung der zugrunde liegenden Prozesse gezeigt. Von den Eignern der Bank wurde aufgrund von überwiegend positiver Erfahrung in Schwesterunternehmen eindringlich die umfassende Verwendung der Lean-Six-Sigma-Methodik empfohlen.

Lean Six Sigma ist relativ neu für die Organisation und wird nicht von allen Mitarbeitern als Mittel zur Verbesserung von Bankprozessen anerkannt. Daher ist es umso mehr erforderlich, alle Lean-Six-Sigma-Pilotprojekte zum Erfolg zu führen und damit die Voraussetzungen für die Anerkennung der Methode und die weitere unternehmensweite Einführung zu schaffen.

1.7.1 Aufgabe 1: Erläutern der Geschäftssituation

Während des letzten Quality Council Meetings wurde eine Serie von Lean-Six-Sigma-Projekten ausgewählt, um die Strategie der Bank mit einigen Verbesserungen in Kernprozessen zu unterstützen. Eines dieser Projekte hat zur Aufgabe, dem Geschäftszweig der Finanzierung von Gebrauchtwagen zu besseren Ergebnissen zu verhelfen. Das Projekt, genannt „Aktivieren schlafender Autohändler", ist von großer Bedeutung für die Organisation, da die beabsichtigten Wachstumsraten von 100 % beziehungsweise 70 % in den folgenden zwei Jahren mit dem existierenden Prozess nicht zu erreichen sind.

Der Quality Council hat den Direktor Vertrieb, Gerald Hausser, zum Projektsponsor ernannt, obwohl dieser nicht vollständig davon überzeugt ist, dass Lean Six Sigma ihm beim Erreichen seiner Ziele helfen kann. Vor dem ersten Teammeeting hat er zusammen mit Anke Smart, einem erfahrenen Black Belt, den Projektcharter ausgefüllt sowie die erforderlichen Teammitglieder nach Abstimmung mit deren Direktoren eingeladen und präsentiert dem Team den Hintergrund für das Projekt sowie die Aufgabenstellung (Bild 1.3).

- Nach der Akquisition durchläuft unsere Bank eine Neuausrichtung. Ein neuer Geschäftszweig in der Direktbank ist die Finanzierung von Gebrauchtwagen.
- Das projektierte Wachstum in der Gebrauchtwagenfinanzierung beträgt 100 % im Jahr 2011 und weitere 70 % im Jahr 2012.
- Der Anteil dieses Geschäftszweiges am Gesamtgeschäft soll bis zum Finanzjahr 2012/2013 von derzeit 8 % auf 16 % gesteigert werden.
- Mithilfe dieses Projektes soll die Gebrauchtwagenfinanzierung optimiert werden, sodass die Ziele erreicht werden können.

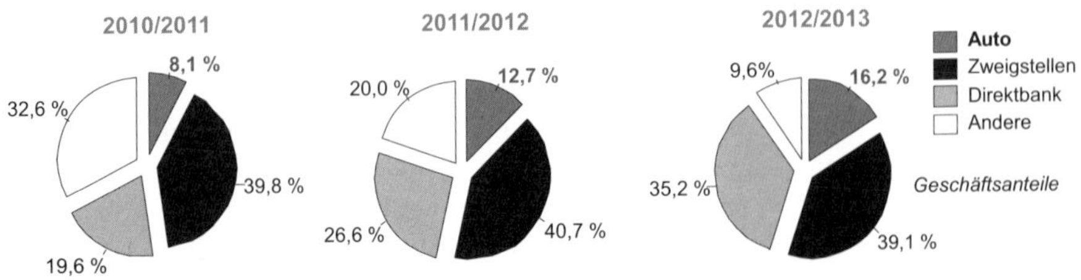

Anmerkung: Das Wachstum im Direktbankgeschäft wird durch eine Reihe von Lean-Six-Sigma-Projekten unterstützt.

BILD 1.3 Projekthintergrund

1.7.2 Aufgabe 2: Beschreiben der Problemstellung, des Ziels sowie der Grenzen des Projektes

Einzelne Teammitglieder wissen um nicht unbeträchtliche Investitionen für Marketing und EDV-Unterstützung im Gebrauchtwagenfinanzierungsgeschäft und stellen die Frage, ob diese Maßnahmen denn nicht greifen. Der Projektsponsor erklärt das Problem. Von den 423 neu unter Vertrag genommenen Autohändlern sind einige inaktiv. Das heißt, diese Autohändler machen über einen längeren Zeitraum keinen Umsatz mit unserer Bank. Das heißt nicht, dass diese Händler keine Autos verkaufen. Das wirkliche Problem ist, dass sie zwar Wagen mit Finanzierung absetzen, die Finanzierung aber von anderen Banken übernommen wird. Unsere Bank hat keine Exklusivverträge mit den Händlern.

Die Schlussfolgerung der Unternehmensleitung ist, dass der Prozess zwischen dem Abschluss des Rahmenvertrages mit einem neuen Händler bis zum erfolgreichen Abschluss von Finanzierungskrediten für Kunden dieses Händlers untersucht werden muss.

Die Fehlerdefinition für dieses Problem ist nach einiger Diskussion gefunden, nachdem der Sponsor einige Zahlen zum Gebrauchtwagengeschäft auf den Tisch gelegt hat. Ein Gebrauchtwagenhändler wird als inaktiv oder „schlafend" bezeichnet, wenn er mindestens drei Monate keinen Umsatz mit unserer Bank gemacht hat. Nach dem aktuellen Stand in unserer Vertriebsdatenbank fallen 58 % unserer Autohändler in diese Kategorie. Unser Black Belt meldet sich sofort und berichtet, dass das einem Sigma von 1,3 entspricht. Bild 1.4 zeigt das Ergebnis der Diskussion.

Abgesehen von den höheren Kosten von 500 % für die Neuakquise eines Autohändlers gegenüber der Betreuung ist es wenig sinnvoll, Rahmenverträge abzuschließen, die letztendlich keinen Umsatz generieren.

Geschäfts-situation	Das Gebrauchtwagenfinanzierungsgeschäft wurde zum Wachstumsmotor erklärt. Dieser Geschäftszweig soll in den kommenden zwei Jahren um 100 % bzw. 70 % wachsen. Jedoch sind in diesem Geschäft trotz Investitionen in Marketingmaßnahmen und neue Vertriebsmitarbeiter bisher nur geringe Steigerungsraten zu verzeichnen.	
Problem-beschreibung	Unsere Bank hat in den vergangenen Monaten 423 Autohändler in 28 Regionen zusätzlich unter Vertrag genommen. Allerdings ist der Eingang von Autofinanzierungskreditanträgen nicht entsprechend gestiegen. Etwa 58 % (245) der Autohändler sind inaktiv (schlafend) für mehr als drei Monate. Die Kosten zur Akquise neuer Autohändler sind etwa 500 % der Kosten, die für die Betreuung von existierenden Verträgen anfallen.	
Projekt-zielstellung	Zielstellung für dieses Projekt ist es, den Anteil von schlafenden Autohändlern bis Ende September auf 10 % zu reduzieren.	
Projektumfang	**Beginn:**	Vertrag mit neuem Händler abgeschlossen
	Ende:	Autohändler über Kreditentscheidung informiert
	Einbezogen:	Marketing, Vertrieb sowie Abwicklung
	Ausgeschlossen:	Konditionen

BILD 1.4 Projektcharter – Problembeschreibung

1.7.3 Aufgabe 3: Festlegen der Projektmessgrößen und Abschätzen des finanziellen und nicht finanziellen Nutzens

Im nächsten Quality Council wird die Projektdefinition und insbesondere die Bestimmung der Messgröße „Anteil schlafender Autohändler“ vorgeschlagen. Dort wird die Zielgröße mit 10 % vorgegeben. Da das Projekt im Februar startet, wird für die Erreichung dieser Zielstellung Ende September bestimmt. Der „Anteil schlafender Autohändler“ ist eine Größe, mit der zwar das Prozessergebnis langfristig eingeschätzt werden kann. Sie kann allerdings wegen des Zeitverlustes zwischen Prozessänderung und dem Abbilden dieser Änderungen im Ergebnis nicht als Steuerungsgröße herangezogen werden. Aufgabe der nächsten Projektphasen wird es sein, entsprechende Steuerungsgrößen zu finden und deren Zusammenhang mit dem Ergebnis „Anteil schlafender Autohändler“ zu verifizieren.

Als resultierende Messgröße werden Fehler in der Kreditentscheidung betrachtet, da durch Erfolg im Projekt die Anzahl der Gebrauchtwagenfinanzierungskredite drastisch gesteigert werden wird und damit das Arbeitspensum für das Abwicklungsteam zunehmen wird. Diese Zunahme könnte zu einer wachsenden Anzahl von Fehlentscheidungen bei Kreditzusagen führen und damit entweder den Kunden verärgern oder das Risiko der Bank steigern. Allerdings sollte diese Konsequenz sofort bei Auftreten erkannt werden, da monatlich eine Prüfung von Kreditentscheidungen durch die Auditabteilung erfolgt.

Der finanzielle Nutzen wurde durch die Finanzabteilung unter einigen Annahmen abgeschätzt. Dazu wurden die Zunahme von Krediten bei Erreichen der Zielstellung, das mittlere Kreditvolumen und der mittlere Ertrag aus einem Kredit zugrunde gelegt.

Bei Erfolg des Projektes wird der Kundenservice verbessert sein. Das heißt, es ist sehr wahrscheinlich, dass das Ziel nur erreicht werden kann, wenn dem Händler und dessen Kunden ein besserer Service angeboten wird. Bild 1.5 zeigt die entsprechende Zusammenfassung.

Primärmessgröße	**Messgröße**	**Projektbeginn** 16. Februar	**Idealzustand**	**Zielstellung** 30. September
	Anteil „schlafender“ Autohändler	58 %	0 %	< 10 % nach September
Resultierende Messgröße	Fehler in der Kreditentscheidung: Eine Zunahme der Anzahl der Kreditanträge darf nicht zu Fehlern in der Kreditentscheidung führen. Abteilung Audit überwacht Qualität der Kreditentscheidung monatlich.			
Finanzieller Nutzen	EUR 200 k	Geschätzter Gewinn aus zusätzlichen Gebrauchtwagenkrediten, abgeschlossen über ein Jahr.		
Kundennutzen	Autohändler und deren Gebrauchtwagenkunden erfahren besseren Service.			

BILD 1.5 Projektcharter – Messgrößen

1.7.4 Aufgabe 4: Bestimmen der Projektbeteiligten

Bild 1.6 gibt einen Überblick über die Projektbeteiligten. Neben dem Projektsponsor Gerald Hausser wurden während des Quality Council Meetings Anke Smart als Black Belt sowie Dan Wong und Valerie Kluge als Green Belts festgelegt. Diese Konstellation wurde gewählt, da das Projekt aus zwei Unterprojekten besteht, einem Unterprojekt in der Abwicklung und einem Unterprojekt in der Kundenbeziehungspflege. Außerdem sollen dadurch zwei junge, mit der Lean-Six-Sigma-Methode noch unerfahrene Mitarbeiter zu Projektleitern ausgebildet werden, während Anke Smart als übergeordneter Black Belt das Gesamtprojekt betreut. Dem Sponsor kam bei diesen vorbereitenden Tätigkeiten zugute, dass Themen wie Projektauswahl, deren Definition sowie Belt-Nominierung während seines zweitägigen Champion-Trainings ausgiebig behandelt worden waren.

Während Anke Smart bereits das Black-Belt-Training durchlaufen hat, werden die Green Belts parallel zur Projektarbeit in einem Green-Belt-Training ausgebildet. Die Projektarbeit ist so geplant, dass die Projektphasen im Team bearbeitet werden, nachdem die entsprechende Trainingsphase durch die Green Belts absolviert worden ist.

Projekttitel	**Aktivieren schlafender Autohändler**			
Projektsponsor	Gerald Hausser, Direktor Vertrieb			
Projektleiter	Anke Smart, Vertrieb Absatzfinanzierung Gebrauchtwagen, Black Belt; Dan Wong, Abwicklung Kreditgeschäft, Green Belt; Valerie Kluge, Vertrieb Absatzfinanzierung Kundenbeziehungen, Green Belt			
Teammitglieder	Thomas Schlager, Vertrieb Absatzfinanzierung; Amy Winter, Abwicklung; Anne Zwirn, Abwicklung; Christian Keil, Marketing; Mark Hunger, Autohändler (Kunde)			
Unterstützung	Penny Busch, Finanzen; Dr. Rainer Sandmann, Master Black Belt			
Projektplan	**Phase**	**Geplanter Abschluss**	**Tatsächlicher Abschluss**	**Status**
Projektstart 16. Februar	**Define**	12. März	12. März	Abgeschlossen
	Measure	23. April	30. April	Abgeschlossen
	Analyse	14. Mai	14. Mai	Abgeschlossen
	Improve	18. Juni	25. Juni	Abgeschlossen
	Control	29. Oktober	29. Oktober	Abgeschlossen

BILD 1.6 Projektcharter - Kopfdaten

Dr. Rainer Sandmann, ein ausgebildeter und mehrjährig praktizierender Master Black Belt, ist mit Lean Six Sigma gut vertraut, sodass er zur methodischen Unterstützung des Teams bestimmt wurde. Seine Aufgabe ist es nicht, die Inhalte der Bankprozesse im Detail zu kennen und diese Kenntnis in Teammeetings einzubringen. Seine Aufgabe beschränkt sich auf die Begleitung der Projektverantwortlichen mit seinem unabhängigen Rat. Er nimmt nur selten an Teammeetings teil, sondern hilft den Projektleitern bei der Vorbereitung und Auswertung ihrer Meetings, bei der Auswahl der entsprechenden Werkzeuge sowie der Interpretation von Analyseergebnissen.

Penny Busch wurde zur Unterstützung des Teams in finanztechnischen Fragen wie der Abschätzung des Nutzens zu Beginn des Projektes und der Kosten-Nutzen-Analyse vor der Einführung von Verbesserungen bestimmt.

Die Teammitglieder sind durch den Sponsor und den Black Belt so ausgewählt worden, dass mit deren Hilfe der gesamte Prozess analysiert werden kann. Außerdem wurde durch den Sponsor sichergestellt, dass die Teammitglieder die Freigabe seitens des Managements erhalten, um die erforderliche Zeit für die Projektarbeit aufzuwenden. Für die Teammitglieder wird mit einem Zeitaufwand von etwa einem halben Tag pro Woche gerechnet.

1.7.5 Aufgabe 5: Planen der Projektphasen

Wie vor jedem anderen Projekt auch wird für das Lean-Six-Sigma-Projekt ein Projektplan erstellt (Bild 1.7). Der Projektplan sieht vor, DEFINE in weniger als vier Wochen abzuschließen, wesentlich mehr Zeit, nämlich sieben Wochen für MEASURE zu verwenden, während für ANALYSE und IMPROVE kürzere Zeiträume eingeplant werden.

Die Einführung der Verbesserungen soll bereits im Juni abgeschlossen sein, sodass der Ertrag aus dem Projekt so weit wie möglich noch im Anfang Mai beginnenden Finanzjahr wirksam wird.

Erfahrungsgemäß dauert der Schritt der Datensammlung (Schritt Nummer 9 in Bild 1.7) deutlich länger als andere Schritte in den Phasen DEFINE, MEASURE und ANALYSE.

In vielen Projekten nimmt der Schritt Implementieren von Lösungen (Schritt Nummer 19 in Bild 1.7) beträchtliche Zeit in Anspruch. Demgegenüber ist in diesem Projekt dafür weniger Zeit vorgesehen, da die Änderungen nur die Pflege der Kundenbeziehungen und die interne Abwicklung betreffen werden und voraussichtlich leichter einzuführen sein werden.

Die CONTROL-Phase wird die Überwachung des Prozesses (Schritt 24) durch das Projektteam und die monatliche Berichterstattung im Quality Council (Schritt 25) über einen Zeitraum von Juli bis Oktober beinhalten (zur besseren Lesbarkeit des Projektplans wurden diese Schritte nicht dargestellt). Die Übergabe des Projektes an die Prozesseigner, die Direktoren von Vertrieb und Abwicklung wird erfolgen, nachdem während der Überwachung des Prozesses Prozessstabilität und Prozessfähigkeit nachgewiesen werden konnten.

PROJEKTPHASE Projektschritt	Week	16 Feb	23 Feb	01 Mar	08 Mar	15 Mar	22 Mar	29 Mar	05 Apr	12 Apr	19 Apr	26 Apr	03 May	10 May	17 May	24 May	31 May	07 Jun	14 Jun	21 Jun	28 Jun	05 Jul	12 Jul
DEFINE																							
1. Erstellen des Projektcharters		×																					
2. Abbilden des Grob-Prozessablaufs (SIPOC)			×																				
3. Verstehen der Stimme des Kunden (VOC)			×	×	×																		
4. Organisieren von Unterstuetzung			×																				
MEASURE																							
5. Identifizieren potentieller Ursachen					×																		
6. Auswahl von potentiellen Ursachen zur Datensammlung					×																		
7. Analyse des Messsystems – Gage R&R						×	×																
8. Festlegen der Stichprobengroesse								×															
9. Planung der Datensammlung & Sammeln von Daten								×	×	×													
10. Ermitteln der Prozessfaehigkeit											×												
ANALYSE																							
11. Pruefen von Mustern in Daten											×												
12. Pruefen von Schwachstellen in Prozessen											×	×											
13. Verifizieren und Quantifizieren von Ursachen													×	×									
14. Festlegen von Prozessvariablen														×									
IMPROVE																							
15. Generieren von Loesungsideen															×	×							
16. Bewerten und Verringern von Risiko																×							
17. Auswahl von Loesungen																×							
18. Testen von Loesungen																	×	×					
19. Implementieren von Loesungen																	×	×	×				
CONTROL																							
20. Aufbau eines Prozessmanagementsystems																			×	×	×		
21. Standardisierung von Prozessen																			×	×	×	×	×
22. Schulen von Prozessbeteiligten																					×	×	×
23. Einfueren von Prozessueberwachungssystemen																					×	×	×

× Geplante Zeitspanne
✖ Ueberzogene Zeitspanne

BILD 1.7 Projektplan

Der Projektplan wird monatlich aktualisiert und als Teil der Übersicht für alle Projekte im Quality Council präsentiert.

1.7.6 Aufgabe 6: Analyse der Betroffenen

Die Analyse der Betroffenen, die sogenannte Stakeholderanalyse, wird im Team durchgeführt. Zuerst werden alle Organisationseinheiten aufgelistet, die einen Einfluss auf den Erfolg des Projektes „Aktivieren schlafender Autohändler“ ausüben können (Bild 1.8). Da nicht Organisationseinheiten, sondern Personen diesen Effekt bewirken, ist es unumgänglich, die betreffenden Personen beim Namen zu nennen.

Die Geschäftsleitung nominiert den Direktor des Vertriebs, Gerald Hausser, während des Quality Councils zum Sponsor. Dadurch wurde eine große Hürde genommen. Für Gerald Hausser ist Lean Six Sigma eine Methode, die nicht in die Welt des Vertriebs passt, sondern in einer Bank lediglich in der Abwicklung eingesetzt werden sollte. Als Sponsor kann er das Projekt allerdings nicht mehr blockieren. Er wird durch das Team daher als „neutral“ bewertet. Als Projektsponsor sollte er natürlich nicht nur „nicht blockieren“, sondern das Projektteam unterstützen. Daher wird als Strategie vorgeschlagen, ihn ständig informiert zu halten, ihm das Gefühl zu geben, dass sein Erfahrungsschatz für das Team unabdingbar ist und er daher an einem eventuellen Erfolg des Projektes maßgeblich beteiligt wird. Die Kommunikationsstrategie mit Gerald Hausser ist auf seinen Typ zugeschnitten: weniger E-Mails, mehr Telefonate und Meetings.

Org.-Einheit	Name	Grad der Unterstützung	Strategie
Leitung	Alle	X → O	Regelmäßig informieren in Quality Council, Quick Wins präsentieren
Direktor Vertrieb	Gerald	X → O	Wird der „Vater des Erfolgs"
Vertrieb (Autokredite)	Alle	X → O	Sind am Erfolg beteiligt
Marketing	Auto	X → O	Wird in Projekt einbezogen
Abwicklung	Auto	X → O	Wird in Projekt einbezogen
Autohändler	Alle	XO	O. k.
Autohändler	Mark	XO	O. k.!

Starker Blockierer – Leichter Blockierer – **Neutral** – Unterstützer – Starker Unterstützer

Unterstützungsgrad

X … Gegenwärtig

O … Benötigt

BILD 1.8 Stakeholderanalyse

Die Mitarbeiter des Vertriebs haben eine ähnliche Einstellung wie deren Direktor. Aufgrund Gerald Haussers Nominierung zum Sponsor ist allerdings ein Teil der Schärfe der Ablehnung schon genommen worden. Jedes Mitglied im Projektteam bekommt eine Aufgabe zur Unterstützung der Stakeholderstrategie übertragen, da mannigfaltige persönliche Beziehungen zwischen ihnen und den Vertriebsmitarbeitern bestehen. So treffen sich beispielsweise einige Teammitglieder mit Vertriebskollegen beim Fußball, andere haben ihre Kinder in der gleichen Schule oder wohnen im gleichen Ortsteil. Diese persönlichen Beziehungen sind wesentlich wirkungsvoller bei der Bewältigung von organisationsbedingten Hürden, als das „offizielle Maßnahmen" sein können.

Das Team beschließt, zum Ende jeder Projektphase die Stakeholderanalyse zu überdenken und erforderlichenfalls zusätzliche Maßnahmen zu entwickeln.

2 Grobprozessablauf abbilden

2.1 Ziel und Hintergrund

Der Grobprozessablauf ist eine Übersichtsdarstellung des Prozesses, die Prozessergebnisse (Outputs) und deren -kunden (Customers), Prozessschritte sowie Prozesslieferanten (Suppliers) und deren -eingaben (Inputs) zusammenfasst. Dieser Grobprozessablauf wird daher auch oft als SIPOC (Supplier, Input, Process, Output, Customer) bezeichnet.

Das Abbilden des Grobprozessablaufs hat zum Ziel, die Sichtweisen aller Teammitglieder und gegebenenfalls des Projektsponsors auf den zu bearbeitenden Prozess zu synchronisieren. Bei der Darstellung des SIPOC werden außerdem Prozessgrenzen und -schritte sowie erforderliche Eingaben und deren Lieferanten besprochen.

2.2 Voraussetzungen

Voraussetzungen für diesen Schritt sind:

- ausgefüllter Projektcharter,
- Projektteammitglieder, die gemeinsam den zu bearbeitenden Prozess vollständig und in allen Einzelheiten kennen.

2.3 Aufgaben und verwendete Werkzeuge

Die in diesem Schritt zu bearbeitenden Aufgaben und die dazu empfohlenen Werkzeuge sind in Tabelle 2.1 dargestellt.

TABELLE 2.1 In diesem Schritt zu bearbeitende Aufgaben

Aufgabe	Werkzeug
1. Auflisten der Prozessschritte	SIPOC
2. Auflisten der Prozesskunden und der entsprechenden Prozessergebnisse	SIPOC
3. Auflisten der Prozesslieferanten und der entsprechenden Prozesseingaben	SIPOC

2.3.1 Aufgabe 1: Auflisten der Prozessschritte

Die Prozessgrenzen können meist direkt aus dem Projektumfang des Projektcharters übernommen werden. Der Beginn des Projektumfangs ist zugleich der Anfangspunkt für die Prozessdarstellung und liegt für gewöhnlich vor der ersten darzustellenden Prozessaktivität. Das Ende markiert dementsprechend den Abschluss der letzten Aktivität im Prozess.

Die dazwischenliegenden Prozessaktivitäten, die Prozessschritte, sind vollständig, jedoch nicht detailliert aufzulisten. Die Liste der Prozessschritte sollte neun Einträge nicht überschreiten, kann aber wesentlich weniger beinhalten. Grundsätzlich wird der Ablauf linear dargestellt. Das heißt, mögliche Schleifen oder Verzweigungen werden hier nicht abgebildet. Es wird angenommen, dass diese Elemente in dem übergeordneten Prozessschritt enthalten sind. Bei Bedarf kann dies in der Bezeichnung des Prozessschrittes angemerkt werden.

Beispielsweise werden in einem Prozessschritt „Prüfen eines Kreditantrags" mehrere Aktivitäten zusammengefasst wie Öffnen des entsprechenden Kreditantrags im EDV-System, Prüfen der Vollständigkeit der Unterlagen sowie der korrekten Eingabe von Informationen in das Antragsformular und die Datenbank und Sicherstellen der positiven Kreditauskunft vom Kreditbüro. Im Falle des Fehlens einer der benötigten Informationen wird versucht, diese einzuholen. Der Prozessschritt „Prüfen eines Kreditantrags" ist daher eine Zusammenfassung von Aktivitäten, die erforderlichenfalls in einem späteren Projektschritt detailliert aufgenommen werden.

! Die Liste der Prozessschritte muss alle Aktivitäten beinhalten, die zwischen dem Beginn und dem Ende des Projektumfangs liegen und zum Erzeugen des beabsichtigten Prozessergebnisses erforderlich sind – sofern nicht einzelne Aktivitäten im Projektcharter ausdrücklich ausgeschlossen wurden. ■

2.3.2 Aufgabe 2: Auflisten der Prozesskunden und der entsprechenden Prozessergebnisse

Jeder Prozess hat den Zweck, ein oder mehrere Prozessergebnisse an den oder die Prozesskunden zu liefern. In der Regel hat ein Prozess einen Hauptkunden, den Empfänger der hauptsächlichen Dienstleistung und einen oder mehrere Nebenkunden. Für den Erfolg des Projektes ist es unumgänglich, alle Prozessergebnisse und damit auch alle Prozesskunden zu benennen.

Beispielsweise wird von einem Kreditabwicklungsprozess als Hauptergebnis eine Kreditgenehmigung oder eine Kreditablehnung geliefert. Der Kunde dafür ist eine interne Stelle, die das Ergebnis an den Kreditantragsteller weiterleitet. In diesem Falle ist es vorteilhaft, auch den Kreditantragsteller als Kunden zu betrachten, dessen Erwartungen an den Prozess eine Hauptrolle spielen werden. Daneben sind weitere interne Stellen wie beispielsweise Kundenbetreuung, Finanzen und Mahnwesen darauf angewiesen, dass sie die Details über die Kreditentscheidung erhalten. Sie sind ebenfalls Kunden des Prozesses.

> **!** Die Liste der Prozesskunden und der erwarteten Prozessergebnisse muss vollständig sein und darf sich nicht auf die im Projektcharter beschriebene Problemstellung beschränken. ■

2.3.3 Aufgabe 3: Auflisten der Prozesslieferanten und der entsprechenden Prozesseingaben

Die zur Erzeugung der von den Prozesskunden erwarteten Prozessergebnisse erforderlichen Prozesseingaben sind Zulieferungen in den Prozess. Diese Zulieferungen werden von den Prozesslieferanten bereitgestellt. Prozesslieferanten können sowohl interne Stellen als auch externe Lieferanten oder Partner sein. Im Dienstleistungsbereich ist der Prozessendkunde oftmals auch ein Prozesslieferant.

Beispielsweise ist der Kreditkunde gleichzeitig auch Hauptlieferant für einen Kreditantrag, da die wichtigsten Zulieferungen von ihm in Form von Unterlagen wie Kreditantragsinformationen, Gehaltsnachweis oder Bankverbindung erbracht werden. Oftmals hat das Fehlen oder die Unvollständigkeit von Informationen einen entscheidenden Einfluss auf den Prozess und dessen Ergebnis.

> **!** Um in einem späteren Prozessschritt die Forderungen an die Prozesslieferanten vollständig formulieren zu können, ist deren lückenlose Auflistung mit entsprechenden Zulieferungen wichtig. Merke: Im Dienstleistungsbereich ist der Prozessendkunde oftmals auch ein Prozesslieferant. ■

2.4 Ergebnisse

Dieser Schritt liefert das folgende Ergebnis:

- Grobprozessdarstellung (SIPOC).

2.5 Tipps

1. Beim Erstellen des Grobprozessablaufs empfiehlt es sich, bei den Prozessschritten zu beginnen, danach die Kundenseite mit den Ergebnissen und zuletzt die Lieferantenseite mit den Zulieferungen zu bearbeiten. Diese Reihenfolge ist logisch, aber nicht zwingend. Es kann auch in folgender Reihenfolge vorgegangen werden:
   a) Kunden und Prozessergebnisse,
   b) Prozessschritte,
   c) Lieferanten und Prozesseingaben.
2. Meist haben nicht alle Teammitglieder ein gleiches Maß an Wissen und Erfahrung zu allen Prozessschritten. In diesem Fall empfiehlt es sich, den Prozessablauf Schritt für Schritt von den damit am besten vertrauten Mitgliedern erklären zu lassen, sodass jeder im Team einen guten Überblick über den Gesamtablauf erhält.
3. Der Grad an Details für die Prozessdarstellung ist nicht eindeutig festlegbar. Die Richtlinie für eine brauchbare Detaillierung besteht in der Anzahl von dargestellten Prozessschritten, die neun nicht überschreiten sollte. Außerdem sollte darauf geachtet werden, dass innerhalb eines Grobprozessschrittes keine wesentlichen Schnittstellen enthalten sind. Schnittstellen sind durch getrennte Prozessschritte zu verdeutlichen.
4. Obwohl der SIPOC dem Team nur als internes Arbeitsmittel dient und in der Projektpräsentation in der Regel keine Rolle spielt, kann eine Präsentation für den Sponsor ein probates Mittel zum Prüfen des gemeinsamen Verständnisses über den zu bearbeitenden Prozess darstellen.
5. Die Trivialität dieses Schrittes verleitet oft dazu, beim Erstellen des Grobprozessablaufs nicht die erforderliche Sorgfalt walten zu lassen. Die Auswirkungen werden erst wesentlich später in Form von fehlenden Fehlerursachen sichtbar, die auf fehlenden Prozessschritten oder fehlenden Prozesseingaben beruhen und damit verpassten Gelegenheiten zur Prozessverbesserung.
6. Eine abschließende Frage in jedem Teammeeting sollte ermitteln, ob sogenannte Quick Wins, einfach umsetzbare Prozessverbesserungen, aufgedeckt worden sind, die ohne Risiko implementiert werden können. Diese Quick Wins können dabei helfen, zusätzliche Unterstützung für die weitere Projektarbeit zu mobilisieren.

Für die Effektivität dieses Schrittes und damit für den Erfolg des gesamten Projektes ist es unabdingbar, dass alle Teammitglieder bei der Bearbeitung anwesend sind. Es ist nicht ratsam, diesen Schritt auf Computer und Projektor durchzuführen. Eine wirkungsvolle Teamarbeit wird durch Metaplantechnik unterstützt.

2.6 Benötigte Zeit

Für den Schritt „2. Grobprozessablauf abbilden" sollte ein Meeting von ein bis zwei Stunden Dauer eingeplant werden.

2.7 Fallbeispiel

Nachdem im vorangegangenen Meeting der Projektcharter erstellt worden ist, wird ein SIPOC-Meeting angesetzt. Es wird sichergestellt, dass dazu alle Teammitglieder anwesend sein können.

Oftmals resultiert eine Prozessdarstellung in der Widerspiegelung eines Soll-Zustandes und ist mehr oder weniger realitätsfern. Daher ist unbedingt darauf zu achten, dass die gesamte Darstellung des SIPOC – insbesondere jedoch die Auflistung der Prozessschritte – den aktuellen Zustand abbildet.

2.7.1 Aufgabe 1: Auflisten der Prozessschritte

Das Auflisten der Prozessschritte resultiert in dem Ergebnis in Bild 2.1 Es wurde darauf geachtet, dass jeder Prozessschritt von nur einer Stelle durchgeführt wird. Die Schritte „Eingabe des Autohändlers in Datenbank" und „Kontaktpflege mit Händler" werden beispielsweise durch den Vertrieb für Autokredite abgewickelt, während „Senden von Marketingmaterial zum Händler" vom Marketing ausgeführt wird.

Lieferant	Eingabe	Prozess	Ergebnis	Kunde
Hauptlieferanten Primär: •Gebrauchtwagen-händler	• Kreditantrag • Kundendaten	Eingabe des Autohändlers in Datenbank ↓ Kontaktpflege mit Händler	• Marketingmaterial • Informations-material • Kreditangebot • Kreditvertrag	**Hauptkunden** Primär: •Gebrauchtwagen-händler Sekundär: •Gebrauchtwagen-kunde
Nebenlieferanten •Marketing •Vertrieb über Datenbank	• Autohändler-information	↓ Senden von Marketingmaterial zum Händler ↓ Senden des Kreditantrags durch Händler	• Kreditvertrag	**Nebenkunden:** Intern: •Finanzen •Revision •Vertrieb •Marketing über Datenbank
•Marketing	• Marketingmaterial	↓ Empfangen des Kreditantrags durch Bank		
•Kreditauskunfts-büro	• Risikoinformation	↓ Kreditentscheidung durch Bank ↓ Informieren des Händlers		

BILD 2.1 Grobprozessablauf (SIPOC)

Die Komplexität der Schritte ist dabei von untergeordneter Bedeutung. „Eingabe des Autohändlers in Datenbank“ ist ein einmaliger und wenig komplexer Prozessschritt. „Kontaktpflege mit Händler“ ist ein langfristiger, sich wiederholender Prozessschritt, der wegen seines subjektiven Charakters einen gewissen Grad an Komplexität hat. Das wird dadurch deutlich, dass es für unseren Kollegen aus dem Vertrieb Absatzfinanzierung nicht einfach ist, die Tätigkeiten im Prozessschritt darzulegen. Nach Rücksprache mit dem Sponsor wird offensichtlich, dass es keinen eindeutigen Prozess für die Kontaktpflege mit dem Händler gibt.

Daher wird beschlossen, in einer späteren Prozessphase weitere Mitarbeiter des Vertriebs Absatzfinanzierung in die Arbeit einzubeziehen, um ein umfassendes Bild über die tatsächlichen Tätigkeiten zu bekommen.

2.7.2 Aufgabe 2: Auflisten der Prozesskunden und der entsprechenden Prozessergebnisse

Als Primärprozesskunde wird der Gebrauchtwagenhändler, als Sekundärprozesskunde der Gebrauchtwagenkunde identifiziert. Während die Beziehung mit dem Gebrauchtwagenhändler eine reine Geschäftsbeziehung darstellt, ist der Gebrauchtwagenkunde in der Regel eine Privatperson. Daher ergeben sich unterschiedliche Anforderungen an den Prozess, die im Detail identifiziert werden müssen. Allerdings ist letztendlich nicht der Händler der zahlende Kunde, sondern dessen Gebrauchtwagenkäufer.

Es wäre durchaus möglich, das Verbesserungsprojekt allein auf den Anforderungen des Primärprozesskunden aufzubauen und darauf zu vertrauen, dass der Gebrauchtwagenhändler seinerseits die Anforderungen seines Kunden, des Gebrauchtwagenkunden, regelmäßig erhebt, analysiert und seine Prozesse daran anpasst. Nach Absprache zwischen Team und Sponsor wird davon ausgegangen, dass die meist sehr kleinen Unternehmen der Gebrauchtwagenhändler selten die Mittel und oft auch nicht die Kenntnisse besitzen, um diese Aufgabe erfüllen zu können. Daher ist ein Vertreter der Gebrauchtwagenhändler in das Team eingeladen worden, um die Erfolgsaussichten des Projektes für unsere Bank zu erhöhen.

An den Händler werden folgende Prozessergebnisse direkt geliefert (Bild 2.1): Marketingmaterial, Kreditangebot, Kreditvertrag, Informationsmaterial. All diese Prozessergebnisse werden an den Endkunden, den Gebrauchtwagenkäufer, weitergegeben.

> Als Prozessergebnisse werden die im Prozess erstellten und an den Kunden weitergegebenen Materialien und Dokumente betrachtet. Im Prozess erarbeitete und an einen folgenden, ebenfalls im SIPOC enthaltenen Prozessschritt weitergeleitete Materialien oder Dokumente fallen nicht darunter, wenn sie für den Prozesskunden keine Rolle spielen.

2.7.3 Aufgabe 3: Auflisten der Prozesslieferanten und der entsprechenden Prozesseingaben

Die wichtigsten Prozesslieferanten sind – wie so oft im Dienstleistungsbereich – gleichzeitig die Prozesskunden (Bild 2.1). Der Gebrauchtwagenhändler liefert den Kreditantrag mit allen erforderlichen Daten über den Gebrauchtwagenkunden. Da es sich hierbei um Lieferanten handelt, ist es im Gegensatz zur Prozesskundenseite nicht erforderlich, besonderes Augenmerk auf den Gebrauchtwagenkunden zu richten. Es wird davon ausgegangen, dass der Händler alle erforderlichen Unterlagen beibringen kann. Falls dem nicht so sein sollte, würde das in einer späteren Projektphase offensichtlich werden und im Zuge des Projektes behoben werden.

Zusätzlich werden Informationen über den Händler vom Vertrieb und vom Marketing benötigt. Diese Information kann der Datenbank entnommen werden. Des Weiteren wird von der Marketingabteilung Marketingmaterial gefordert. Für die Bonitätsprüfung des Kunden wird eine Anfrage an das Kreditauskunftsbüro erstellt, das für die Bank wichtige Risikoinformationen liefert.

> Als Prozesseingaben werden die im Prozess benötigten Materialien und Dokumente betrachtet, die von Prozesslieferanten zugeliefert werden. Im Prozess erarbeitete und an einen folgenden, ebenfalls im SIPOC enthaltenen Prozessschritt weitergeleitete Materialien oder Dokumente fallen nicht darunter, wenn sie nicht von Prozesslieferanten stammen.

3 Stimme des Kunden verstehen

3.1 Ziel und Hintergrund

Die Prozesskunden stellen die Anforderungen an jeden Prozess. Diese Anforderungen, die Stimme des Kunden (Voice of the Customer, VOC), genau zu kennen und in Messgrößen zu übersetzen ist eine entscheidende Voraussetzung für ein erfolgreiches Projekt.

Ziel ist es daher, eine vollständige Liste von Prozesskunden und deren messbaren Anforderungen zu erstellen, die als Grundlage für die Prozessverbesserung genutzt werden. Dabei ist es nicht ausreichend, vorhandene Daten wie Kundenreklamationen und -nachfragen oder Fehlermeldungen für die Prozessverbesserung zugrunde zu legen.

Von Kundenrückmeldungen können nur offensichtliche Probleme abgeleitet werden. Insbesondere in Dienstleistungsprozessen sind oftmals kleinere Prozessschwächen Ursache für unterschwellige Kundenunzufriedenheit, die sich nicht in Beschwerden äußert, sondern über längere Zeit in ein Abwandern von Kunden umschlägt. Eine Studie zum Beschwerdemanagement im Kreditwesen (Pietsch 2003) hat verdeutlicht, dass Beschwerden nur die Spitze des Eisberges zeigen. Die Mehrzahl der Probleme ist verborgen (Bild 3.1).

BILD 3.1 Beschwerden – Spitze des Eisberges

Hinter jeder Kundenbeschwerde verbergen sich etwa 25 Kunden, die eine ähnliche Erfahrung mit der Serviceleistung des Finanzdienstleisters machen, sich jedoch nicht beschweren. Zusätzlich besagt ein anderes Analyseergebnis von Pietsch (2003), dass hinter einer Kundenbeschwerde etwa 250 kleinere negative Erfahrungen mit dem Finanzdienstleister stehen, die nicht groß genug sind, um eine Beschwerde zu rechtfertigen. Die allerdings ausreichend sind, einen bleibenden negativen Eindruck zu hinterlassen. Über kurz oder lang werden diese Kunden zum Wettbewerb abwandern.

Die Kundenanforderungen sind stetigen Wandlungen unterworfen, die durch veränderte Angebote von Wettbewerbern oder von neuen Randbedingungen hervorgerufen werden. Daher sollte die Stimme des Kunden regelmäßig erfasst werden.

Die Annahme, dass Kundenforderungen vollständig bekannt sind, ist in der Regel falsch.

3.2 Voraussetzungen

Voraussetzungen für diesen Schritt sind:

- ausgefüllter Projektcharter,
- Projektteammitglieder, die Kenntnis über die für das Projekt relevanten Kundensegmente sowie deren Forderungen haben.

3.3 Aufgaben und verwendete Werkzeuge

Die in diesem Schritt zu bearbeitenden Aufgaben und die dazu empfohlenen Werkzeuge sind in Tabelle 3.1 dargestellt.

TABELLE 3.1 In diesem Schritt zu bearbeitende Aufgaben

Aufgabe	Werkzeug
1. Identifizieren von Kundensegmenten	Projektcharter und SIPOC
2. Sammeln von Kundenforderungen	Datensammlungsplan, Datensammlungswerkzeuge
3. Analysieren von Kundenforderungen	Affinitätsdiagramm, Baumdiagramm
4. Priorisieren von Kundenforderungen	Kano-Diagramm
5. Festlegen von Zielgrößen	Wettbewerbsanalyse, Kundendatenanalyse

3.3.1 Aufgabe 1: Identifizieren von Kundensegmenten

Ist der SIPOC mit der nötigen Sorgfalt erstellt worden, finden sich Kundensegmente im SIPOC wieder. Beim Identifizieren der Kundensegmente ist ausgehend von der Definition im Projektumfang zuerst der Hauptkunde zu ermitteln. Der Hauptkunde ist in der Regel ein externer Kunde, dessen Forderungen häufig Anlass für das Verbesserungsprojekt sind. Oftmals dient der zu verbessernde Prozess nur mittelbar einem externen Kunden. Der unmittelbare Kunde ist eine andere Stelle im Unternehmen. Auch in diesem Falle ist es empfehlenswert, die Forderungen des externen Kunden zu erheben. Beispielsweise ist der Vertrieb in der Regel in Kontakt mit dem Kunden, während die Abwicklung keine direkte Schnittstelle mit ihm hat. Sollte ein Verbesserungsprojekt auf den Abwicklungsprozess beschränkt sein und damit den Vertrieb als Kunden des Prozesses betrachten, ist es trotzdem ratsam, die Forderungen des externen Kunden einzuholen und an deren Erfüllung zu arbeiten.

Ist das Projekt nicht auf ein Kundensegment beschränkt, sind die einzelnen Kundensegmente so detailliert wie möglich aufzulisten, da sich für unterschiedliche Segmente differenzierte Forderungen ergeben könnten. Beispielsweise sind die Forderungen von Kreditfinanzierungskunden im Automobilmarkt teilweise anders als die Forderungen im PC-Finanzierungsgeschäft.

Neben den Hauptkunden gibt es meist Nebenkunden. Das sind Kunden, die ein Ergebnis des Prozesses benötigen, um damit fast immer unternehmerische Forderungen wie Rechnungsstellung, Buchhaltung oder Dokumentation zu bedienen. Diese Kunden und deren Forderungen sind oft nicht wichtig für den Hauptkunden, bilden allerdings die Grundlage für das ordnungsgemäße Funktionieren des Unternehmens. Beispielsweise ist es für den Kunden ohne Relevanz, ob die Revisionsabteilung einer Bank eine Kopie der Kreditunterlagen nach Abschluss eines Kreditvertrages erhält. Dagegen ist das für die Bank von überlebenswichtiger Bedeutung.

Nach abgeschlossener Definition der einzelnen Kundensegmente ist es ratsam, die eventuell im SIPOC fehlenden Informationen in der Spalte Kunde dort nachzutragen.

3.3.2 Aufgabe 2: Sammeln von Kundenforderungen

Kundenforderungen für die in Kapitel 3.3.1 genannten Kundensegmente können auf vielfältige Art und Weise gesammelt werden. Die entsprechenden Werkzeuge arbeiten entweder reaktiv oder proaktiv. Reaktive Kanäle zur Informationsgewinnung über Kundenforderungen sind Beschwerden, Kundenrückmeldungen, Informationen über die Service-Hotline, Informationen über Feldausfälle oder Ähnliches. Proaktive Kanäle sind Interviews, Kundenbeobachtung – die sogenannten Gemba-Besuche – Mystery-Shopping und Kundenbefragungen. Eine Zusammenfassung der gängigsten Werkzeuge zur Erfassung von Kundendaten und deren wesentliche Charakteristiken finden sich in Bild 3.2.

Reaktive Kanäle zum Erfassen von Kundenforderungen

Die einerseits preiswertesten und andererseits sehr aussagekräftigen Quellen für kundenseitige Anforderungen sind reaktive Kanäle. Daher sollte mit der systematischen Erfassung der ohnehin vorhandenen und oftmals nicht zentral gesammelten Informationen begonnen werden. Kundenreklamationen und Kundendienstanrufe sind meist sehr gehaltvoll, da dahinter ein Kunde steht, der eine tatsächliche Berührung mit einem unserer Prozesse, einen „Moment der Wahrheit" hatte, und genau beschreiben kann, was ihm in diesem Moment widerfahren ist und was sein Missfallen erzeugt hat. Reaktive Kanäle liefern brauchbare Informationen über bereits eingetretene Situationen. Dabei ist zu beachten, dass diese Informationen einseitig aus Kundensicht aufgenommen sind und daher tendenziös sein können.

		Kosten		Tendenziös									
	Werkzeug	Kunde	Organisation	Von Kunden	Von Organisation	Ergebnisse sofort verfügbar	Kundennähe	Statistisch gesichert	Prozessnähe	Nachfrage möglich	Auswertbarkeit	Qualitativ	Quantitativ
Proaktive Kanäle	Kundenbefragung	○	●	◎	◎	○	○	●	○	○	●		●
	Fokusgruppeninterview	◎	◎	◎	◎	◎	●	○	○	●	◎	●	
	Einzelinterview	◎	◎	◎	◎	◎	●	○	○	●	○	●	
	Kundenbeobachtung	○	◎	○	●	●	●	○	●	○	○	●	
	Mystery-Shopping	◎	◎	○	◎	●	●	○	●	●	●	●	
Reaktive Kanäle	Reklamation	◎	○	●	○	●	◎	○	◎	○	◎	●	
	Kundendienstanruf	◎	○	●	○	○	◎	○	◎	◎	◎	●	

● Hoch ◎ Mittel ○ Gering

BILD 3.2 Werkzeuge zum Erfassen von Kundenanforderungen

Proaktive Kanäle zum Erfassen von Kundenforderungen

Die proaktiven Kanäle zur Erfassung von Kundenanforderungen sind oftmals kostenintensiver. Dafür werden Kunden befragt oder beobachtet, ohne dass aus der Sicht des Kunden dafür ein Anlass vorliegt. Das kann dazu führen, dass Kunden sich weniger Zeit für die Informationsübergabe nehmen und die daraus resultierenden Informationen oftmals von schlechterer Qualität sind. Beispielsweise sind die Rücklaufquoten aus Kundenbefragungen oft sehr gering, da Kunden keinen Anlass für die Kundenbefragung sehen, keinen unmittelbaren Nutzen daraus ableiten können und daher auch keine Zeit zu investieren bereit sind.

Nahezu alle Dienstleister führen regelmäßig, das heißt von viermal jährlich bis zu einmal in mehreren Jahren, Kundenbefragungen durch. Um den tendenziösen Charakter so weit wie möglich zu eliminieren, beauftragen diese Dienstleister unabhängige Marktforschungsinstitute mit den Umfragen. Ein Vorteil dieser Vorgehensweise besteht in der Möglichkeit des Benchmarkings, die von den Marktforschungsunternehmen angeboten wird. Allerdings ist diese Art der Datenerfassung kostenintensiv und eine Einbahnstraße. Es gibt keine Möglichkeit, die Ergebnisse und Antworten zu hinterfragen. Daher ist eine Kombination verschiedener Werkzeuge ein bevorzugter Weg der Datensammlung über Kundenanforderungen.

> Reaktiv gesammelte Kundeninformationen können nur Informationen über existierende Produkte und Leistungen bieten. Über proaktive Kanäle können dagegen implizit oder explizit neue Produkt- oder Serviceideen getestet und damit teilweise Meinungen über zukünftige Kundenanforderungen erhoben werden.

Nutzen vorhandener Daten zu Kundenforderungen

Zuerst sollten eventuell vorhandene Kundenumfragedaten und deren Analyseergebnisse auf Brauchbarkeit für das Projekt überprüft werden. Das heißt, es muss die Frage beantwortet werden, ob diese Daten und Ergebnisse Rückschlüsse auf die Kundenanforderungen und deren Erfüllung hinsichtlich der in Kapitel 3.3.1 aufgelisteten Kundensegmente erlauben.

Erfassen zusätzlicher Daten zu Kundenforderungen

Da diese Kundenumfragedaten in den seltensten Fällen so detailliert sind, dass sie für das Projekt als Grundlage ausreichen, wird meist ein weiterer Schritt geplant, der genau auf das Projekt abgestimmte Daten erheben soll. Dieser Schritt ist je nach Branche, Kundensegment und Projektzielstellung entweder eine Serie von Interviews oder von Beobachtungen im tatsächlichen Dienstleistungsprozess. Interviews können als Einzel- oder Fokusgruppengespräche stattfinden. Prozessbeobachtungen sind entweder passiv als Kundenbeobachtungen oder aktiv als Mystery-Shopping-Aktivitäten durchzuführen.

Bei Endkunden wie beispielsweise Bankkunden bringen Interviews aufgrund der Vielzahl der Einzelkunden und der demgegenüber kleinen möglichen Stichprobengröße weniger repräsentative Aussagen. In diesem Kundensegment ist die Kundenbefragung das bevorzugte Mittel, um einen Überblick zu gewinnen. Die Aussagen der Kundenbefragung können durch Prozessbeobachtungen ergänzt werden. Aufgrund der Vielzahl von Bankkunden, die in kurzer Zeit die Bankprozesse durchlaufen, ist mit relativ geringem Zeitaufwand eine gute Aussage über das Verhalten der Kunden im Prozess zu gewinnen.

Bei Geschäftskunden wie beispielsweise Händlern kann mithilfe einiger Fokusgruppeninterviews ein sehr gutes Anforderungsprofil erstellt werden, das die eventuell durch regelmäßig durchgeführte Händlerbefragungen gewonnenen Aussagen ergänzt. Die höhere Bereitschaft von Geschäftskunden zur Teilnahme an Fokusgruppeninterviews liegt in der absehbaren Unterstützung des Geschäfts mit deren Kunden, während Endkunden in der Regel keinen speziellen Wert auf eine Teilnahme an einer Befragung legen. Die Motivation der Endkunden zur Teilnahme kann durch Ausgabe von kleinen Stimuli gesteigert werden.

3.3.3 Aufgabe 3: Analysieren von Kundenforderungen

Nach dem Zusammentragen der vorhandenen Informationen und gegebenenfalls dem Erheben von zusätzlichen Daten zu Kundenforderungen liegt oftmals eine Vielzahl von unterschiedlichen Meinungsäußerungen in vielfacher Form und ohne Struktur vor. Daher müssen die Informationen strukturiert werden. Eine einfache Methode der Strukturierung bietet das Affinitätsdiagramm in Verbindung mit einem Baumdiagramm.

Mithilfe des Affinitätsdiagramms werden alle Äußerungen in Kategorien zusammengefasst. Es bietet sich dann an, wenn große Mengen qualitativer Daten wie Ideen oder Meinungen organisiert werden sollen. Ein Affinitätsdiagramm ist ein Werkzeug, das nur im Team genutzt werden kann. Es baut auf dem Wissen, der Erfahrung und der Kreativität des Teams auf und unterstützt gleichzeitig die Teamfähigkeit.

Ein Affinitätsdiagramm der Kundenäußerungen (Bild 3.3) wird folgendermaßen erstellt:

1. Jede Kundenäußerung wird auf einen einzelnen Klebezettel oder eine Metaplankarte geschrieben.
2. Gemeinsam versuchen die Teammitglieder die Kundenäußerungen einander zuzuordnen, das heißt, verwandte oder ähnliche Äußerungen werden nebeneinandergeklebt oder -gepinnt, sodass Gruppen (Cluster) entstehen. Um den Prozess zu beschleunigen und langwierige Diskussionen zu unterbinden, wird dieser Schritt lautlos, das heißt ohne zu sprechen ausgeführt. Wenn sich Teammitglieder bei einzelnen Zetteln oder Karten nicht auf eine Gruppenzugehörigkeit einigen können, kann die entsprechende Äußerung mehreren Gruppen zugeordnet werden.
3. Zuletzt werden die Gruppen mit sinnvollen Namen versehen.

Beim Erstellen eines Affinitätsdiagramms ist es nicht erforderlich, dass die Anzahl der Beiträge in jeder Gruppe ähnlich ist. Es kann sein, dass einzelne Gruppen nur wenige oder gar nur eine Kundenäußerung enthalten. Die Anzahl der Mitglieder in jeder Gruppe ist ein Hinweis für das Gewicht der jeweiligen Gruppe.

Nach Fertigstellung des Affinitätsdiagramms werden die Gruppen der Kundenäußerungen mithilfe eines Baumdiagramms aus der Stimme des Kunden in die Stimme des Prozesses übersetzt, das heißt, es werden Prozessindikatoren gesucht, mit deren Hilfe die Erfüllung der Kundenforderungen gemessen werden kann.

Ein Baumdiagramm (auch Qualitätsmerkmalsbaum) dient der Verfeinerung der Kundenanforderungen so weit, dass sie in messbare Prozessmerkmale übertragen und für die Zielsetzung im Prozess verwendet werden können. Dieser Schritt ist notwendig, da Kundenforderungen natürlicherweise aus der Sicht des externen Kunden aufgestellt werden und damit oft nicht prozessnah und messbar sind. Beispielsweise ist es nicht leicht, eine Kundenforderung wie „Ich will eine exzellente Betreuung durch den Vertrieb“ auf ihren Erfüllungsgrad zu überprüfen.

Ein Baumdiagramm der Kundenäußerungen (Bild 3.5) wird folgendermaßen erstellt:

1. Jede Gruppe aus dem Affinitätsdiagramm stellt einen Ast im Baumdiagramm dar. Beispielsweise bildet die Forderung „Ich will eine exzellente Betreuung durch den Vertrieb“ einen solchen Ast. Die Erfüllung dieser Forderung ist nicht messbar, da die Forderung nicht spezifisch genug ist.

2. Für jede Gruppe wird nach den Haupttreibern gesucht, die oftmals als Beiträge in der entsprechenden Gruppe des Affinitätsdiagramms zu finden sind. Diese Treiber sind teilweise in der Stimme des Kunden formuliert. Sie werden als Zweige nach rechts im Diagramm verdeutlicht. Aus der an den Vertrieb gerichteten Forderung des Kunden werden in unserem Beispiel die Treiber „Regelmäßiger Vertriebskontakt", „Proaktiver Service" und „Verfügbarkeit". Diese Treiber sind detaillierter als die ursprüngliche Stimme, sind aber nur teilweise messbar. Äußerungen wie „Proaktiver Service" sind subjektiv.
3. Aus diesen Treibern, den Zweigen im Diagramm, kann je nach Detaillierungsgrad eine weitere Ebene an Treibern oder sofort die Ebene der messbaren Qualitätsmerkmale erstellt werden. Dabei wird die Stimme des Kunden verlassen und die Stimme des Prozesses übernommen. Der Treiber „Regelmäßiger Vertriebskontakt" wird in die messbaren Prozessindikatoren „Anzahl der Besuche pro Monat" und „Anzahl der Anrufe pro Woche" übersetzt.

Das Baumdiagramm ist vervollständigt, wenn es gelungen ist, für jeden Treiber eine Messgröße zu identifizieren. In einer Geschäftskundenbeziehung kann die Vollständigkeit dieses Schrittes mit einigen Kunden während einer Fokusgruppensitzung überprüft werden. Bei einer Endkundenbeziehung ist das nicht möglich.

3.3.4 Aufgabe 4: Priorisieren von Kundenforderungen

Das Kano-Diagramm ist ein qualitatives Werkzeug, mit dessen Hilfe Kundenforderungen priorisiert werden können. Das Diagramm stellt die Kundenzufriedenheit in Abhängigkeit von der Erfüllung einzelner Kundenwünsche dar. Die Kundenwünsche fallen dabei in drei Kategorien: Basismerkmale, Leistungsmerkmale und Begeisterungsmerkmale.

Basismerkmale sind unverzichtbare Qualitätsmerkmale, die vom Kunden vorausgesetzt werden. Wenn diese Merkmale nicht angeboten werden, führt das zur Kundenunzufriedenheit. Beim Vorhandensein dieser Merkmale wird der Kunde dies in der Regel nicht bemerken, da das vorausgesetzt wird. Zum Beispiel wird das Vorhandensein eines Geldautomaten in einer Bankenzweigstelle als Standard angesehen. Das Fehlen würde dagegen auf Unverständnis beim Kunden stoßen.

Leistungsmerkmale – manchmal auch Je-mehr-desto-besser-Merkmale genannt – haben einen linearen Einfluss auf Kundenzufriedenheit. Wenn sie nicht angeboten werden, führt das zur Unzufriedenheit. Wenn sie teilweise vorhanden sind, quittiert der Kunde dies mit einem höheren Grad an Zufriedenheit. Wenn ein hohes Maß angeboten wird, kann das zur positiven Überraschung beim Kunden führen. Beispielsweise werden lange Wartezeiten an einem Bankschalter beim Kunden auf Unbehagen stoßen. Einige Minuten werden wahrscheinlich akzeptiert werden, während die sofortige Bedienung ohne jegliche Wartezeit einen eher zufriedenen oder sogar überraschten Kunden hinterlässt.

Begeisterungsmerkmale werden dagegen nicht verlangt. Oftmals kennt der Kunde diese Merkmale nicht und verlangt sie daher auch nicht. Wenn allerdings Begeisterungsmerkmale angeboten werden, kann das zur gesteigerten Kundenzufriedenheit führen. Solche Merkmale sind oftmals Alleinstellungsmerkmale, das heißt, der Wettbewerb bietet diese auch nicht an. Über eine gewisse Zeit kann ein solches Merkmal einen Wettbewerbsvorteil darstellen, mit dem zusätzliche Kunden gewonnen werden können. Beispielsweise wäre es eine Überraschung, wenn der Bankkunde beim Eintreten in die Bank einen Kaffee angeboten bekommen würde. Das würde die Bank von anderen unterscheiden – bis jede Bank diesen Service anbietet.

In der Wahrnehmung der Kunden werden Begeisterungsmerkmale nach einiger Zeit zu Leistungsmerkmalen, bis sie zu den Basismerkmalen gehören. Zum Beispiel konnte vor einigen Jahren eine Bank mit der Bereitstellung von Online-Banking beim Kunden eine positive Überraschung hervorrufen, während Online-Banking heute zur Grundausstattung eines jeden Kontos gehört.

Die Priorisierung der Kundenforderungen ist ein unerlässlicher Schritt, bevor die detaillierte Zielstellung für das Projekt festgelegt werden kann. Entscheidend für den Fokus von Verbesserungsprojekten sind zwei Faktoren: die Priorität des Merkmals und der aktuelle Grad der Erfüllung der Kundenvorgabe.

3.3.5 Aufgabe 5: Festlegen von Zielgrößen

Nach dem Identifizieren und Übersetzen der Kundenforderungen in messbare Prozessqualitätsmerkmale sind die Zielgrößen dafür festzulegen. Diese Zielgrößen lassen sich auf unterschiedliche Art und Weise definieren (Bild 3.5).

In einer Geschäftskundenbeziehung werden oft Service-Level-Agreements (SLA) festgelegt, die die vom Kunden geforderten und vom Anbieter der Produkte oder Dienstleistungen zugestandenen Qualitätsmerkmale in einem Vertrag regeln. So können beispielsweise für den Treiber „Regelmäßiger Vertriebskontakt“ die Zielgrößen der Prozessindikatoren folgendermaßen vertraglich vereinbart werden: „Ein Besuch pro Monat“ und „Ein Anruf pro Woche“. Diese Indikatoren sind vollständig transparent und deren Erreichung ist leicht nachweisbar.

Im Geschäft mit Endkunden werden in der Regel keine vertraglichen Vereinbarungen getroffen, sondern es wird versucht, durch das Bereitstellen einer Dienstleistung in einer ansprechenden Qualität Kunden zu binden und neue Kunden zu gewinnen. Daher ist von vorrangiger Bedeutung, welche Servicequalität von Wettbewerbern angeboten wird oder welche Zielgröße für den Kunden angemessen erscheint. Für den Treiber „Verständlicher Antrag“ in Bild 3.6 wird als Prozessmessgröße die Zeit zum Ausfüllen des Antrags angesehen. Der Vergleich mit Antragsformularen von Wettbewerbern ist leicht machbar. Allerdings ist es nicht einfach, die Komplexität und Verständlichkeit des Formulars in eine Zielgröße umzusetzen. In diesem Fall empfiehlt es sich, die Zeit zum Ausfüllen des Formulars durch einen Branchenfremden als Zielgröße anzugeben: „Auszufüllen in weniger als zwei Minuten“.

Die Fähigkeit der eigenen Prozesse darf bei der Definition der Zielvorgabe keine Rolle spielen. Sie wird nur von der Forderung des Prozesskunden abgeleitet.

3.4 Ergebnisse

Dieser Schritt liefert die folgenden Ergebnisse:

- Liste der Prozesskunden und Kundensegmente,
- Liste der für die Prozesskunden wichtigen Qualitätsmerkmale,
- Prioritäten der Qualitätsmerkmale,
- Kenngrößen und Spezifikation der Qualitätsmerkmale.

3.5 Tipps

1. Beim Erfassen und Analysieren der Stimme des Kunden wird für viele Projekte die Entscheidung über Erfolg oder Misserfolg des Projektes getroffen. Fälschlicherweise wird oftmals von der Annahme ausgegangen, dass die Kundenforderungen bekannt sind. Es ist in jedem Falle ratsam, zumindest die eventuell existierenden Hypothesen zu Kundenforderungen infrage zu stellen und mithilfe von Kundendaten zu testen.
2. Märkte und Wettbewerber sind ständigen Änderungen unterworfen. Daher ändern sich Kundenanforderungen ebenfalls kontinuierlich. In vielen Branchen können Kundenumfragedaten bereits nach einem Jahr als veraltet angesehen werden. Daher ist die Verwendung von Daten vergangener Umfragen nicht zu empfehlen.
3. Kundenanforderungen sind von Markt zu Markt und von Region zu Region verschieden. Ein in einer Region erfolgreiches Verbesserungsprojekt wird nicht zwangsläufig in einer anderen Region ebenfalls Erfolg haben, wenn die regionalen Gegebenheiten nicht beachtet und Kundendaten nicht neu erfasst werden.
4. Bei der Definition der Zielgrößen für Qualitätsmerkmale muss die eigene Prozessfähigkeit außer Acht gelassen werden. Der verständlichen Tendenz zur Manipulierung der Zielvorgaben im Sinne einer Verringerung der Kluft zwischen aktuellem Zustand und Kundenforderung darf nicht nachgegeben werden.
5. In diesem Projektschritt kommt dem Kundenstellvertreter, oftmals dem Vertrieb, eine herausragende Position zu. Der Vertrieb muss sicherstellen, dass die gesamte Arbeit an diesem Schritt aus der Sicht des Kunden betrieben wird.
6. Wenn möglich, sollte eine Einbeziehung des Kunden in die Projektarbeit in Betracht gezogen werden. Die eventuell zu erwartenden Nachteile wie teilweise Offenlegung von Unternehmensdaten für einen Kunden werden durch die Vorteile wie Informationsgewinnung unter Beteiligung einer tatsächlichen Stimme des Kunden aufgewogen.

3.6 Benötigte Zeit

Für den Schritt „3. Stimme des Kunden verstehen“ sollte mit mindestens zwei Meetings von mindestens zwei bis drei Stunden gerechnet werden. Im ersten werden die Aufgaben „1. Identifizieren von Kundensegmenten“ und „2. Sammeln von Kundenforderungen“ behandelt. Danach werden durch die Teammitglieder die erforderlichen Informationen eingeholt, das heißt entweder Kundendaten zusammengetragen oder Kundenbefragungen durchgeführt. Wenn diese Informationen vorliegen, können die Aufgaben „3. Analysieren von Kundenforderungen“, „4. Priorisieren von Kundenforderungen“ und „5. Festlegen von Zielgrößen“ bearbeitet werden.

3.7 Fallbeispiel

Das erste Meeting zur Erfassung der Stimme des Kunden wird zur Planung der Datenerfassung genutzt. Ein weiteres Meeting beschäftigt sich mit den zusammengetragenen Daten und wird schließlich mit Modifikationen am Projektcharter beendet.

3.7.1 Aufgabe 1: Identifizieren von Kundensegmenten

Als Kunden für den zu bearbeitenden Prozess werden die im SIPOC enthaltenen Haupt- und Nebenkunden betrachtet. Es wird beschlossen, die Datenerfassung auf die primären Hauptkunden, die Gebrauchtwagenhändler, zu beschränken. Nach einiger Diskussion über mögliche regionale Unterschiede zwischen den Gebrauchtwagenhändlern im nördlichen und östlichen Landesteil gegenüber denen im südlichen und westlichen Landesteil wird entschieden, bei der Analyse der Daten die Region als differenzierenden Faktor einzubeziehen, um so die Signifikanz dieser Unterschiede testen zu können. Falls es gravierende Unterschiede geben sollte, würde das in je nach Region unterschiedlichen Prozessen resultieren und die zentrale Betreuung der Gebrauchtwagenhändler erschweren.

Eine ähnliche Diskussion wurde über unterschiedliche Gruppen von Händlern geführt. Es gibt eine Gruppe kleinerer Händler mit wenigen Mitarbeitern und einem relativ geringen Umsatz je Händler. Zusammen ist diese Gruppe allerdings für mehr als 60 % des Umsatzes verantwortlich. Daneben gibt es eine kleine Gruppe von relativ großen Händlern, die ähnlich wie Neuwagenhändler strukturiert sind und oft mehr als 30 Mitarbeiter beschäftigen. Diese Gruppe steuert etwa 40 % des Umsatzes bei. Beide Gruppen von Händlern sind ähnlich wichtig für unsere Bank und werden daher in die Analyse einbezogen. Die Analyse der Händlerbefragung wird demzufolge einen weiteren Differenzierungsfaktor beinhalten, der die Zugehörigkeit der Händler zu den genannten Umsatzgruppen anzeigt, sodass eine spätere Analyse nach diesen Gruppen möglich wird.

> Bevor mit der Erfassung der Stimme des Kunden begonnen wird, sind alle eventuell relevanten Informationen wie Kategorien oder Gruppen zu den Kunden aufzulisten, damit diese bei der Datensammlung mit aufgenommen werden. Oftmals ist die nachträgliche Erfassung solcher Daten nicht oder nur unter großem Aufwand möglich.

3.7.2 Aufgabe 2: Sammeln von Kundenforderungen

Während dieses Meetings wird auch festgelegt, wie die Daten erhoben werden. Dazu werden reaktive und proaktive Datenquellen benutzt.

Reaktive Datenquellen sind:

- Informationen aus dem Vertriebssystem, das heißt Rückmeldungen von Vertriebsmitarbeitern, die entweder im persönlichen oder im telefonischen Kontakt mit Händlern gesammelt worden sind,
- Informationen vom Callcenter, das heißt Rückmeldungen, die über das Kundenberatungstelefon gesammelt worden sind,
- Informationen aus der vorangegangenen Händlerbefragung.

Als proaktive Datenquelle wird eine Händlerbefragung geplant, die am Telefon beziehungsweise durch Besuche ausgeführt wird. Die Kontaktierung der Händler wird ausnahmslos durch den Vertrieb vorgenommen. Das Team diskutiert die Gefahr einer tendenziösen Färbung der Antworten der Händler aufgrund des direkten Kontaktierens durch den Vertrieb anstatt durch eine unabhängige dritte Stelle. Nach eingehender Diskussion unter Anwesenheit des Händlers Mark Hunger wird die Gefahr als gering bewertet. Es ist bekannt, dass die Händler in der Regel sehr direkt sind und daher mit Sicherheit ehrliche Antworten geben werden.

Obwohl die Kontaktierung der Händler in einer eher offenen Atmosphäre stattfinden soll, wird zugunsten einer besseren Vergleich- und Auswertbarkeit der Antworten eine Frageliste erstellt, die im Gespräch behandelt werden soll (Tabelle 3.2). Die in Frage 07 enthaltenen Kategorien wurden nach den in der Vergangenheit oft genannten Kundenforderungen erstellt.

TABELLE 3.2 Frageliste zur Händlerbefragung

Nr.	Frage
01	Sind Sie zufrieden mit dem Service unserer Bank? Falls nein, wieso nicht?
02	Was hat nicht gut funktioniert? Was müssen wir verbessern?
03	Was macht Ihre neue/andere Partnerbank anders/besser als wir?
04	Wie hätten Sie gerne, dass wir Sie unterstützen?
05	Was muss geändert werden, damit Sie mit uns im Geschäft bleiben wollen?
06	Sollen wir Sie in Kürze kontaktieren, um weitere Schritte zu besprechen?
07	Bitte ordnen Sie die folgenden Kategorien nach Priorität zur Verbesserung:
	a) IT & Website Support
	b) Qualität und Verfügbarkeit von Marketingmaterial
	c) Unterstützung durch unseren Vertrieb
	d) Kreditzinsrate, Kreditentscheidung
	e) Callcenter-Unterstützung
	f) Kreditantrags- und Entscheidungsprozess
	g) Andere Priorität (bitte benennen)

Die Aufgaben zur Datensammlung werden an die Teammitglieder verteilt, wobei insbesondere die Aufnahme der vorhandenen Daten, der Daten aus Vertriebssystem und Callcenter die Unterstützung weiterer Mitarbeiter erfordert. Besuche und Telefonate zur Händlerbefragung werden durch das Team des Vertriebs im Zeitraum von fünf Wochen bearbeitet. Von den mehr als 400 Händlern sollen mindestens 100 kontaktiert werden. Für jede Region und jede Gruppe wurde ebenfalls eine Mindestanzahl festgelegt. In kleinen Regionen sollen nach Möglichkeit alle Händler angesprochen werden.

3.7.3 Aufgabe 3: Analysieren von Kundenforderungen

Vier Wochen später liegen die Kundenumfragedaten vor und können analysiert werden. Bevor ein Affinitätsdiagramm erstellt werden kann, sind die Daten einzeln auf Metaplankarten zu schreiben.

Zuerst werden die Metaplankarten der reaktiven Datenquellen in das Affinitätsdiagramm eingetragen (Bild 3.3). Wie erwartet bilden sich die Cluster IT & Website, Marketingmaterial, Vertrieb, Konditionen, Callcenter und Prozess.

Danach werden die Rückmeldungen von 128 befragten Händlern zum Affinitätsdiagramm hinzugefügt. Die Händlerbefragungen bestätigen das bereits vorhandene Bild mit einer Ausnahme: Die Gruppe IT & Website erhält keine Nennungen aus den Händlerbefragungen.

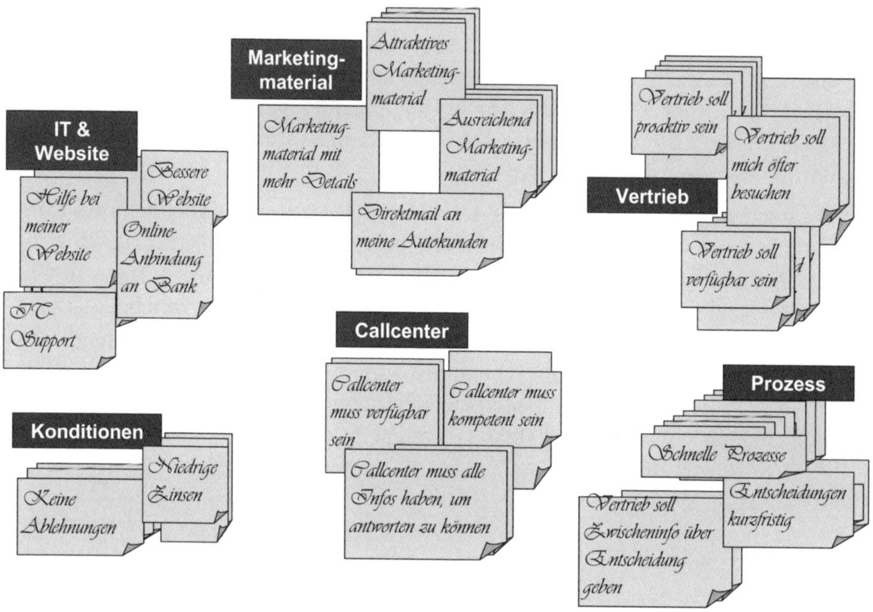

BILD 3.3 Affinitätsdiagramm der Kundenäußerungen

Die Ergebnisse der Frage nach den Prioritäten zur Verbesserung (Frage 07 in Tabelle 3.2) werden in ein Pareto-Diagramm (Bild 3.4) eingetragen. Das Pareto-Diagramm hilft bei der Darstellung von Kategorien nach deren Prioritäten in Abhängigkeit von der Anzahl der Nennungen dieser Kategorien. Die Aussage des Pareto-Diagramms wird bestätigt durch die Anzahl der Metaplankarten in den einzelnen Kategorien, die in etwa proportional der Anteile dieser Kategorien im Diagramm ist.

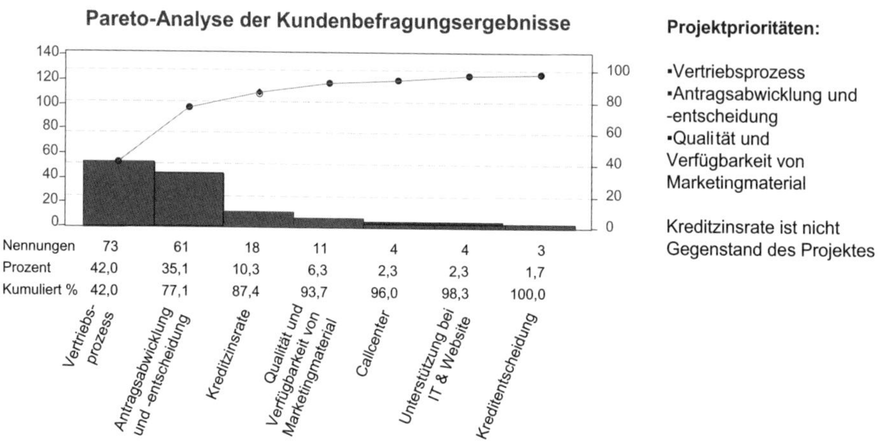

BILD 3.4 Pareto-Analyse der Kundenbefragungsergebnisse zum Verbesserungsbedarf

Nachdem die Kundenäußerungen in Cluster eingeordnet sind, wird nach Qualitätsmerkmalen (Critical to Quality, CTQ) gesucht, mit deren Hilfe die Erfüllung der Kundenforderungen gemessen und überwacht werden kann. Normalerweise können die Überschriften der Cluster nicht unmittelbar in Qualitätsmerkmale übersetzt werden. Über einen Zwischenschritt werden zuerst – unter Zuhilfenahme der Kundenäußerungen aus dem Affinitätsdiagramm – die Treiber entwickelt.

Auf die Frage nach der Bedeutung von „exzellenten Antrags- und Genehmigungsprozessen“ ergeben sich die drei Treiber „Verständlicher Antrag“, „Schnelle Bearbeitung“ und „Prozesse ohne Fehler“, die aus den Metaplankarten abgeleitet werden. Die ersten beiden Treiber sind nicht messbar. Der letztere wäre mithilfe der Fehlerzahl in den Prozessen messbar. Im Team wird vorgeschlagen, den Treiber „Schnelle Bearbeitung“ durch das Qualitätsmerkmal „Zeit bis Entscheidung beim Kunden“ und den Treiber „Verständlicher Antrag“ durch das Qualitätsmerkmal „Zeit zum Ausfüllen“ messbar zu machen. Das entstandene Baumdiagramm (Bild 3.5) zeigt elf Qualitätsmerkmale (CTQ).

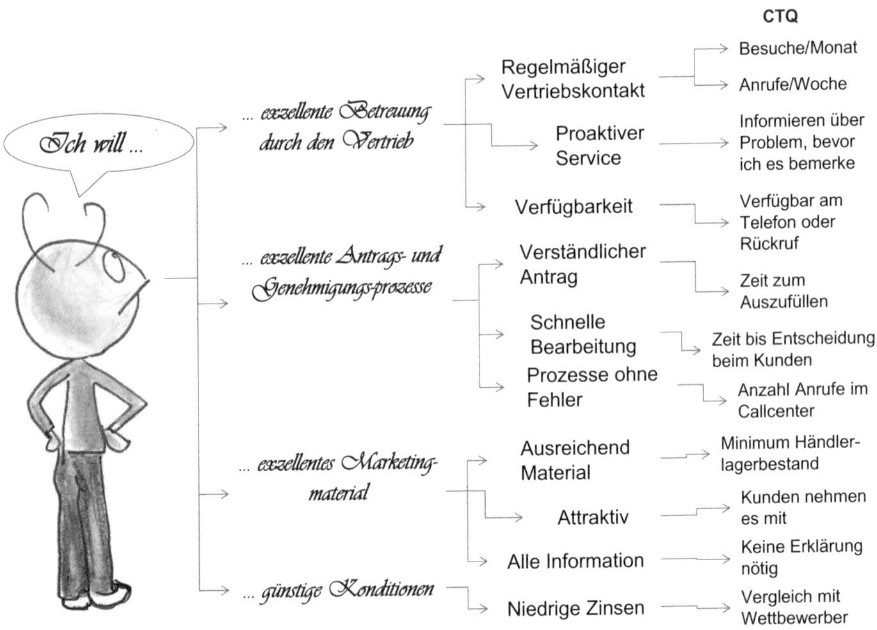

BILD 3.5 Baumdiagramm der Kundenäußerungen

3.7.4 Aufgabe 4: Priorisieren von Kundenforderungen

Diese Qualitätsmerkmale werden mithilfe des Kano-Diagramms priorisiert (Bild 3.6), wonach sechs unverzichtbare Faktoren, drei Leistungsfaktoren und zwei Begeisterungsfaktoren vorliegen. Die Schlussfolgerung ist, dass die unverzichtbaren und auch die Leistungsfaktoren bearbeitet werden müssen. Allerdings sind nicht alle Probleme in diesem Lean-Six-Sigma-Projekt zu behandeln. Einige Faktoren wie beispielsweise die

Bereitstellung eines Mindestbestandes an Marketingmaterialien benötigen kein Projekt, andere wie der Kreditzins sind nicht Gegenstand eines Projektes, sondern werden nach sorgfältiger Analyse durch die Risikoabteilung der Bank in der Geschäftsführung entschieden.

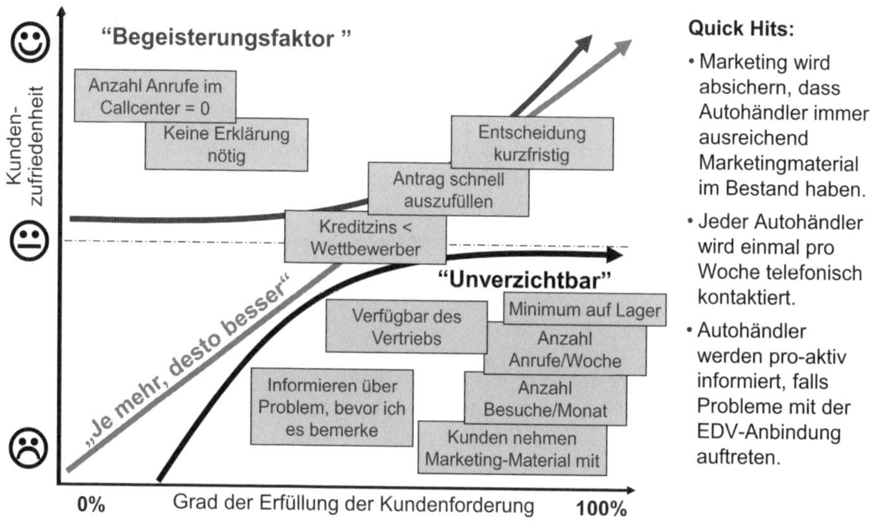

BILD 3.6 Kano-Diagramm der Kundenforderungen

Es wird beschlossen, nach dem erfolgreichen Abschluss des Lean-Six-Sigma-Projektes und der damit verbundenen entscheidenden Verbesserung der für den Kunden wichtigsten Qualitätsmerkmale den Prozess durch innovative Lösungen weiter zu optimieren und damit an den Merkmalen der Begeisterungsqualität zu arbeiten. Dazu wird ein Folgeprojekt zur kreativen Problemlösung (Creative Problem Solving, CPS) geplant. Dadurch sollen - wenn möglich - innovative Alleinstellungsmerkmale entwickelt und so entscheidende Wettbewerbsvorteile erreicht werden.

3.7.5 Aufgabe 5: Festlegen von Zielgrößen

Qualitätsmerkmale sind nur sinnvoll, wenn sie mit Zielgrößen, mit Spezifikationen, versehen sind. Daher werden für die Liste der Qualitätsmerkmale (CTQ) im Baumdiagramm Spezifikationen entwickelt (Bild 3.7). Gemeinsam mit dem Kunden Mark Hunger werden im Team drei Qualitätsmerkmale als Kandidaten für zukünftige Service-Level-Agreements (SLA) zwischen Bank und Händlern vorgeschlagen (Tabelle 3.3). Der Vorteil eines SLA besteht in der getroffenen Übereinkunft zwischen Händler und Bank über Art und Weise der Messung sowie über die Zielgröße für andernfalls sehr subjektive und damit schwer messbare Indikatoren.

TABELLE 3.3 Qualitätsmerkmale als Teil von Service-Level-Agreements mit Händlern

Nr.	Treiber	Qualitätsmerkmal	Spezifikation
01	Regelmäßiger Kontakt durch Vertrieb	Anzahl Besuche pro Monat	= 1
02		Anzahl Anrufe pro Woche	= 1
03	Verfügbarkeit des Vertriebs	Verfügbar am Telefon oder Rückruf	Rückruf innerhalb 2 h

Andere Qualitätsmerkmale wie „Schnelle Bearbeitung des Antrags- und Genehmigungsprozesses" bedürfen der Diskussion im Team, bevor Spezifikationen festgelegt werden können. Letztendlich weiß der Händler Mark Hunger, dass ein Wettbewerber Standardkredite bis zu einem bestimmten Volumen in etwa 2,5 Stunden bearbeitet. Da dieses Qualitätsmerkmal sowohl während der Befragungen als auch in den Reklamationen der vergangenen Jahre eine sehr wichtige Rolle spielt, wird eine Zielgröße von zwei Stunden als Ziel angegeben. Dieses Qualitätsmerkmal ist ein typisches Ziel für Lean-Six-Sigma-Projekte.

Für andere Qualitätsmerkmale werden sofort Lösungsvorschläge unterbreitet, die im Quality Council präsentiert werden sollen und dann unverzüglich umgesetzt werden können. Diese Lösungsvorschläge werden als Quick Wins zusammengefasst (Tabelle 3.5).

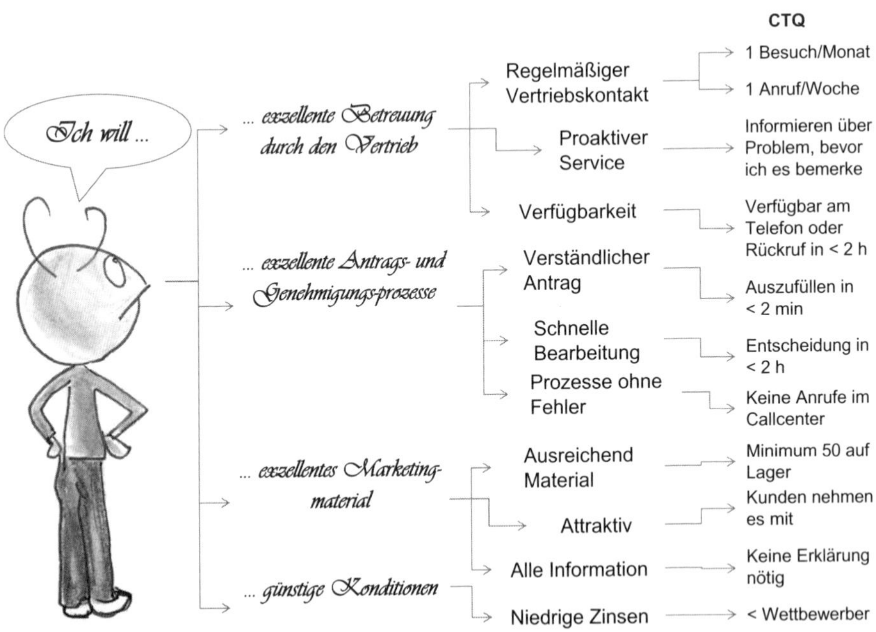

BILD 3.7 Baumdiagramm der Kundenäußerungen mit Zielvorgaben

Nachdem das Baumdiagramm Kundenforderungen, deren Treiber, die Qualitätsmerkmale sowie die dazugehörigen Spezifikationen enthält, muss entschieden werden, welche der Qualitätsmerkmale Gegenstand des Projekts sein sollen. Gemeinsam mit dem

Sponsor werden die Qualitätsmerkmale hinsichtlich der Modi zur Bearbeitung analysiert und wird eine Vorlage für den nächsten Quality Council erstellt (Tabelle 3.4).

TABELLE 3.4 Übersicht von Qualitätsmerkmalen und Bearbeitungsmodi

Nr.	Treiber	Qualitätsmerkmal	Bearbeitungsmodus
01	Regelmäßiger Vertriebskontakt	Besuche/Monat Anrufe/Woche	Quick Win: Werden zu KPI für Vertriebsmitarbeiter, Training
02	Proaktiver Service	Informieren über Problem, bevor Kunde es bemerkt	Quick Win: Anweisung für IT, Training
03	Verfügbarkeit des Vertriebs	Verfügbar am Telefon oder Rückruf	Quick Win: Anweisung für Vertrieb, Training
04	Verständlicher Antrag	Auszufüllen in definierter Zeitspanne	Anderes Projekt
05	Schnelle Bearbeitung	Kreditentscheidung in definierter Zeitspanne	Lean-Six-Sigma-Projekt
06	Prozesse ohne Fehler	Keine Anrufe im Callcenter	Anzahl der Anrufe im Callcenter wird überwacht Gegebenenfalls neues Lean-Six-Sigma-Projekt
07	Ausreichend Marketingmaterial	Minimum Bestand beim Händler	Quick Win
08	Attraktives Marketingmaterial	Kunden nehmen es mit	Aufgabe für Marketing
09	Marketingmaterial enthält alle Informationen	Keine Erklärung nötig	Aufgabe für Marketing
10	Niedrige Zinsen	Vergleich mit Wettbewerber	Strategische Entscheidung der Bank

Daraus geht hervor, dass der Fokus auf der Durchlaufzeit für die Kreditbearbeitung (Nummer 05 in Tabelle 3.4) liegt. Die Verbesserung des Prozesses Kreditbearbeitung wird Einfluss auf andere Treiber wie „Verständlicher Antrag“ (Nummer 04 in Tabelle 3.4) und „Prozesse ohne Fehler“ (Nummer 06 in Tabelle 3.4) haben, sodass diese Probleme erst nach Optimierung und Stabilisierung der Kreditbearbeitung gelöst werden sollen.

Aufgrund dieser Entscheidung wird der Projektcharter vervollständigt (Bild 3.8).

	Messgröße	Projektbeginn 16. Februar	Idealzustand	Zielstellung 30. September
Primär-messgröße	Anteil „schlafender“ Autohändler	58 %	0 %	< 10 % nach September
	Ausführungszeit von Antragstellung bis Entscheidungsmitteilung	Nicht bekannt, wird ermittelt	< 10 min	> 90 % < 2 h
Resultierende Messgröße	Fehler in der Kreditentscheidung: Eine Zunahme der Anzahl der Kreditanträge darf nicht zu Fehlern in der Kreditentscheidung führen. Abteilung Audit überwacht Qualität der Kreditentscheidung monatlich.			
Finanzieller Nutzen	EUR 200 k	Geschätzter Gewinn aus zusätzlichen Gebrauchtwagenkrediten, abgeschlossen über ein Jahr.		
Kunden-nutzen	Autohändler und deren Gebrauchtwagenkunden erfahren besseren Service.			

BILD 3.8 Projektcharter – Messgröße revidiert

Quick Wins

Als Ergebnis der Kundenbefragung wurden folgende von Kunden genannte Probleme und deren Lösungsvorschläge als Quick Wins herausgestellt (Tabelle 3.5).

TABELLE 3.5 Liste der Quick Wins nach Analyse der Stimme des Kunden

Nr.	Kundenäußerung	Lösungsvorschlag
01	Marketingmaterial wird Händler in unzureichender Anzahl zur Verfügung gestellt.	Vertriebsmitarbeiter (nicht Marketing) ist verantwortlich für die Ausstattung seiner Händler mit Marketingmaterial. Vertriebsmitarbeiter hat während der Kundenbesuche immer ausreichend Material im Pkw vorzuhalten, um erforderlichenfalls den Bestand des Händlers aufstocken zu können. Während jedes Anrufs beim Händler ist die Frage nach benötigten Materialien (Marketing oder andere) zu stellen.
02	Habe keinen regelmäßigen Kontakt mit der Bank.	Jeder Händler wird einmal pro Woche telefonisch kontaktiert.
03	Vertrieb ist nicht proaktiv. Wenn ein Problem auftritt, stelle ich es immer zuerst fest. Bank informiert mich nicht.	Im Falle von IT-Problemen, die nicht sofort behoben werden und die Händler betreffen können, wird innerhalb von 15 Minuten eine E-Mail an alle Händler gesendet, die Informationen über das Problem, die Auswirkung und die voraussichtliche Dauer bis zur Behebung beinhaltet. Nach Behebung des Problems werden die Händler sofort benachrichtigt.

Nr.	Kundenäußerung	Lösungsvorschlag
04	Vertrieb ist nicht verfügbar, wenn ich anrufe.	Falls der Vertrieb nicht in der Lage sein sollte, den Anruf entgegenzunehmen, wird durch den Angerufenen sichergestellt, dass ein Rückruf innerhalb von zwei Stunden erfolgt.

Unerwartetes Ergebnis der Kundenbefragung

Während der Interviews mit Händlern wird offensichtlich, dass ein großer Anteil der Befragten mit den Konditionen der Bank nicht zufrieden ist und daher die Kreditanfragen an andere Banken weiterleitet. Nach einigem Nachfragen stellt sich heraus, dass diesen Händlern die aktuellen Konditionen der Bank nicht bekannt sind.

Als Ursache wurde die Verwendung unterschiedlicher Datenbanken in Marketing und Vertrieb identifiziert. Es wird sofort eine Veränderung im Marketingprozess eingeleitet und umgesetzt, sodass dieses für eine Bank peinliche Missgeschick in Zukunft nicht mehr vorkommen kann. Die Maßnahmen sind:

1. Alle Autohändler - aktive und schlafende - erhalten das aktuelle Marketingmaterial.
2. Marketing und Vertrieb verwenden ein und dieselbe Datenbank ohne Ausnahme. Anlegen von Arbeitsdatenbanken an dezentralen Computern wird untersagt.
3. Die Eingabe von neuen Informationen zu Autohändlern in die Datenbank durch Marketing und Vertrieb wird täglich vorgenommen.

Die Überwachung der Umsetzung obliegt dem Direktor Marketing.

II MEASURE – MESSEN

Übersicht

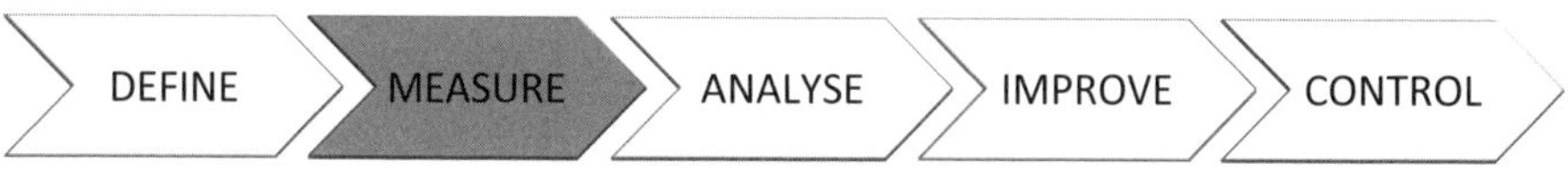

Schritte

1. Potenzielle Problemursachen zur Datensammlung identifizieren und auswählen
2. Messsystem analysieren
3. Datensammlung planen
4. Gesammelte Daten darstellen
5. Prozessergebnisse ermitteln

Zielsetzung

Datensammlung zum Problem und zu potenziellen Ursachen

In der Phase DEFINE wurde eine Prozessmap entwickelt und die Stimme des Kunden eingeholt. Daraus wurden die Projektunterlagen zusammengestellt, die Geschäftsfall, Problembeschreibung, Projektumfang und Projektteam enthalten. Die Problemstellung wurde im Team diskutiert und verstanden. Damit wurde ein erster wichtiger Schritt zur Lösung gemacht.

In der Phase MEASURE sollen die potenziellen Ursachen für die Problemstellung ermittelt sowie Fakten und Daten dafür gesammelt werden. Die tatsächliche Prozessleistung soll bestimmt werden. Die Daten werden in ANALYSE benutzt, um aus den potenziellen Problemursachen die tatsächlichen zu ermitteln - die wichtigste Voraussetzung für IMPROVE.

Den Kern dieser Phase bildet daher die Datensammlung.

Anmerkung: Aufgrund des Ursache-Wirkungs-Zusammenhanges y = f(x) wird typischerweise ein Eingabeparameter als Eingabe-X und ein Prozessparameter als Prozess-X sowie ein Qualitätsmerkmal (CTQ) auch als Y bezeichnet. In der weiteren Projektbeschreibung werden daher diese Bezeichnungen verwendet.

Voraussetzungen

Folgende Voraussetzungen müssen gegeben sein, um diese Phase beginnen zu können:

- Problembeschreibung und Ergebnisvariable aus den Projektunterlagen liegen vor und sind mit Sponsor und Team diskutiert worden.
- SIPOC oder Grob-Value-Stream-Map (VSM) sind im Team erstellt worden und bilden den tatsächlichen Prozess wahrheitsgetreu ab.
- Zusätzliche Information über den Prozess, die bei der Ermittlung von potenziellen Problemursachen von Nutzen sein kann, ist dem Team zugänglich gemacht worden.

Ergebnisse

Diese Phase liefert die folgenden Ergebnisse:

- Fischgrätendiagramm mit Gruppen von potenziellen Ursachen wie beispielsweise Maschine, Methode, Material, Mensch und Natur - oder projektspezifische Gruppen, die während der Erstellung des Affinitätsdiagramms entstanden sind,
- Negativ-Priorisierung der potenziellen Ursachen, das heißt eine Liste der aufgrund der Prozesskenntnis des Teams bei der Datensammlung ausgeschlossenen potenziellen Ursachen,
- Daten - eine Messreihe - zum Problem und zu den nicht ausgeschlossenen potenziellen Ursachen,
- grafische Darstellungen der gesammelten Daten,
- Prozessergebniskennziffern des zu untersuchenden Prozesses.

Checkliste auf Vollständigkeit und Erfolg

Zur Überprüfung des erfolgreichen Abschlusses der Phase MEASURE sind die folgenden Fragen zu beantworten:

1. Was sind die potenziellen Ursachen, die zum Problem führen?
2. Welche potenziellen Ursachen wurden in die Datenerfassung einbezogen?
3. Welche potenziellen Ursachen wurden aus der Datenerfassung ausgeschlossen und mit welcher Begründung?
4. Welche Maßnahmen wurden ergriffen, um die Messmittelfähigkeit (Wiederholbarkeit und Reproduzierbarkeit) sicherzustellen?
5. Welcher Stichprobenumfang wurde zur Datenerfassung herangezogen?
6. Welche neuen Erkenntnisse zu Größe und Auswirkung des Problems wurden ermittelt? Wie stellt sich die Prozessleistung nach der Datenerfassung dar?
7. Welche Erkenntnisse wurden aus den grafischen Darstellungen der Daten bereits gezogen?
8. Welche Erkenntnisse führten bereits zu ersten Verbesserungen (Quick Wins)?

Hinweise

1. Einige der in der Phase MEASURE behandelten Werkzeuge sind nur dann effektiv, wenn sie im Team eingesetzt werden. Werkzeuge wie Fischgrätendiagramm oder Prioritätenmatrix basieren auf dem Wissen und der Erfahrung der Teammitglieder und können nur in Teammeetings wirken. Daher ist es unumgänglich, ausreichend Zeit mit allen Teammitgliedern dafür einzuplanen.
2. In der Mehrzahl der Projekte ist diese Phase sehr zeit- und arbeitsintensiv. Insbesondere die Datensammlung benötigt – je nach Datentyp und Projektgegenstand – oftmals einen erheblichen Zeitrahmen, um ausreichend repräsentative Daten erfassen zu können. Daher kann es erforderlich sein, den in DEFINE abgesteckten Projektplan zu revidieren. Diese Anpassung sollte mit dem Datensammlungsplan begründet werden.
3. Die Verwendung von bereits vorliegenden historischen Daten ist in der Mehrzahl der Projekte nicht ratsam, da diese Daten oft nicht entsprechend dem Datensammlungsplan aufgenommen wurden und daher nicht die erforderlichen Analysen zulassen. Für den Projekterfolg ist es sicherer, den während der MEASURE-Phase erstellten Datensammlungsplan umzusetzen.

Teamdynamik

MEASURE ist oftmals die zeit- und arbeitsintensivste Projektphase und stellt daher das Team erstmalig vor Herausforderungen. Diese Herausforderungen erwachsen aus den folgenden Ursachen:

- Feststellung, dass die Datensammlung nicht reproduzierbar und wiederholbar ist und somit oftmals zusätzliche Vorbereitung erfordert, bevor Daten aufgenommen werden können.
- Einbeziehung von zusätzlichen Kollegen in die Datensammlung, die nicht am Projektteam beteiligt sind und damit oftmals nicht die Motivation des Teams teilen.
- Grafische Darstellung der aufgenommenen Daten bringt nicht den erwarteten „Aha"-Effekt mit der Erkenntnis von offensichtlichen Ursachen.
- Daten können nicht wie vorgesehen gesammelt werden.
- Prozessfähigkeit ist schlechter als vor Projektbeginn angenommen.

Durch Projektleiter und Sponsor sind in solchen Fällen, gemeinsam mit dem Team, Maßnahmen zu besprechen und einzuleiten, um diese Hürden zu meistern.

Projektablauf - Beispiel

Im Team „Aktivieren schlafender Autohändler" werden die in Tabelle 1 dargestellten Projektmeetings durchgeführt.

TABELLE 1 Projektmeetings

Nr.	Projektschritt	Termin	Dauer
01	Analysieren und Auswahl potenzieller Ursachen	17. Feb.	2 h
02	Analysieren des Messsystems - Planen der Aufnahme	16. März	2 h
03	Analysieren des Messsystems - Auswerten der Ergebnisse I	19. März	2 h
04	Analysieren des Messsystems - Auswerten der Ergebnisse II	23. März	2 h
05	Planen der Datensammlung	30. März	2 h
06	Darstellen der gesammelten Daten	4. Mai	3 h
07	Ermitteln der Prozessergebnisse	6. Mai	3 h

4 Potenzielle Problemursachen zur Datensammlung identifizieren und auswählen

4.1 Ziel und Hintergrund

Daten für Ergebnisvariable (Y) und potenzielle Ursachen (Xs) werden normalerweise zur gleichen Zeit unter denselben Randbedingungen gesammelt. Zusätzlich werden Daten zu diesen Randbedingungen wie beispielsweise Zeitpunkt, Personen, Schicht, Ort und Produkttyp aufgenommen. Das Ziel dieses Schrittes ist es, potenzielle Ursachen zu identifizieren, die in die Datensammlung einbezogen werden sollen.

Während die Ergebnisvariable (Y) oder -variablen (Ys) im Schritt „Stimme des Kunden verstehen" ermittelt wurden, sind Variablen zu den potenziellen Ursachen in den Prozessinputs und Prozessschritten zu finden. Die Ermittlung dieser Input- und Prozessvariablen basiert daher auf SIPOC beziehungsweise high-level Value Stream Map (VSM) und auf der Kenntnis und Erfahrung der Prozessbeteiligten, die den Prozess tagtäglich betreuen.

4.2 Voraussetzungen

Voraussetzungen für diesen Schritt sind:

- Problembeschreibung und Ergebnisvariable aus den Projektunterlagen,
- SIPOC oder high-level Value Stream Map (VSM),
- zusätzliche Information über den Prozess, die bei der Ermittlung von potenziellen Problemursachen von Nutzen sein kann.

4.3 Aufgaben und verwendete Werkzeuge

Die in diesem Schritt zu bearbeitenden Aufgaben und die dazu empfohlenen Werkzeuge sind in Tabelle 4.1 dargestellt.

TABELLE 4.1 In diesem Schritt zu bearbeitende Aufgaben

Aufgabe	Werkzeug
1. Generieren einer Liste von potenziellen Prozessproblemursachen	Brainstorming oder andere Kreativitätstechniken
2. Generieren einer Liste von potenziellen Inputproblemursachen	Brainstorming oder andere Kreativitätstechniken
3. Gruppieren potenzieller Problemursachen und Erstellen des Fischgrätendiagramms	Fischgrätendiagramm, auch genannt Ishikawa-Diagramm oder Ursache-Wirkungs-Diagramm
4. Auswahl potenzieller Problemursachen zur Datensammlung	Fischgrätendiagramm und Prioritätenmatrix
5. Generieren von Schichtungsvariablen	Brainstorming oder andere Kreativitätstechniken

4.3.1 Aufgabe 1: Generieren einer Liste von potenziellen Prozessproblemursachen

Ursachen für das Problem können auf bestimmte Parameter des Prozesses zurückzuführen sein. Da das Generieren dieser Parameter in der Regel nicht automatisiert werden kann, ist das Ergebnis von der Vollständigkeit des SIPOC oder VSM sowie der Anwesenheit von mit dem Prozess vertrauten Mitarbeitern abhängig. Prozessschritt für Prozessschritt wird die Frage gestellt, ob sich der jeweilige Schritt auf das Ergebnis auswirken kann, das heißt, ob der entsprechende Schritt die Ursache für das Problem darstellen kann.

Grundsätzlich kann von zwei Hauptkategorien von Parametern ausgegangen werden. Die erste Kategorie beschäftigt sich mit dem Zeitaufwand für bestimmte Schritte. Diese Kategorie ist dann vordergründig, wenn das Problem in einer zeitrelevanten Größe wie Verzögerung oder langer Laufzeit besteht. Die zweite Kategorie beinhaltet Fehler in Prozessschritten, die immer dann eine größere Rolle spielen, wenn das Problem sich in Fehlern wie unzureichenden Antworten auf Kundenanfragen, falschen Kreditentscheidungen oder unhöflicher Kundenberatung äußert. Beide Kategorien sind stark miteinander verknüpft. Beispielsweise können Fehler in Prozessschritten zur internen Nachbearbeitung und damit zur Verzögerung für den Prozesskunden führen.

Zur Unterstützung der Arbeit für das Team sollten SIPOC und Problembeschreibung sowie alle weiteren verfügbaren Daten sichtbar aufgehängt oder projiziert werden. Um die Kreativität des Teams zu unterstützen und auch nicht offensichtliche Problemursachen aufzulisten, sind Kreativitätstechniken wie Brainstorming und Brainwriting sinnvoll. Spielregeln für Kreativitätstechniken sind strikt einzuhalten:

- Zeit zum stillen Brainstorming wird eingeräumt - in der Regel fünf Minuten.
- Freier Ideenfluss wird erlaubt und eingefordert.
- Ideen werden nicht kritisiert, alles ist erlaubt.
- Ideen anderer werden benutzt und in eigene Ideen umgesetzt.
- Qualität entsteht aus Quantität, das heißt, je mehr Ideen, desto besser wird das Ergebnis.

Die potenziellen Fehlerursachen in den Prozessschritten werden als Prozess-Xs bezeichnet.

> Wenn das Problem in einer Durchlaufzeit besteht, ist es sinnvoll, die Bearbeitungszeiten für jeden einzelnen Prozessschritt in die Liste der Prozessproblemursachen aufzunehmen und eine Wertstromanalyse durchzuführen.

Eine Wertstromanalyse (englisch: Value Stream Mapping) ist eine Methode zum Identifizieren und Reduzieren von nicht wertschöpfenden Prozessanteilen, sodass die Prozesseffizienz und damit die Produktivität gesteigert wird. Die Wertstromanalyse beginnt mit dem Auflisten aller Prozessschritte zwischen dem durch den Kunden gestellten Auftrag und der Übergabe des Prozessresultats an den Kunden. Daher ist es erforderlich, für ein Projekt mit einem Durchlaufzeitproblem alle Prozessschritte zu identifizieren und in die Datenaufnahme einzubeziehen.

4.3.2 Aufgabe 2: Generieren einer Liste von potenziellen Inputproblemursachen

Ebenso wie im vorangegangenen Schritt werden alle Inputs dahin gehend untersucht, inwieweit ein Einfluss auf das Problem bestehen kann. Ähnlich wie im Prozess gibt es bei den Inputs zwei Kategorien: verspätete Lieferung der Inputs und fehlerhafte, das heißt unvollständige oder falsche Inputs. Die Vorgehensweise entspricht der in Aufgabe 1 beschriebenen.

Die potenziellen Fehlerursachen unter den Parametern auf den Inputs werden als Input-Xs bezeichnet.

4.3.3 Aufgabe 3: Gruppieren potenzieller Problemursachen und Erstellen des Fischgrätendiagramms

Das Ergebnis von Aufgabe 1 und Aufgabe 2 ist eine Liste potenzieller Fehlerursachen (Xs), die in Kategorien eingeordnet werden sollten, um einerseits einen Überblick zu erhalten und andererseits die Vollständigkeit zu überprüfen. Dabei können entweder Standardkategorien wie Maschine, Methode, Material, Mensch und Natur oder projektspezifische Kategorien herangezogen werden. Die Standardkategorien haben sich als vorteilhaft bei der Überprüfung auf Vollständigkeit bewährt.

Dazu wird auf ausreichend freier Schreibfläche - gebildet durch Pinnwand, Metaplantafel oder mehrere aneinandergeklebte Flipchartblätter - ein Fischgrätendiagramm aufgezeichnet. Im Kopf des Fisches wird das im Projektcharter benannte Problem dargestellt. Dabei sollte die prozessnahe Primärmessgröße verwendet werden. Geschäftssituationen wie beispielsweise Verlust von Kunden oder kundenbezogene Messgrößen wie beispielsweise Kundenzufriedenheit sollten nicht verwendet werden.

An den Hauptgräten werden die Überschriften für die Kategorien gebildet. Anschließend werden die gesammelten potenziellen Ursachen den entsprechenden Kategorien beziehungsweise Gräten zugeordnet. Die potenziellen Ursachen haben natürlicherweise Überlappungen, das heißt Mehrfachnennungen. Außerdem ist mit verknüpften Ursachen zu rechnen, das heißt, ein X kann einen Unterpunkt für ein anderes X darstellen. Das ist kein Problem, wenn es im Fischgrätendiagramm durch Hauptgräten und Untergräten entsprechend erfasst wird.

Im Fischgrätendiagramm sind sowohl die Problemstellung als auch die potenziellen Problemursachen in negativer Semantik aufzuzeichnen. Dadurch wird vermieden, dass im Zuge des Brainstormings Lösungsvorschläge oder Wunschvorstellungen anstatt von Problemursachen entwickelt werden. Das Fischgrätendiagramm ist ein Ursache-Wirkungs-Diagramm, kein Lösungsdiagramm.

Oftmals können bestimmte Xs mehreren Kategorien zugeordnet werden. Dabei ist es nicht erforderlich, eine längere Diskussion über die vermeintlich „richtige" Zuordnung zu führen. Das wichtige Ergebnis ist allein, dass diese Xs erfasst werden.

Durch die Darstellung im Fischgrätendiagramm kann leicht überprüft werden, ob alle Kategorien mit potenziellen Ursachen gefüllt sind. Ist dies nicht der Fall, das heißt, ist eine Kategorie wie beispielsweise „Natur" mit sehr wenigen oder keinen Xs versehen worden, hat der Moderator die Pflicht, dieses Ergebnis infrage zu stellen. Ist auch nach nochmaliger Suche kein X in dieser Kategorie zu finden, muss von der Richtigkeit des Ergebnisses ausgegangen werden. Offensichtlich liegen für den besprochenen Prozess keine Umwelteinflüsse vor, die sich auf das Ergebnis auswirken könnten.

4.3.4 Aufgabe 4: Auswahl potenzieller Problemursachen zur Datensammlung

Nach dem Erstellen des Fischgrätendiagramms mit potenziellen Ursachen Xs für das Problem Y sind die Xs auszuwählen, für die Daten gesammelt werden sollen. Diese Auswahl kann mithilfe des vorhandenen Fischgrätendiagramms oder mithilfe einer Prioritätenmatrix vorgenommen werden.

Auswahl mithilfe der Prioritätenmatrix

Eine Prioritätenmatrix ist einzusetzen, wenn mehrere Probleme, mehrere Ys, gleichzeitig in einem Projekt bearbeitet werden sollen. Dazu werden die Probleme in den Kopf der Matrix eingetragen und mit einer Gewichtung versehen (siehe Beispiel in Bild 4.1). Für die Gewichtung wird eine Skala von 1 bis 9 benutzt. Die Gewichtung wird aus der „Stimme des Kunden" entnommen und in die Skala übertragen. Daher wird die höchste in der Pareto-Analyse vorliegende Kategorie „Vertriebsprozess" mit der Problemstellung „Kontaktpflege durch Vertrieb mangelhaft" mit dem Gewicht 9 und die nächste Kategorie „Antragsabwicklung und -entscheidung" mit der Problemstellung „Kreditabwicklung dauert zu lange" mit einem Gewicht von 5 eingestuft.

Danach werden die Eingaben und Prozessschritte sowie die entsprechenden Variablen Xs aufgelistet. Diese Variablen werden auf deren Beziehung mit den Ergebnisvariablen überprüft. Um die Diskussion zu verkürzen und die vermeintlich wichtigen Zusammenhänge hervorzuheben, wird für die Bewertung der Beziehung eine Skala von 0 bis 9 angewandt, wobei nur die Zahlen 0, 1, 3 und 9 benutzt werden. Keine Beziehung zwischen Eingabe- oder Prozessvariable X und einer Ergebnisvariable Y – das heißt, es existiert kein erkennbarer Einfluss – wird mit 0 bewertet, 1 steht für schwachen Einfluss von X auf Y, 3 für moderaten Einfluss und 9 für starken Einfluss.

Dazu wird durch den Moderator beispielsweise die Frage gestellt: „Kann das Problem ‚Kreditabwicklung dauert zu lange' durch ‚Autohändlerinformation verspätet' (Nummer 3) hervorgerufen werden?" Bei der Antwort müssen die Teammitglieder zwei Aspekte berücksichtigen:

1. Gibt es theoretisch einen schwachen, moderaten oder starken Zusammenhang zwischen X und Y, das heißt, kann X einen Einfluss auf Y ausüben?
2. Tritt dieser Einfluss auch tatsächlich auf, das heißt, wurde die Ursache „verspätet eingegebene Autohändlerinformation" in der Vergangenheit schon beobachtet?

Das Team bewertet diesen Zusammenhang mit 5, ergo besteht ein moderater Zusammenhang, der auch praktisch zu Problemen geführt hat.

Zwischen „Risikoinformation unvollständig" und „Kreditabwicklung dauert zu lange" besteht zwar theoretisch ein starker Zusammenhang. Allerdings ist dieser nicht von praktischer Relevanz, da die Risikoinformation vom Kreditauskunftsbüro noch nie unvollständig geliefert wurde. Es wäre daher nicht sinnvoll, Daten darüber zu erfassen.

Nachdem alle möglichen Beziehungen zwischen Problemen und möglichen Ursachen bewertet wurden, wird der Gesamteinfluss für jede potenzielle Ursache berechnet. Der Gesamteinfluss ergibt sich als Punktzahl durch die Summierung der Produkte aus Gewicht von Y und Beziehung zwischen X und Y. Diese Punktzahl kann in eine Rangfolge der potenziellen Ursachen umgesetzt werden (siehe Bild 4.1). Daraus ergibt sich zwangsläufig, für welche Eingabe- und Prozessvariablen Daten gesammelt werden sollten. Allerdings sind weitere Betrachtungen anzustellen, bevor eine Datensammlung begonnen wird.

Die Berechnung der Summe für die Spalten der Ergebnisvariablen ist nicht von Bedeutung für die weitere Vorgehensweise. Sie kann allerdings einen Hinweis darauf geben, ob die Erfassung der potenziellen Ursachen ausbalanciert ist. Wenn diese Summe für eine Ergebnisvariable vergleichsweise gering ist, kann das ein Hinweis auf fehlende Einflussvariablen sein. Weiterhin sollten alle Ergebnisvariablen eine Anzahl von moderaten und starken Beziehungen zeigen. Im Falle, dass eine Ergebnisvariable keine Beziehungen mit der Bewertung 3 oder 9 aufweist, kann mit den aufgenommenen potenziellen Ursachen keine wesentliche Veränderung am Problem erreicht werden. Das heißt, das Projekt hat geringe Erfolgsaussichten.

			Ergebnisvariablen (Ys)			
			Kredit-abwicklung dauert zu lange	Kontaktpflege durch Vertrieb mangelhaft	Bewertung	
		Gewicht von Y	5	9	Punkte	Rang
	Eingabe	**Variable X**	**Beziehung X – Y**			
1	Autohändlerinformation	inkorrekt	1	9	86	2
2		unvollständig	1	9	86	2
3		verspätet	5	9	106	1
4	Marketingmaterial	schlechte Qualität	0	1	9	15
5		unvollständig	0	1	9	15
6	Kundeninformation	inkorrekt	3	0	15	14
7		unvollständig	9	0	45	7
8	Risikoinformation	inkorrekt	1	0	5	19
9		unvollständig	1	0	5	19
	Prozess	**Variable X**				
10	Eingabe des Autohändlers in Datenbank	inkorrekt	1	9	86	2
11		zeitaufwendig	1	3	32	10
12	Senden von Marketingmaterial	nicht ausreichend	0	1	9	15
13		zu selten	0	1	9	15
14	Ausfüllen des Antrags durch Händler	zeitaufwendig	9	0	45	7
16	Empfangen des Kreditantrags durch Bank	unvollständig	9	1	54	5
17		verspätet	9	1	54	5
18	Kreditentscheidung durch Bank	inkorrekt	3	1	24	11
19		zeitaufwendig	9	0	45	7
20	Informieren des Händlers	inkorrekt	3	1	24	11
21		verspätet	3	1	24	11
		Total	68	48		

BILD 4.1 Prioritätenmatrix für zwei Probleme

Falls die Beziehungen mit den Bewertungen 3 und 9 für verschiedene Ergebnisvariablen wie in Bild 4.1 in unterschiedlichen Reihen der Tabelle auftreten, zeugt das für die Unabhängigkeit der Ergebnisvariablen voneinander. In diesem Falle ist es nicht sinnvoll, beide Ergebnisvariablen in einem Projekt zu bearbeiten, sondern zwei unabhängige Interventionen zur Problemlösung zu starten.

Es ist sinnvoll, in einem Projekt mehrere Probleme gleichzeitig zu bearbeiten, deren Ursachen ähnlicher Natur sind. Es ist weniger empfehlenswert, mehrere auf verschiedene Ursachen zurückzuführende Probleme in einem Projekt zu vereinen. In diesem Falle ist es eher ratsam, diese Probleme in separaten Projekten zu behandeln.

Die beschriebene Verfahrensweise kann auch für nur eine Ergebnisvariable Y angewendet werden. Allerdings wäre es falsch, die Schlussfolgerungen über die in die Datensammlung einzubeziehenden potenziellen Problemursachen aus der beschriebenen Matrix in Bild 4.1 zu ziehen, ohne die zweite Ergebnisvariable zuvor zu eliminieren und die Bewertung erneut vorzunehmen.

Auswahl mithilfe des Fischgrätendiagramms

Eine etwas weniger aufwendige Methode zur Auswahl von Xs als Kandidaten für die Datensammlung bildet die Verwendung des Fischgrätendiagramms. Dazu werden vom Moderator dem vor dem Diagramm sitzenden Team ähnliche Fragen gestellt wie beim Ausfüllen der Matrix. Für jedes X im Diagramm wird wie folgt gefragt:

1. Gibt es theoretisch einen schwachen, moderaten oder starken Zusammenhang zwischen X und Y, das heißt, kann X einen Einfluss auf Y ausüben?
2. Tritt dieser Einfluss auch tatsächlich auf, das heißt, wurde die Ursache „verspätet eingegebene Autohändlerinformation" in der Vergangenheit schon beobachtet?

Aus den Antworten wird abgeleitet, ob die Datensammlung für dieses X Sinn ergibt oder nicht. Bei Unstimmigkeiten sollte von den Teammitgliedern sehr genau deren Standpunkt erläutert werden. Wenn keine Klärung erfolgt, kann das X nicht gestrichen werden.

4.3.5 Aufgabe 5: Generieren von Schichtungsvariablen

Neben den potenziellen Problemursachen ist die Erfassung der Bedingungen für das Auftreten des Problems sinnvoll. Randbedingungen sind keine Problemursachen, können aber bei der Ursachenanalyse helfen. Randbedingungen werden typischerweise mit den Fragen „Wer?", „Wann?", „Wo?", „Was?" und „Wie?" erfasst. Beispielsweise ist es von Bedeutung zu wissen, wer eine Kreditentscheidung zu welchem Zeitpunkt durchgeführt hat. Es könnte ein systematischer Unterschied in der Bearbeitungszeit zwischen am Morgen und am Nachmittag begonnenen Kreditbearbeitungen vorliegen. Außerdem könnte die Kreditbearbeitungszeit von der Kreditsumme abhängen. Regionale Unterschiede sowie Abhängigkeiten von Personen sind ebenfalls typische Schichtungsfaktoren.

Diese Schichtungsfaktoren, auch genannt Schichtungsvariablen, müssen den während der Datensammlung erfassten Daten zuordenbar sein. Daher ist es erforderlich, diese Variablen in die Datensammlung einzubeziehen.

4.4 Ergebnisse

Dieser Schritt liefert die folgenden Ergebnisse:

- erweiterter SIPOC, der die Input-Xs, Prozess-Xs sowie die Output-Ys beinhaltet,
- Fischgrätendiagramm mit Gruppen von potenziellen Ursachen wie beispielsweise Maschine, Methode, Material, Mensch und Natur - oder projektspezifischen Gruppen,
- Liste der für die Datensammlung vorgesehenen potenziellen Ursachen.

4.5 Tipps

1. Wenn mehrere, grundsätzlich verschiedene Ergebnisvariablen (Ys) vorliegen, die überwiegend unterschiedliche Ursachen haben, ist es erforderlich, mehrere Fischgrätendiagramme zu erstellen.
2. Falls sich beim Erstellen des Fischgrätendiagramms zeigt, dass vermeintlich ähnliche Ergebnisvariablen aus überwiegend unterschiedlichen Ursachen herrühren, sollte der Projektumfang überprüft werden. Es ist erneut die Frage zu beantworten, ob die Ergebnisvariablen in ein und demselben Projekt bearbeitet werden müssen oder auf mehrere Projekte verteilt werden können.
3. Dieser Schritt erstellt die Liste der potenziellen Fehlerursachen (Xs), aus denen in der Phase ANALYSE die kritischen Xs hergeleitet werden. Ein Fehlen eines Xs in diesem Projektschritt führt zum Ignorieren dessen während der Datensammlung und folglich während der Analyse. Falls das unterlassene X ein kritisches sein sollte, würde dieser Irrtum zum Scheitern des Projektes führen. Das kann nur dadurch vermieden werden, dass das Projektteam mit erfahrenen und motivierten Prozessmitarbeitern besetzt ist. Zusätzliche Prozessbeteiligte außerhalb des Teams können einen wertvollen Beitrag zum Ergebnis leisten.

4.6 Benötigte Zeit

Die Arbeit an diesem Schritt kann innerhalb eines Meetings von zwei bis drei Stunden Dauer erfolgreich abgeschlossen werden.

4.7 Fallbeispiel

Das Projektteam „Aktivieren schlafender Autohändler“ bringt die folgenden Informationen zum Teammeeting:

- überarbeitete Projektunterlagen,
- vollständig ausgefüllter erweiterter SIPOC mit Vorgängerversionen.

Der erweiterte SIPOC stellt eine wichtige Grundlage für das Generieren von potenziellen Ursachen dar. Sowohl mögliche Prozess- als auch Inputproblemursachen sind aus dem SIPOC abzuleiten. Zunächst wird eine Wertstromanalyse eingesetzt, da das Problem in der Durchlaufzeit besteht.

4.7.1 Aufgabe 1: Generieren einer Liste von potenziellen Prozessproblemursachen

Die prozessimmanenten potenziellen Problemursachen werden auf zwei unterschiedlichen Wegen ermittelt. Zuerst werden die im SIPOC dargestellten und für das Problem relevanten Prozessschritte in einem höheren Detaillierungsgrad dargestellt, sodass nach Schwachstellen im Prozessablauf, nach Prozessschritten mit niedriger Effizienz gesucht werden kann.

Danach wird auf der Basis von SIPOC und Wertstrom ein Brainstorming durchgeführt, um die Prozesskenntnis und -erfahrung der Teilnehmer zu nutzen.

Auflisten der Prozessschritte für die Wertstromanalyse

Da das Problem „Verspätung des Kreditvertrages“ auf die Durchlaufzeit zurückzuführen ist, macht sich eine Auflistung aller Prozessschritte erforderlich, die an der Durchlaufzeit beteiligt sind. Für den Kunden des Autohändlers sowie für den Autohändler selbst beginnt diese Durchlaufzeit mit dem Übersenden eines Kreditantrags an die Bank und endet mit der Übermittlung der Kreditentscheidung von der Bank an den Händler und damit an den Kunden. Dabei wird der Prozess beim Händler vorerst außer Acht gelassen. Für Analysen innerhalb des händlerseitigen Prozesses erklärt sich Teammitglied Mark Hunger, ein Gebrauchtwagenhändler, bereit.

Das Ergebnis der Auflistung der Prozessschritte zur Kreditbearbeitung ist in Bild 4.2 sichtbar.

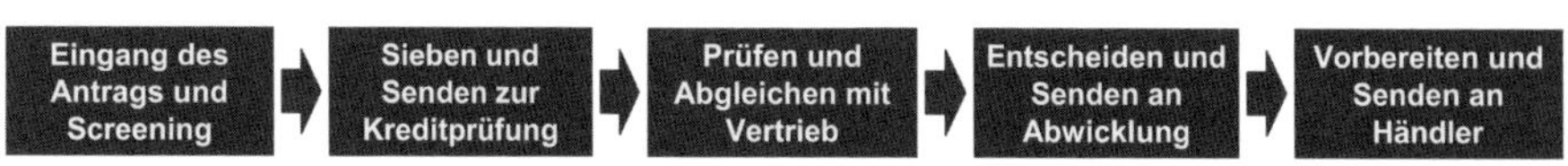

BILD 4.2 Prozessschritte der Kreditbearbeitung

Diese Auflistung ist die Grundlage für eine spätere Wertstromanalyse für den Prozess der Kreditbearbeitung. Bei der Datenerfassung ist es in diesem Falle sinnvoll, Kenngrößen für jeden einzelnen Prozessschritt zu erheben. Dafür sind die entsprechenden Prozessproblemursachen in die Liste der zu erfassenden Daten aufzunehmen.

Generieren einer Liste von potenziellen Prozessproblemursachen durch Brainstorming

Die Frage des Moderators ist: „Wie kann der Prozessschritt ‚Eingabe der Autohändlerdaten in die Datenbank' möglicherweise die ‚Verspätung des Autohändlervertrages' beeinflussen?"

Die Antwort könnte lauten: „Die Zeit zur Dateneingabe könnte die ‚Verspätung des Autohändlervertrages' hervorrufen." Eine andere Antwort könnte lauten: „‚Inkorrekte Dateneingabe' könnte die ‚Verspätung des Autohändlervertrages' hervorrufen." Daher sind zwei potenzielle Ursachen für das Problem im Schritt „Eingabe der Autohändlerdaten in die Datenbank" mit Dauer der Eingabe und Korrektheit der Eingabe gefunden.

Das Team arbeitet sich in dieser Art und Weise durch alle Prozessschritte sowohl des SIPOC als auch der detaillierten Schritte des Wertstromes und ermittelt potenzielle Ursachen für das Problem Y (siehe Bild 4.3).

4.7.2 Aufgabe 2: Generieren einer Liste von potenziellen Inputproblemursachen

Entsprechend werden potenzielle Fehlerursachen durch die Fragestellung „Wie kann der Input ‚Autohändlerinformation' möglicherweise die ‚Verspätung des Autohändlervertrages' beeinflussen?" erfasst. Eine mögliche Antwort könnte heißen: „Die Korrekt-

Eingabe	Eingabe Xs	Prozess	Prozess Xs	Ergebnis	Ergebnis Ys
• Autohändler-information	• Richtigkeit • Vollständigkeit • Rechtzeitigkeit	Eingabe des Autohändlers in Datenbank	• Richtigkeit • Zeit	• Marketing-material • Informations-material	• Qualität • Vollständigkeit • Pünktlichkeit
		Kontaktpflege mit Händler	• Frequenz • Mittel	• Information über Probleme	• Pünktlichkeit • Vollständigkeit
• Marketing-material	• Qualität • Vollständigkeit	Senden von Marketingmaterial zum Händler	• Menge • Frequenz	• Kreditangebot	• Pünktlichkeit • Vollständigkeit
		Senden des Kreditantrags durch Händler	• Leichtigkeit • Zeit	• Kreditvertrag	• **Pünktlichkeit** • Vollständigkeit
• Kreditantrag • Kundendaten	• Richtigkeit • Vollständigkeit	Empfangen des Kreditantrags durch Bank	• Vollständigkeit • Rechtzeitig		
• Risiko-information	• Richtigkeit • Vollständigkeit	Kreditentscheidung durch Bank	• Art • Richtigkeit • Zeit		
		Informieren des Händlers	• Richtigkeit • Zeit		

BILD 4.3 Generieren von potenziellen Problemursachen unter Zuhilfenahme des SIPOC

heit der Autohändlerinformation ist sehr wichtig für die Bearbeitung." Außerdem muss die Information vollständig sein und zur rechten Zeit vorliegen. Daher sind drei potenzielle Ursachen (Xs) für das Problem Y im Input „Autohändlerinformation" zu finden: Korrektheit, Vollständigkeit und Rechtzeitigkeit.

Das Ergebnis dieses Schrittes ist in Bild 4.3 zu sehen.

4.7.3 Aufgabe 3: Gruppieren potenzieller Problemursachen und Erstellen des Fischgrätendiagramms

Das Ergebnis der Kapitel 4.7.1 und 4.7.2 ist eine Liste potenzieller Fehlerursachen (Xs), die in Kategorien eingeordnet werden sollten. Dabei können entweder Standardkategorien wie Maschine, Methode, Material, Mensch und Natur oder projektspezifische Kategorien herangezogen werden. Unser Projektteam entscheidet sich für die Kategorien Prozess, Händler, Marketing, Kunde und Umwelt. Umwelt ist stellvertretend für alle Faktoren, die nicht leicht zu beeinflussen sind wie beispielsweise Kreditauskunft über Kunden. Als Ergebnis entsteht das Fischgrätendiagramm (Bild 4.4). Dabei ist unwichtig, ob potenzielle Fehlerursachen aus einem Input oder einem Prozessschritt abgeleitet sind.

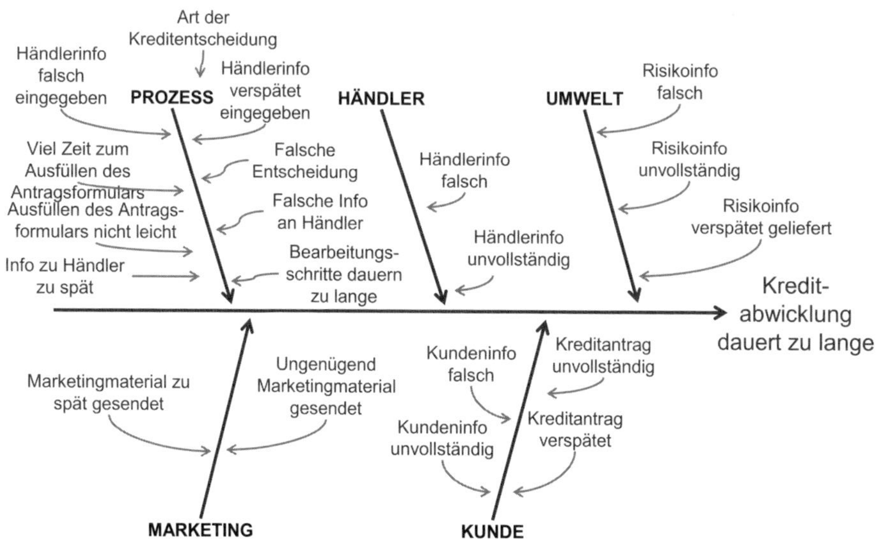

BILD 4.4 Fischgrätendiagramm für potenzielle Problemursachen

Falls unterschiedliche Ys auf überwiegend unterschiedliche Xs zurückzuführen sind, macht es sich erforderlich, weitere Fischgrätendiagramme zu erstellen.

Unser Projektteam hat sich nach Absprache mit dem Sponsor entschieden, ein weiteres Fischgrätendiagramm für „Kontaktpflege durch Vertrieb mangelhaft" zu erzeugen und dies in einem unabhängigen Projekt weiterzuverfolgen. Die Reduzierung des Projektumfangs wird vom Quality Council bestätigt, wo in der gleichen Besprechung der Projektcharter für das auf die Kontaktpflege mit dem Händler fokussierte Projekt diskutiert wird.

4.7.4 Aufgabe 4: Auswahl potenzieller Problemursachen zur Datensammlung

Aufgrund der Reduzierung des Projektumfanges auf nur eine Ergebnisvariable wird die Auswahl der potenziellen Problemursachen, die in die Datensammlung einbezogen werden sollen, anhand des Fischgrätendiagramms vorgenommen.

Dazu stellt der Moderator die Frage: „Gibt es einen moderaten oder starken Zusammenhang zwischen dem X ‚Risikoinformation verspätet geliefert' und dem Y ‚Kreditabwicklung dauert zu lange', das heißt, kann X einen Einfluss auf Y ausüben?" Das Team beantwortet diese Frage einmütig bejahend. Die folgende Frage heißt dann: „Tritt dieser Einfluss auch praktisch auf, das heißt, gibt es Fälle, in denen unsere Kreditabwicklung nicht arbeiten konnte, weil die Risikoinformation auf sich warten lassen hat?" Diese Frage wird eindeutig verneint, sodass das X „Risikoinformation verspätet geliefert" aus der Datensammlung ausgeschlossen wird.

Nachdem diese Verfahrensweise für alle Problemursachen im Fischgrätendiagramm wiederholt wurde, ergibt sich eine Liste von sechs Xs für die Datensammlung (Bild 4.5).

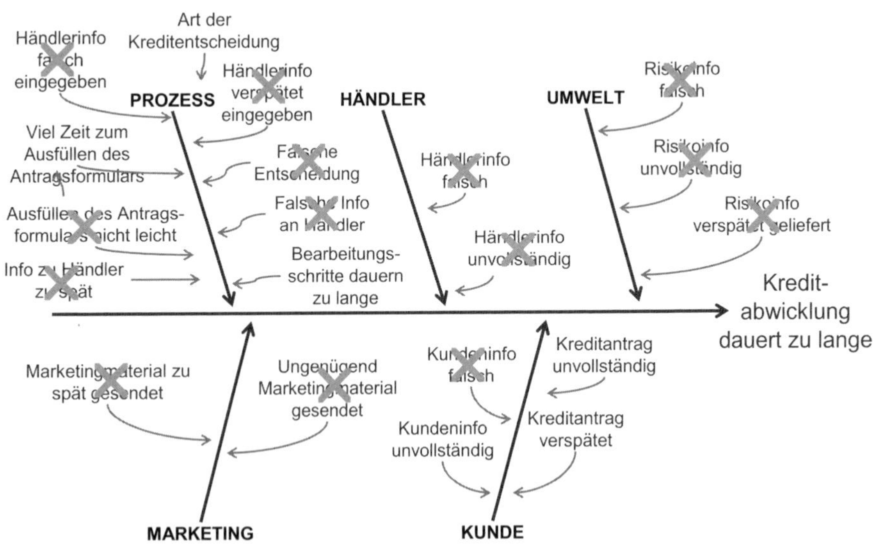

BILD 4.5 Fischgrätendiagramm mit Problemursachen für Datensammlung

Das X „Bearbeitungsschritte dauern zu lange" enthält die Bearbeitungszeit für jeden einzelnen Schritt des in Bild 4.2 dargestellten Ablaufs der Kreditbearbeitung und wird daher vor der Datenerfassung in mehrere X – ein X für jeden Prozessschritt – aufgespalten. Die Summe der Bearbeitungszeiten für alle Bearbeitungsschritte entspricht der Kreditbearbeitungszeit Y.

4.7.5 Aufgabe 5: Generieren von Schichtungsvariablen

Schichtungsfaktoren sind teilweise bereits während der Erstellung des Fischgrätendiagramms genannt worden. So ist beispielsweise das X „Art der Kreditentscheidung" keine Ursache des Problems, sondern ein Schichtungsfaktor, da die Art der Kreditentscheidung „angenommen" oder „abgelehnt" durchaus einen Unterschied in der Bearbeitungszeit ausmachen kann.

Weitere Schichtungsfaktoren werden während der Diskussion des Fischgrätendiagramms unter Zuhilfenahme der Fragen „Wer?", „Wann?", „Wo?", „Was?" und „Wie?" generiert:

Wer?

- Welcher Händler hat den Kredit eingereicht?
- Welcher Vertriebsmitarbeiter betreut den Händler?
- Welcher Mitarbeiter von der Abwicklung hat den Kredit bearbeitet?

Wann?

- An welchem Tag, Wochentag, Tag des Monats wurde der Kredit bearbeitet?
- Zu welcher Zeit des Tages wurde der Kredit eingereicht und bearbeitet?

Wo?

- Welche Region ist für den Händler zuständig?

Was?

- Was ist das Kreditvolumen?
- In wie vielen Raten wird der Kredit zurückgezahlt?

Wie?

- Wie wurde der Kredit eingereicht (E-Mail, Fax, online)?
- Wie ist die Kreditentscheidung?

Aufgrund des Datenverarbeitungssystems (IT-Systems) ist es möglich, alle genannten Schichtungsvariablen den entsprechenden Krediten jederzeit zuzuordnen. Eine zusätzliche manuelle Erfassung ist nicht erforderlich.

Damit ist die Planung der Datenerfassung abgeschlossen (Bild 4.6). Für jede Einheit, das heißt jeden Kreditantrag, werden die potenziellen Fehlerursachen „Zeit zum Ausfüllen des Antrags", „Bearbeitungszeit", „Kundendaten vollständig", „Antrag vollständig" und „Antrag korrekt" erfasst. Zusätzlich werden die Schichtungsfaktoren „Entscheidung", „Zeit des Eingangs des Antrags", „Datum/Zeit der Entscheidung", „Händler/Region", „Bearbeiter Abwicklung", „Vertriebsmitarbeiter" und „Betrag" aufgenommen.

	Einheit		Potenzielle Fehlerursachen										Schichtungsfaktoren							
		Y_1	X_1	X_3	X_{3a}	X_{3b}	X_{3c}	X_{3d}	X_{3e}	X_4	X_5	X_6	X_2	X_7	X_8	X_{9a}	X_{9b}	X_{10}	X_{11}	X_{12}
	Kreditantrag	Kreditbearbeitungszeit	Zeit zum Ausfüllen des Antrags	Bearbeitungszeit	Zeit des Eingangs des Antrags	Sieben und Senden zur Kreditprüfung	Prüfen und Abgleichen mit Vertrieb	Entscheiden und Senden an Abwicklung	Vorbereiten und Senden an Händler	Kundendaten vollständig	Antrag vollständig	Antrag korrekt	Entscheidung	Zeit	Datum	Händler	Region	Bearbeiter	Vertriebsmitarbeiter	Betrag
Datenquelle		IT	IT	IT	IT	IT	IT	IT	IT	Liste	Liste	Liste	IT	IT	IT	IT	IT	IT	IT	IT

BILD 4.6 Datensammlungsplan

Die potenziellen Fehlerursachen „Kundendaten vollständig“, „Antrag vollständig“ und „Antrag korrekt“ werden mithilfe von Checklisten erfasst. Alle anderen Variablen sind aus dem IT-System zu entnehmen.

5 Messsystem analysieren

5.1 Ziel und Hintergrund

Bevor die Daten für Ergebnisvariable (Y) und potenzielle Ursachen (Xs) erhoben werden, sind die entsprechenden Messsysteme zu analysieren. Messsysteme können unterschiedliche Fehler hervorrufen, die die Analyse der Prozessvariation erschweren oder unmöglich machen können.

Ziel dieses Schrittes ist es daher, die aus den Messsystemen resultierende Variation zu analysieren und nach Möglichkeit zu eliminieren, um die Brauchbarkeit der zu erfassenden Daten zu gewährleisten. Die Methoden zur Messmittelanalyse sind auf die jeweiligen Datentypen - variable Daten und attributive Daten - zugeschnitten (Tabelle 5.1). Variable Daten sind quantitative, stetige, messbare Daten wie beispielsweise Dimensionen, Zeit, Gewicht. Attributive Daten sind qualitative, diskrete, zählbare Daten wie beispielsweise Anzahl von Fehlern, Anzahl von Merkmalen. Attributive Daten mit großen Häufigkeiten werden wie variable Daten behandelt.

Messsysteme müssen Genauigkeit, Wiederholbarkeit, Reproduzierbarkeit und Stabilität der Messergebnisse gewährleisten.

Genauigkeit bezeichnet die Fähigkeit eines Messsystems, exakt den tatsächlichen Wert wiederzugeben. Beispielsweise wäre bei der Prüfung eines Kundenkreditantrags das Übersehen einer fehlenden Information eine Ungenauigkeit, die sich negativ auf den Bearbeitungsprozess auswirken kann.

Wiederholbarkeit ist die Fähigkeit einer Person, ein Bewertungsergebnis für das gleiche Objekt unter gleichen Bedingungen wiederholen zu können. So kann zum Beispiel das Nachlassen der Aufmerksamkeit einer kreditantragprüfenden Person gegen Ende des Arbeitstags eine Ungenauigkeit nach sich ziehen, die am Morgen nicht passiert wäre.

Reproduzierbarkeit bezeichnet die Fähigkeit, eine Bewertung durch unterschiedliche Personen oder unter unterschiedlichen Bedingungen mit exakt dem gleichen Ergebnis reproduzieren zu können. Beispielsweise wäre es ein Problem für den folgenden Prozess, wenn das Ergebnis einer Kreditrisikoanalyse von der die Unterlagen prüfenden Person abhängig wäre, das heißt, wenn der gleiche Antrag von einer Person angenommen, jedoch von einer anderen abgelehnt werden würde.

Stabilität benennt die Fähigkeit des Messsystems, langfristig gleiche Ergebnisse zu liefern und nicht über die Zeit einer Abnutzung zu unterliegen.

Kalibrierung und Stabilitätsanalyse werden vorzugsweise im industriellen Umfeld angewendet und sind im Dienstleistungsbereich kaum erforderlich.

Die Methode zur Überprüfung von Wiederholbarkeit und Reproduzierbarkeit wird auch Gage R&R (Gage Repeatability and Reproducibility) genannt. Diese Gage R&R verwendet grundsätzlich unterschiedliche Verfahrensweisen für unterschiedliche Datentypen, variable Daten und attributive Daten (Tabelle 5.1). Beide Verfahrensweisen analysieren das Gesamtsystem einschließlich Messsystem, Prüfling, Prüfer und Umfeld.

TABELLE 5.1 Methoden zur Messmittelanalyse

Anforderungen an ein Messsystem	Variable Daten	Attributive Daten
Genauigkeit	Kalibrierung	Gage R&R für attributive Daten
Wiederholbarkeit	Gage R&R für variable Daten	Gage R&R für attributive Daten
Reproduzierbarkeit	Gage R&R für variable Daten	Gage R&R für attributive Daten
Stabilität	Stabilitätsanalyse	Gage R&R für attributive Daten
Adäquate Auflösung	Gage R&R für variable Daten	Nicht anwendbar

5.2 Voraussetzungen

Voraussetzungen für diesen Schritt sind:

- Liste der Ergebnisvariablen Ys,
- Liste der für die Datensammlung vorgesehenen potenziellen Ursachen Xs,
- Liste der für die Datensammlung vorgesehenen Schichtungsfaktoren Xs.

5.3 Aufgaben und verwendete Werkzeuge

Die in diesem Schritt zu bearbeitenden Aufgaben und die dazu empfohlenen Werkzeuge sind in Tabelle 5.2 dargestellt.

TABELLE 5.2 In diesem Schritt zu bearbeitende Aufgaben

Aufgabe	Werkzeug	SigmaXL
1. Auswahl der Messsysteme für Messsystemanalyse		
2. Messsystemanalyse für Qualitätsmerkmale mit attributiven Daten	Gage R & R für attributive Daten	Templates and Calculators - Basic MSA Templates - Attribute MSA
3. Messsystemanalyse für Qualitätsmerkmale mit variablen Daten	Gage R & R für variable Daten	Templates and Calculators - Basic MSA Templates - Gage R&R Study (MSA) Templates and Calculators - Basic MSA Templates - Gage R&R: Multi Vari and Xbar R Charts

5.3.1 Aufgabe 1: Auswahl der Messsysteme für Messsystemanalyse

Bevor eine Messsystemanalyse durchgeführt werden kann, sind die entsprechenden potenziellen Ursachen, Schichtungsfaktoren und Ergebnisvariablen daraufhin zu prüfen, ob eine Messsystemanalyse dafür erforderlich und möglich ist. Eine Messsystemanalyse ist erforderlich, wenn die Möglichkeit des Einhaltens einer oder mehrerer der genannten Anforderungen, Genauigkeit, Wiederholbarkeit, Reproduzierbarkeit und Stabilität, nicht gewährleistet werden kann (Tabelle 5.1). Schichtungsfaktoren zeigen meist diskrete Daten wie Namen von Personen, Regionen oder Abteilungen, Tageszeiten, Wochentage oder Produkt- und Serviceelemente. Sie erfordern deshalb keine speziellen Methoden zur Datenerfassung, keine Messsysteme, und sind von der Messsystemanalyse ausgenommen.

Daten, die aus IT-Systemen entnommen werden, sind nicht grundsätzlich von einer Messsystemanalyse befreit. Es ist zu prüfen, wie die Daten aufgenommen und in das System eingepflegt werden, um die Erfüllung der Anforderungen sicherzustellen. ■

5.3.2 Aufgabe 2: Messsystemanalyse für Qualitätsmerkmale mit attributiven Daten

Für die Messsystemanalyse für attributive Daten werden mindestens 20 - besser 30 - typische Einheiten aus dem Prozess so ausgewählt, dass etwa die Hälfte fehlerfrei und die andere Hälfte mit typischen Fehlern ausgestattet ist. Diese Auswahl wird von einer mit den Qualitätsmerkmalen bestens vertrauten Person, dem Master, vorgenommen.

Für eine Messsystemanalyse mit attributiven Merkmalen sind Einheiten zu wählen, die nicht leicht als „in Ordnung“ oder „defekt“ zu identifizieren sind und die auch in der Praxis ein Problem darstellen.

Danach werden die Einheiten den normalerweise mit der entsprechenden Prüfung vertrauten Personen vorgelegt, ohne dass die Einschätzung durch den Master bekannt gemacht wird. Eine Abweichung der Bewertung durch den Prüfer verglichen mit der des Masters ergibt die Reproduzierbarkeitskenngröße.

Falls die wiederholte Prüfung der gleichen Einheiten durch den gleichen Prüfer unter gleichen Bedingungen zu einer Abweichung führt, liegt ein Wiederholbarkeitsproblem vor. Die wiederholte Prüfung ist blind durchzuführen. Das heißt, der Prüfer sollte nicht wissen, wie seine vorangegangene Bewertung der gleichen Einheit ausgefallen ist. In der Praxis ist dies nicht immer einfach zu gewährleisten. Stellvertretend können ähnliche Einheiten verwendet werden, die den gleichen Fehler aufweisen, um die Wiederholbarkeit der Ergebnisse zu testen.

Das Ziel für sowohl Wiederholbarkeit als auch Reproduzierbarkeit beträgt 100 %. Jede Abweichung davon bedeutet entweder ein Zulassen von fehlerbehafteten Einheiten oder aber ein Zurückhalten von einwandfreien Einheiten für den nächsten Schritt. Wenn diese Anforderungen erfüllt sind, kann sofort zur Datenerfassung übergegangen werden. In allen anderen Fällen ist das Messsystem auf die Ursachen für mangelhafte Wiederholbarkeit oder Reproduzierbarkeit zu überprüfen und sind Korrekturmaßnahmen vorzunehmen.

Falls offensichtliche Unterschiede zwischen den Wiederholbarkeitskenngrößen für verschiedene Messpersonen bestehen, können Trainingsmaßnahmen ausreichend sein, um die Qualität des Messsystems für einzelne Personen zu verbessern. Falls die Messungen aller Personen ein Wiederholbarkeitsproblem aufweisen, sollte das Messsystem, das heißt die Gesamtheit aus Methode, Person, Messmittel, gegebenenfalls Messeinrichtung und Umweltbedingungen infrage gestellt werden. Im Falle eines Reproduzierbarkeitsproblems ist der Unterschied zwischen der betreffenden Messperson und dem Master zu analysieren und zu eliminieren. Ursachen für dieses Problem sind in mangelhafter Einweisung oder unzureichendem Training für die betreffende Person zu suchen. Falls eine Mehrzahl der messenden Personen nicht mit dem Master übereinstimmen kann, ist grundsätzlich zu prüfen, ob die Anforderungen an eine Einheit zur Erreichung der Bewertung „fehlerfrei“ in der Prüfanweisung präzise und verständlich genug spezifiziert sind.

Diese Vorgehensweise ist so lange zu wiederholen, bis die Messsystemfähigkeit dem geforderten Wert entspricht.

5.3.3 Aufgabe 3: Messsystemanalyse für Qualitätsmerkmale mit variablen Daten

Für die Messsystemanalyse für variable Daten werden mindestens drei – besser fünf oder mehr – typische Einheiten, das heißt Teile mit der prozesstypischen Variation, von dem zuständigen Messpersonal unter Prozessbedingungen mehrfach gemessen und die Quellen der daraus ermittelten Streuung analysiert.

> Für eine Messsystemanalyse mit variablen Merkmalen sind Einheiten zu wählen, die die Prozessstreuung unter normalen Bedingungen repräsentieren. ■

Ist die Abweichung zwischen den Messungen unterschiedlicher Personen oder mit unterschiedlichen Werkzeugen erheblich, spricht man von einem Reproduzierbarkeitsproblem. Ist die Abweichung zwischen den Messungen derselben Einheit durch ein und dieselbe Person bedeutend, nennt man dies ein Wiederholbarkeitsproblem.

Die Standardabweichungen von Wiederholbarkeit und Reproduzierbarkeit müssen zusammen weniger als 30 % der Gesamtstandardabweichung betragen, um das betreffende Messsystem nutzen zu können. Von einem exzellenten System spricht man, wenn diese Größe weniger als 10 % der Gesamtstandardabweichung umfasst.

In diesem Falle kann sofort zur Datenerfassung übergegangen werden. In allen anderen Fällen sollte eine Verbesserung des Messsystems in Betracht gezogen werden. Falls offensichtliche Unterschiede zwischen den Wiederholbarkeitskenngrößen für verschiedene Messpersonen bestehen, können Trainingsmaßnahmen ausreichend sein, um die Qualität des Messsystems für einzelne Personen zu verbessern. Falls die Messungen aller Personen ein Wiederholbarkeitsproblem aufweisen, sollte das Messsystem, das heißt die Gesamtheit aus Methode, Person, Messmittel, gegebenenfalls Messeinrichtung und Umweltbedingungen infrage gestellt werden. Im Falle eines Reproduzierbarkeitsproblems ist der Unterschied zwischen den Messpersonen zu analysieren und zu eliminieren.

Diese Vorgehensweise ist so lange zu wiederholen, bis die Messsystemfähigkeit dem geforderten Wert entspricht.

Vor einer Messsystemanalyse für variable Daten ist das Messmittel zu kalibrieren. Außerdem ist eine Linearitätsprüfung in Betracht zu ziehen.

5.4 Ergebnisse

Dieser Schritt liefert die folgenden Ergebnisse:

- Bewertung der Reproduzierbarkeit und Wiederholbarkeit des Messsystems für die zur Datensammlung vorgesehenen potenziellen Ursachen,
- Bewertung der Reproduzierbarkeit und Wiederholbarkeit des Messsystems für die zur Datensammlung vorgesehenen Schichtungsfaktoren,
- Bewertung der Reproduzierbarkeit und Wiederholbarkeit des Messsystems für die zur Datensammlung vorgesehenen Ergebnisvariablen.

5.5 Tipps

1. Erfahrungsgemäß besteht in mehr als 70% aller Lean-Six-Sigma-Projekte ein entscheidender Verbesserungsbedarf in der Messsystemfähigkeit. In einem erheblichen Anteil dieser Projekte bilden die Durchführung einer Gage R&R und die damit verbundenen Korrekturen am Messsystem beziehungsweise Bewertungssystem den eigentlichen Erfolg. Daher ist die Unterlassung dieses Schrittes ein grober Fehler.
2. Bei der Realisierung der Gage R&R ist großer Wert darauf zu legen, die Wiederholmessungen beziehungsweise -bewertungen blind durchzuführen, das heißt, der Prüfer darf nicht wissen, wie die wiederholt zu bewertende Einheit vorher von ihm selbst oder von anderen Prüfern beurteilt wurde. Wenn diese Anforderung nicht eingehalten werden kann, ist die Gage R&R wertlos.
3. In die Gage R&R sind alle Prüfer einzubeziehen, die normalerweise die Bewertung vornehmen.
4. Die Gage R&R sollte – ebenso wie beispielsweise die Kalibrierung – in definierten Zeitabständen wiederholt werden. Zusätzlich ist die Gage R&R nach Veränderungen am System oder nach der Einstellung von Prüfern zu erneuern.

5.6 Benötigte Zeit

Dieser Schritt benötigt zwei bis drei Meetings von jeweils weniger als einer Stunde, die die eigentliche Arbeit zur Datenerfassung und -auswertung vorbereiten, mit folgender Reihenfolge:

a) Meeting zum Planen der Messsystemanalyse

b) Durchführen der Datenaufnahme zur Messsystemanalyse 1

c) Meeting zum Auswerten der Messsystemanalyse 1 und erforderlichenfalls Planen von Korrekturmaßnahmen

d) Umsetzen der Korrekturmaßnahmen

e) Durchführen der Datenaufnahme zur Messsystemanalyse 2

f) Meeting zum Auswerten der Messsystemanalyse 2

Die Datenaufnahme zur Messsystemanalyse ist in der Regel nicht aufwendiger als die Prüfung von Einheiten unter normalen Bedingungen. Es sollte dafür auch nicht mehr Zeit eingeräumt werden, um den Prozess der Bewertung wirklichkeitsnah zu gestalten.

5.7 Fallbeispiel

Im vorangegangenen Meeting wurden die zur Datenerfassung vorgesehenen Ergebnisvariablen, potenzielle Ursachenvariablen und Schichtungsvariablen festgelegt. Für diese Variablen werden Genauigkeit, Reproduzierbarkeit, Wiederholbarkeit und Stabilität gefordert.

5.7.1 Aufgabe 1: Auswahl der Messsysteme für Messsystemanalyse

Das erste Meeting zum Planen der Messsystemanalyse wird benutzt, um den Datensammlungsplan (Bild 5.1) Variable für Variable auf die Notwendigkeit einer Gage R&R zu prüfen und zu ergänzen.

Die Ergebnisvariable „Kreditbearbeitungszeit" ist die Zeitspanne zwischen dem Zeitpunkt der Eingabe des Kreditantrags in das IT-System durch den Händler und dem Zeitpunkt des Absendens der Kreditentscheidung an den Händler. Es kann davon ausgegangen werden, dass dies die für den Kunden des Händlers kritische Zeitspanne repräsentiert. Daher wird auf eine Messsystemanalyse für diese Variable verzichtet.

Alle Schichtungsfaktoren sind durch diskrete Variablen dargestellt, die nicht gemessen, sondern zum großen Teil automatisch erfasst werden. Eine Messsystemanalyse dafür wird als nicht erforderlich abgelehnt.

Zur Ermittlung der „Zeit zum Ausfüllen des Antrags" werden durch die Händler gesondert Daten aufgenommen. Die Genauigkeit, Reproduzierbarkeit und Wiederholbarkeit sowie Stabilität dieser Messgröße ist nicht von Bedeutung für das Projekt. Es ist ausreichend, eine auf einer kleinen Anzahl von Beobachtungen basierende Abschätzung vorzunehmen, mit deren Hilfe typische Schwierigkeiten beim Ausfüllen offengelegt und damit Vorschläge zur Verbesserung des Antragsformulars unterbreitet werden.

	Einheit		Potenzielle Fehlerursachen										Schichtungsfaktoren							
		Y_1	X_1	X_3	X_{3a}	X_{3b}	X_{3c}	X_{3d}	X_{3e}	X_4	X_5	X_6	X_2	X_7	X_8	X_{9a}	X_{9b}	X_{10}	X_{11}	X_{12}
	Kreditantrag	Kreditbearbeitungszeit	Zeit zum Ausfüllen des Antrags	Bearbeitungszeit	Zeit des Eingangs des Antrags	Sieben und Senden zur Kreditprüfung	Prüfen und Abgleichen mit Vertrieb	Entscheiden und Senden an Abwicklung	Vorbereiten und Senden an Händler	Kundendaten vollständig	Antrag vollständig	Antrag korrekt	Entscheidung	Zeit	Datum	Händler	Region	Bearbeiter	Vertriebsmitarbeiter	Betrag
Datenquelle		IT	IT	IT	IT	IT	IT	IT	IT	Liste	Liste	Liste	IT	IT	IT	IT	IT	IT	IT	IT
Gage R&R		Nein	Nein	Nein	Nein	Nein	Nein	Nein	Nein	Ja	Ja	Ja	Nein	Nein	Nein	Nein	Nein	Nein	Nein	Nein

BILD 5.1 Datensammlungsplan mit Notwendigkeit von Gage R&R

Für die Erfassung der „Kreditgenehmigungszeit“ wird die im System abgelegte Zeit genutzt, die erforderlichenfalls durch Prozessbeobachtungen ergänzt werden soll. Eine Messsystemanalyse scheint nicht erforderlich zu sein.

Die potenziellen Fehlerursachen „Kundendaten vollständig“, „Antrag vollständig“ und „Antrag korrekt“ werden mithilfe subjektiver Bewertung erfasst und sind erfahrungsgemäß Streitpunkte. Daher wird eine Messsystemanalyse für Qualitätsmerkmale mit attributiven Daten für diese drei Variablen geplant.

Eine Messsystemanalyse für Qualitätsmerkmale mit variablen Daten ist in diesem Projekt nicht erforderlich.

5.7.2 Aufgabe 2: Messsystemanalyse für Qualitätsmerkmale mit attributiven Daten

Nachdem ein Kollege der Risikoabteilung zur Teilnahme am Meeting gebeten wurde, beginnt das Team mit der Messsystemanalyse für die potenzielle Ursache „Kreditantrag unvollständig“ (Bild 5.2). Dazu werden von der Risikoabteilung zweimal 30 Kreditanträge zur Verfügung gestellt, die teilweise korrekt (ok) und teilweise unvollständig (Fehler) sind. Da in diesem Falle eine wiederholte Prüfung nicht sinnvoll erscheint, werden für Bewertung 1 und Bewertung 2 paarweise Kreditanträge ausgewählt, die den gleichen Fehler enthalten.

		Manne		Chris	
Einheit	Master	**Bewertung 1**	**Bewertung 2**	**Bewertung 1**	**Bewertung 2**
1	ok	ok	Fehler	ok	ok
2	ok	ok	ok	ok	ok
3	Fehler	Fehler	Fehler	Fehler	ok
4	ok	Fehler	Fehler	Fehler	Fehler
5	Fehler	Fehler	Fehler	ok	Fehler
6	ok	ok	ok	ok	ok
7	ok	Fehler	Fehler	Fehler	Fehler
8	ok	ok	ok	ok	ok
9	Fehler	ok	ok	ok	ok
10	Fehler	ok	ok	Fehler	Fehler
11	ok	ok	ok	ok	ok
12	ok	ok	ok	ok	ok
13	Fehler	Fehler	Fehler	Fehler	Fehler
14	Fehler	Fehler	Fehler	ok	Fehler
15	ok	ok	ok	ok	ok
16	Fehler	Fehler	Fehler	Fehler	Fehler
17	Fehler	Fehler	Fehler	ok	ok
18	ok	ok	ok	ok	ok
19	ok	ok	ok	Fehler	Fehler
20	Fehler	Fehler	Fehler	ok	Fehler
21	Fehler	Fehler	Fehler	ok	ok
22	ok	ok	ok	Fehler	Fehler
23	Fehler	Fehler	Fehler	ok	ok
24	Fehler	Fehler	Fehler	ok	ok
25	ok	ok	Fehler	Fehler	Fehler
26	ok	ok	ok	ok	Fehler
27	Fehler	Fehler	Fehler	ok	ok
28	Fehler	Fehler	Fehler	Fehler	Fehler
29	ok	Fehler	Fehler	ok	ok
30	Fehler	Fehler	Fehler	ok	ok

BILD 5.2 Daten zur Messsystemanalyse 1 für die potenzielle Ursache „Kreditantrag unvollständig“

Um die Wirksamkeit dieses Verfahrens zu erhöhen, werden Grenzfall-Kreditanträge verwendet, das heißt Kreditanträge, deren Vollständigkeit nicht leicht zu prüfen ist.

Das Ergebnis in Bild 5.2 zeigt, dass die Bewertung falsche Ergebnisse liefert und damit sowohl Wiederholbarkeit als auch Reproduzierbarkeit nicht gewährleistet werden können. Die Bewertung der Einheit 1 durch Manne verdeutlicht einen Wiederholbarkeitsfehler. Bei der ersten Bewertung wird kein Fehler gefunden, bei der zweiten Bewertung wird der enthaltene Fehler aufgedeckt.

Ein grober Reproduzierbarkeitsfehler liegt bei der Bewertung von Einheit 7 vor, die vom Master, der Risikoabteilung, als „in Ordnung“ eingestuft, von allen Prüfern jedoch abgelehnt wird.

Eine Zusammenfassung der Ergebnisse aller Prüfer ist in Bild 5.3 zu sehen. Die Wiederholbarkeit für Manne und Ria liegt mit 93,3% nahe der Vorgabe von 100%. Chris ist weniger lange in der Abwicklungsabteilung beschäftigt, wodurch sich seine mangelnde Routine in der Prüfung von Kreditanträgen und die daraus resultierende Wiederholbarkeit von nur 83,3% erklären lassen. Die Reproduzierbarkeit stellt ein weitaus größeres Problem dar. Sie beträgt für Manne 76,7%, für Chris 43,3% und für Ria 46,7%. In der täglichen Prüfung von Kreditanträgen heißt das, dass ein großer Anteil unvollständiger Kreditanträge genehmigt und ein Anteil von vollständigen Anträgen zurückgewiesen wird.

Diese Werte sind aufgrund der geringen Stichprobengröße als Schätzungen zu betrachten, wobei die tatsächlichen Größen innerhalb der entsprechenden Vertrauensbereiche (zwischen LCL und UCL) zu erwarten sind.

Nach Durchsicht der typischerweise zu Fehlentscheidungen führenden Positionen im Kreditantrag wird offensichtlich, dass die durch die Risikoabteilung vor mehreren Monaten eingeführten Änderungen im Antragsformular und Neuregelungen bezüglich der beizubringenden Unterlagen nicht vollständig verstanden wurden.

Das Ergebnis der Messsystemanalyse 1 offenbart außerdem, dass Manne und Ria eine Tendenz zur Zurückweisung von Anträgen haben. Dies kann dadurch hervorgerufen werden, dass die Teilnehmer um den Charakter der Messsystemanalyse wissen und daher „extra kritisch“ prüfen, also unbewusst eine tendenziöse Bewertung vornehmen.

Fehler dieser Art müssen im täglichen Bankgeschäft vermieden werden, denn sie führen nicht nur zu Einbußen im Bankgeschäft, sondern auch zu einem Verlust von Kunde und Händler insbesondere dann, wenn eine andere Bank genau das von unserer Bank abgelehnte Finanzierungsgeschäft akzeptiert.

	% Wiederholbarkeit			**% Reproduzierbarkeit**		
Person	Manne	Chris	Ria	Manne	Chris	Ria
Anzahl Einheiten	30	30	30	30	30	30
Übereinstimmung	28	25	28	23	13	14
Falsche Zurückweisung				3	5	11
Falsche Annahme				2	7	3
Gemischt				2	5	2
95% UCL	99,2%	94,4%	99,2%	90,1%	62,6%	65,7%
Ergebnis	**93,3%**	**83,3%**	**93,3%**	**76,7%**	**43,3%**	**46,7%**
95% LCL	77,9%	65,3%	77,9%	57,7%	25,5%	28,3%

BILD 5.3 Ergebnisse zur Messsystemanalyse 1 für die potenzielle Ursache „Kreditantrag unvollständig“

Diese Ergebnisse bestätigen die Erfahrung der Risikoabteilung aus monatlichen Stichprobenprüfungen der Kreditvorgänge, die regelmäßig Fehler in den Bewertungen der Kreditanträge aufdeckt. Jedoch werden diese Fehler durch den Charakter der Gage R&R, die Bewertung von Grenzfällen vornehmen zu lassen, vielfach verstärkt. Es kann angenommen werden, dass der Anteil der Fehlentscheidungen im Alltag wesentlich geringer ist. Ein wichtiger Vorteil dieser Art Gage R&R liegt in der Sensibilisierung der betroffenen Prüfer und deren Einsicht in die Notwendigkeit von Maßnahmen zur Abstellung der aufgedeckten Fehler.

Es werden im Team unter Einbeziehung der Risikoabteilung Abstellmaßnahmen beschlossen. Kurzfristige Maßnahmen wie Überarbeitung der Prüfanweisung für Kreditanträge und darauffolgendes Training aller Prüfer werden binnen weniger Tage eingeführt. Mittelfristig wird das Antragsformular überarbeitet und es werden die Hilfefunktionen für die Antragsteller so verbessert, dass die typischen Fehler in Kreditanträgen vermieden werden. Es wird festgelegt, die Prüfer im Quartalsrhythmus in einem Auffrischungstraining einerseits zu bewerten und andererseits mit ihnen die Muster der häufigen Fehler sowie potenzielle Abstellmaßnahmen zu diskutieren.

Nach wenigen Tagen sind die kurzfristigen Maßnahmen abgeschlossen, sodass die Prüfer einer weiteren Messsystemanalyse unterzogen werden können. Das Ergebnis der Messsystemanalyse 2 in Bild 5.4 zeigt, dass die Bewertung nun wiederholbar und reproduzierbar ist.

	% Wiederholbarkeit			**% Reproduzierbarkeit**		
Person	Manne	Chris	Ria	Manne	Chris	Ria
Ergebnis	100,0%	100,0%	100,0%	100,0%	100,0%	100,0%

BILD 5.4 Ergebnisse zur Messsystemanalyse 2 für die potenzielle Ursache „Kreditantrag unvollständig“

Für die Variablen „Kundendaten vollständig“ und „Antrag korrekt“ werden entsprechende Prüfungen vorgenommen und Maßnahmen eingeleitet und umgesetzt, bis Wiederholbarkeit und Reproduzierbarkeit 100 % für alle Prüfer erreichen.

6 Datensammlung planen

6.1 Ziel und Hintergrund

Die Grundlage für eine aussagekräftige Datenanalyse sind repräsentative Daten. Repräsentative Daten können oft aus relativ kleinen Stichproben gewonnen werden, die unter definierten Bedingungen in konsistenter Art und Weise gesammelt worden sind.

Ziel dieses Schrittes ist es, die für die Datenerfassung erforderliche Stichprobengröße zu ermitteln sowie die Methode der Datensammlung zu planen.

Die Methoden zur Berechnung der Stichprobengröße für attributive Daten und variable Daten unterscheiden sich voneinander und werden daher getrennt behandelt.

6.2 Voraussetzungen

Voraussetzungen für diesen Schritt sind:

- Liste der Ergebnisvariablen Ys,
- Liste der für die Datensammlung vorgesehenen potenziellen Ursachen Xs,
- Liste der für die Datensammlung vorgesehenen Schichtungsfaktoren Xs.

6.3 Aufgaben und verwendete Werkzeuge

Die in diesem Schritt zu bearbeitenden Aufgaben und die dazu empfohlenen Werkzeuge sind in Tabelle 6.1 dargestellt.

TABELLE 6.1 In diesem Schritt zu bearbeitende Aufgaben

Aufgabe	Werkzeug	SigmaXL
1. Festlegen der Anforderungen an die zu erfassenden Daten		
2. Ermitteln der Stichprobengröße für Qualitätsmerkmale mit attributiven Daten	Stichprobengrößenberechnung	Templates and Calculators - Basic Statistical Templates - Sample Size - Discrete
3. Ermitteln der Stichprobengröße für Qualitätsmerkmale mit variablen Daten	Stichprobengrößenberechnung	Templates and Calculators - Basic Statistical Templates - Sample Size - Continuous
4. Planen der Datensammlung	Datensammlungsplan	

6.3.1 Aufgabe 1: Festlegen der Anforderungen an die zu erfassenden Daten

Eine Datensammlung hat generell zum Ziel, entweder Mittelwert und Streuung einer variablen Prozesskenngröße oder den prozentualen Anteil einer attributiven zu ermitteln. Aufgrund des Charakters einer Datensammlung liegt beinahe immer eine Stichprobensituation vor.

> Auch Prozesskenngrößen, die auf einer 100%-Entnahme von Einheiten aus einem Prozess über einen bestimmten Zeitraum basieren, unterliegen den Bedingungen für Stichproben, wenn daraus Schlussfolgerungen für spätere Zeiträume wie beispielsweise den zukünftigen, verbesserten Prozess abgeleitet werden sollen.

Stichproben können nur Schätzungen für die tatsächlichen Prozesskenngrößen liefern. Die Stichprobengröße hängt von den Anforderungen an diese Schätzungen ab. Diese Anforderungen werden im sogenannten Vertrauensbereich (Konfidenzintervall) ausgedrückt. Der Vertrauensbereich definiert den Bereich, in dem mit großer Wahrscheinlichkeit der tatsächliche Wert liegt.

Wird beispielsweise eine mittlere Durchlaufzeit von 52 Minuten mit einer Standardabweichung von acht Minuten aus einer Stichprobe von zehn Messungen berechnet, dann liegt der tatsächliche Wert für die Durchlaufzeit mit 95% Sicherheit im Vertrauensbereich von 46,3 bis 57,7 Minuten. Eine genauere Aussage ist unter den genannten Bedingungen nicht möglich.

Wird beispielsweise ein Anteil von 12,5% fehlerhaften Anträgen – das heißt zehn fehlerhafte Anträge – aus einer Stichprobe von 80 Anträgen registriert, dann liegt der tatsächliche Fehleranteil mit 95% Sicherheit im Vertrauensbereich von 6,2% bis 21,8%.

Demgemäß ist zuerst die Frage zu beantworten, wie groß der gewünschte Vertrauensbereich für das Ergebnis nach abgeschlossener Datenaufnahme sein soll. Dabei ist zu beachten, dass eine Verringerung des gewünschten Vertrauensbereiches, das heißt ein präziseres Ergebnis, in einer größeren Stichprobe resultiert.

Die Größe des Stichprobenumfangs ist umgekehrt proportional zum Quadrat des Vertrauensbereiches eines Stichprobenergebnisses. Das heißt, eine Reduzierung des gewünschten Vertrauensbereichs um 50 % wird mit dem Vierfachen des Stichprobenumfangs erkauft.

Falls Toleranzen für die Prozesskenngrößen vorgegeben sind, kann der Vertrauensbereich mit 10 % der Toleranzbreite festgelegt werden. Sollte beispielsweise eine Dimension zwischen 50 und 60 Millimetern liegen, wäre ein Vertrauensbereich von einem Millimeter, das heißt plus/minus 0,5 Millimetern, angemessen.

Dagegen würde für eine Durchlaufzeit von 52 Minuten in einem Serviceprozess ein Vertrauensbereich von zwei (plus/minus eine) bis fünf (plus/minus 2,5) Minuten ausreichen. Dafür würde sich ein Stichprobenumfang von 246 beziehungsweise 40 ergeben.

Bei einem zu erwartenden Fehleranteil von 12,5 % könnte eine Forderung für den Vertrauensbereich 2 % betragen. Allerdings wäre der Stichprobenumfang dafür etwa 4200, was nicht praktikabel erscheint. Der Kompromiss könnte lauten, mit einem praktikablen Stichprobenumfang von 250 zu arbeiten und dabei einen Vertrauensbereich von 8,6 % bis 17,1 % in Kauf zu nehmen.

Grundsätzlich gilt, dass attributive, das heißt diskrete Prozesskenngrößen einen wesentlich größeren Stichprobenumfang verlangen als variable, das heißt stetige Kenngrößen. Daher sollten so weit wie möglich variable Daten gesammelt werden. Eine Umwandlung von variablen Daten wie beispielsweise „Durchlaufzeit" in attributive Daten wie beispielsweise „pünktlich/verspätet" verbietet sich aus diesem Grunde.

Der gewünschte Vertrauensbereich ist für jede Größe in Abhängigkeit von der Gesamtheit der technischen und finanziellen Randbedingungen festzulegen. Danach ist die einheitliche Stichprobengröße für die Datensätze der zu sammelnden Daten zu bestimmen.

6.3.2 Aufgabe 2: Ermitteln der Stichprobengröße für Qualitätsmerkmale mit attributiven Daten

Nachdem der gewünschte Vertrauensbereich festgelegt wurde, kann der Stichprobenumfang ermittelt werden. Zur Berechnung des Stichprobenumfangs ist es erforderlich, eine Abschätzung des Anteilswertes vorliegen zu haben. Diese Abschätzung kann aus historischen Daten gewonnen, aus vergleichbaren Prozessen abgeleitet oder durch Benchmarking erreicht werden. Das zur Berechnung ebenfalls erforderliche Vertrauensniveau wird normalerweise auf 95 % gesetzt, das heißt, dass der Vertrauensbereich den tatsächlichen Wert des zu berechnenden Anteils mit 95%iger Sicherheit einschließt.

Zur Abschätzung des Stichprobenumfangs dient die Näherungsformel

$$n = \left(\frac{2}{d}\right)^2 p \times (1 - p)$$

mit n = Stichprobenumfang,

d = 50 % des Vertrauensbereichs des Anteilswertes,

p = Abschätzung des Anteilswertes.

Ist die Abschätzung nicht gut genug, das heißt, ergibt sich nach der Datenaufnahme und anschließenden Berechnung des Vertrauensbereiches, dass der tatsächliche Vertrauensbereich größer ist als der gewünschte, können zusätzliche Daten aufgenommen werden, um die Differenz auszugleichen. Normalerweise ist es ausreichend, diese Korrektur einmal vorzunehmen. Weitere Iterationen sind in der Regel nicht erforderlich.

6.3.3 Aufgabe 3: Ermitteln der Stichprobengröße für Qualitätsmerkmale mit variablen Daten

Nachdem der gewünschte Vertrauensbereich festgelegt wurde, kann der Stichprobenumfang ermittelt werden. Zur Berechnung des Stichprobenumfangs ist es erforderlich, eine Abschätzung der Standardabweichung vorliegen zu haben. Diese Abschätzung kann aus historischen Daten gewonnen, aus vergleichbaren Prozessen abgeleitet oder durch Benchmarking erreicht werden. Das zur Berechnung ebenfalls erforderliche Vertrauensniveau wird normalerweise auf 95 % gesetzt, das heißt, dass der Vertrauensbereich den tatsächlichen Wert des zu berechnenden Mittelwertes mit 95%iger Sicherheit einschließt.

Zur Abschätzung des Stichprobenumfangs dient die Näherungsformel

$$n = \left(\frac{2s}{d}\right)^2$$

mit n = Stichprobenumfang,

d = 50 % des Vertrauensbereichs des Mittelwertes,

s = Abschätzung der Standardabweichung.

Auch hier gilt: Sollte die Abschätzung nicht gut genug sein, können zusätzliche Daten aufgenommen werden, um die Differenz auszugleichen. Auch hier ist es in der Regel ausreichend, diese Korrektur einmal vorzunehmen.

6.3.4 Aufgabe 4: Planen der Datensammlung

Die Datensammlung muss repräsentative Daten liefern, das heißt, jede Einheit des Prozesses muss die gleiche Chance bekommen, in die Stichprobe zu gelangen. Es darf keinen systematischen Unterschied zwischen den gesammelten Daten und den nicht in die Stichprobe aufgenommenen Daten geben. Beispielsweise wäre es nicht zulässig, dass zwar der Prozess ganztags läuft, die Datenerfassung jedoch nur am Morgen stattfindet.

Grundsätzlich sollte die Stichprobenentnahme so angelegt sein, dass alle möglichen Schwankungen des Prozesses in der Stichprobe sichtbar werden. Falls die Stichprobe 100 % der Daten über einen bestimmten Zeitraum erfasst, werden mit Sicherheit die Mikroschwankungen im Prozess erkannt. In diesem Falle ist zu bedenken, dass die über den Stichprobenzeitraum hinausreichenden Schwankungen, Makroschwankungen wie zum Beispiel saisonale Unterschiede, möglicherweise nicht erfasst werden (Tabelle 6.2).

TABELLE 6.2 Stichprobenstrategien

	100 %-Stichprobe	Systematische Stichprobe	Untergruppenstichprobe	Zufallsstichprobe
Merkmal	Alle Einheiten werden ausgewählt.	Jede n-te Einheit wird ausgewählt.	In regelmäßigen Abständen wird eine kleine Gruppe von Einheiten (vorzugsweise drei oder fünf) ausgewählt.	In unregelmäßigen Abständen wird eine Einheit entnommen.
Vorteile	Mikroschwankungen werden sichtbar.	Kostensparend	Kostensparend	Kostensparend
Nachteile	Kostenintensiv	Mikroschwankungen können verdeckt werden.	Zeitliche Reihenfolge schwieriger darzustellen.	Zeitliche Reihenfolge schwieriger darzustellen.
Risiko	Über den Stichprobenzeitraum hinausgehende Schwankungen nicht erkennbar.	Über den Stichprobenzeitraum hinausgehende Schwankungen nicht erkennbar.	Über den Stichprobenzeitraum hinausgehende Schwankungen nicht erkennbar.	Über den Stichprobenzeitraum hinausgehende Schwankungen nicht erkennbar.

Nach Tabelle 6.2 sind die bevorzugten Strategien zur Datensammlung entweder die 100 %-Stichprobe oder die systematische Stichprobe. Wenn der Aufwand vertretbar ist und keine wesentlichen Makroschwankungen zu erwarten sind, stellt die 100 %-Stichprobe mit Entnahme aller Einheiten über einen bestimmten Zeitraum die beste Alternative dar. Wenn mit dem gleichen Aufwand Informationen über einen größeren Zeitraum gewonnen werden sollen, bietet sich die systematische Stichprobe an.

Datenerfassung bringt meist auch Veränderungen am Prozess mit sich, da am Prozess beteiligte Mitarbeiter – bewusst oder unbewusst – auf die Datenerfassung in ihrem Tätigkeitsfeld reagieren. Dieser Effekt kann durch gezielte Kommunikation verringert werden.

Für die Datensammlung sind ebenso Beginn und Ende des Stichprobenzeitraums, Wege der Aufzeichnung von Stichprobendaten sowie die verantwortlichen Personen zu planen. Für die einbezogenen Personen sollte eine Einweisung stattfinden, um die konsistente Umsetzung der Datensammlung zu gewährleisten.

6.4 Ergebnisse

Dieser Schritt liefert die folgenden Ergebnisse:

- Anforderungen an die zur Datensammlung vorgesehenen potenziellen Ursachen, Schichtungsfaktoren und Ergebnisvariablen (Vertrauensbereich),
- Stichprobenstrategie für die Datensammlung,
- Datensammlungsplan.

6.5 Tipps

1. Auch bei einer 100 %igen Erfassung von Daten über einen gewissen Zeitraum spielen die Gesetze der Stichprobenentnahme eine Rolle. Daher sollte in jedem Fall zwischen Vertrauensbereich und Stichprobenumfang abgewogen werden.
2. Datenerfassung ist oftmals zeit- und arbeitskräfteaufwendig. Daher besteht die Versuchung, die Datenerfassung dann vorzunehmen, wenn dafür „Zeit aufgebracht werden kann". Diese Tendenz ist grundsätzlich zu vermeiden, da dadurch nicht repräsentative Daten erfasst werden könnten und eine anschließende Analyse zu falschen Schlussfolgerungen führen kann.
3. Es sollten immer Rohdaten aufgezeichnet werden. Es ist nicht sinnvoll, bereits bei der Datenerfassung eine Umwandlung oder Zusammenfassung von Daten vorzunehmen. Beispielsweise werden in der Regel nicht Bearbeitungszeiten, sondern die entsprechenden Zeitpunkte für die Berechnung der Bearbeitungszeiten aufgenommen, da Zeitpunkte absolute Größen darstellen und damit Kettenfehler vermieden werden.
4. Die Datenerfassung sollte den Prozess unter „normalen" Bedingungen widerspiegeln. Jegliche grundsätzliche Veränderung am Prozess ist zu unterlassen. Alle am Prozess Beteiligten sind darüber zu informieren.

6.6 Benötigte Zeit

Dieser Schritt benötigt ein Meeting von einer bis zu zwei Stunden. Für dieses Meeting ist es von Vorteil, die Software SigmaXL oder Minitab zur Verfügung zu haben.

6.7 Fallbeispiel

In den vorangegangenen Meetings zum Projekt „Aktivieren schlafender Autohändler" wurden die zur Datenerfassung vorgesehenen Prozesskenngrößen, das heißt die Ergebnisvariablen, die potenziellen Ursachenvariablen und die Schichtungsvariablen festgelegt sowie die Eignung der entsprechenden Messsysteme überprüft. Im Folgenden werden die Bedingungen zur Datenerfassung definiert, nachdem Vertrauensbereich und Stichprobenumfang festgelegt wurden.

Da die Ergebniskenngröße Y_1 durch variable Daten dargestellt wird (Bild 6.1), kommt in diesem Projekt ausschließlich diese Art der Berechnung der Stichprobengröße zur Anwendung.

6.7.1 Aufgabe 1: Ermitteln der Stichprobengröße für Qualitätsmerkmale mit variablen Daten

Zur Analyse der Ursachen für die Dauer der Kreditbearbeitungszeit Y_1 werden Mittelwert und Streuung, das heißt Standardabweichung, berechnet.

			Potentielle Fehlerursachen									Schichtungsfaktoren							
	Einheit	Y_1	X_1	X_{3a}	X_{3b}	X_{3c}	X_{3d}	X_{3e}	X_4	X_5	X_6	X_2	X_7	X_8	X_{9a}	X_{9b}	X_{10}	X_{11}	X_{12}
	Kreditantrag	Kreditbearbeitungszeit	Zeit zum Ausfüllen des Antrags	Zeit des Eingangs des Antrags	Sieben und Senden zur Kreditprüfung	Prüfen und Abgleichen mit Vertrieb	Entscheiden und Senden an Abwicklung	Vorbereiten und Senden an Händler	Kundendaten vollständig	Antrag vollständig	Antrag korrekt	Entscheidung	Zeit	Datum	Händler	Region	Bearbeiter	Vertriebsmitarbeiter	Betrag
Datenquelle		IT	IT	IT	IT	IT	IT	IT	Liste	Liste	Liste	IT	IT	IT	IT	IT	IT	IT	IT
Gage R&R		Nein	Nein	Nein	Nein	Nein	Nein	Nein	Ja	Ja	Ja	Nein	Nein	Nein	Nein	Nein	Nein	Nein	Nein
Datentyp		variabel	variabel	variabel	variabel	variabel	variabel	variabel	attributiv	attributiv	attributiv	attributiv	variabel	attributiv	attributiv	attributiv	attributiv	attributiv	variabel

BILD 6.1 Datentypen der zur Datensammlung ausgewählten Kenngrößen

Obwohl die Ermittlung dieser Größen kritisch ist, sind die Anforderungen an die Genauigkeit des Mittelwerts relativ gering. Das Team bestimmt, dass es ausreichend ist, Stichprobenschichten mit einer Differenz von zehn Minuten oder mehr zu unterscheiden, da die Bearbeitungszeit schätzungsweise zwischen 50 und 600 Minuten beträgt. Das heißt, falls Schichtungsfaktoren wie beispielsweise die Art der Kreditentscheidung X_2 oder die Region X_{9b} mindestens zehn Minuten Unterschied im Mittelwert liefern, werden Kreditentscheidung beziehungsweise Region als Ursache für eine unterschiedliche Kreditbearbeitungszeit erkannt. Kleinere Unterschiede bleiben unentdeckt, da diese sich nicht auf Effektivität oder Effizienz auswirken.

Daher wird durch das Team der Vertrauensbereich von 20 Minuten angestrebt. Vom Team wurden in der Vergangenheit Messungen der Prozessdurchlaufzeit durchgeführt, sodass eine Abschätzung der Standardabweichung für die Gesamtdurchlaufzeit Y_1 mit etwa 40 Minuten vorliegt. Es ergibt sich ein erforderlicher Stichprobenumfang von 62 für die Gesamtdurchlaufzeit Y_1. Für die einzelnen Bearbeitungszeiten, die sich zu X_3 summieren, wird eine niedrigere Standardabweichung angenommen, sodass der erforderliche Stichprobenumfang geringer sein wird und auf eine Berechnung verzichtet werden kann.

6.7.2 Aufgabe 2: Planen der Datensammlung

Der berechnete Stichprobenumfang wird für Y_1 und alle X zugrunde gelegt, die zur gleichen Zeit erfasst werden. Das heißt, für einen bestimmten Kreditantrag werden Y_1 und X_3 bis X_{12} aufgenommen, sodass bei der Analyse der Zusammenhang zwischen Kreditbearbeitungszeit und einzelnen potenziellen Ursachen sowie Schichtungsfaktoren hergestellt werden kann.

Dagegen wird die Zeit zum Ausfüllen des Antrags X_1 unabhängig davon aufgenommen, da dessen Zuordnung zum oben genannten Datensatz einerseits schwer machbar und andererseits nicht dringend erforderlich erscheint. Daher beschließt das Team, die Zeit X_1 durch zehn Beobachtungen und Messungen bei fünf Händlern abschätzen zu lassen.

Für die Datensammlung werden Verantwortliche festgelegt (Bild 6.2), die das Training der einbezogenen Mitarbeiter übernehmen und die repräsentative Datenerfassung sicherstellen sollen.

Die Datenerfassung der Datensätze Y_1 und X_2 bis X_{12} wird über einen Zeitraum von drei Wochen zwischen dem 5. und dem 24. April vorgenommen. Nach der Einschätzung des Teams sollten in diesem Zeitraum mehr als 100 Kreditanträge anfallen, sodass der berechnete Stichprobenumfang erreicht werden kann.

In diesem Zeitraum sollen alle eingereichten Kreditanträge betrachtet werden. Das Team diskutiert die Möglichkeit der Aufnahme einer für das gesamte Jahr repräsentativen Stichprobe in diesem Zeitraum. Erfahrungsgemäß gibt es im Autohändlergeschäft saisonale Schwankungen mit einer höheren Anzahl von Anträgen im Frühjahr. Allerdings wirkt sich dieser Trend positiv auf die Projektarbeit aus, da in dem zu betrachtenden Zeitraum gute Voraussetzungen zum Erkennen von Schwachstellen im Prozess gegeben sind. Damit ist die Datensammlung geplant und der Datensammlungsplan vollständig erstellt (Bild 6.2).

	Einheit		Potentielle Fehlerursachen									Schichtungsfaktoren							
		Y_1	X_1	X_{3a}	X_{3b}	X_{3c}	X_{3d}	X_{3e}	X_4	X_5	X_6	X_2	X_7	X_8	X_{9a}	X_{9b}	X_{10}	X_{11}	X_{12}
	Kreditantrag	Kreditbearbeitungszeit	Zeit zum Ausfüllen des Antrags	Zeit des Eingangs des Antrags	Sieben und Senden zur Kreditprüfung	Prüfen und Abgleichen mit Vertrieb	Entscheiden und Senden an Abwicklung	Vorbereiten und Senden an Händler	Kundendaten vollständig	Antrag vollständig	Antrag korrekt	Entscheidung	Zeit	Datum	Händler	Region	Bearbeiter	Vertriebsmitarbeiter	Betrag
Datenquelle		IT	IT	IT	IT	IT	IT	IT	Liste	Liste	Liste	IT	IT	IT	IT	IT	IT	IT	IT
Gage R&R		Nein	Nein	Nein	Nein	Nein	Nein	Nein	Ja	Ja	Ja	Nein	Nein	Nein	Nein	Nein	Nein	Nein	Nein
Datentyp		variabel	variabel	variabel	variabel	variabel	variabel	variabel	attributiv	attributiv	attributiv	attributiv	variabel	attributiv	attributiv	attributiv	attributiv	attributiv	variabel
Stichprobenumfang		62	10	62	62	62	62	62	62	62	62	62	62	62	62	62	62	62	62

BILD 6.2 Datensammlungsplan

Um die Voraussetzungen für eine problemlose Analyse der Daten nach der Datensammlung zu schaffen, sind die Daten in einer bestimmten Art und Weise aufzuzeichnen. Folgende Regeln sind dabei zu beachten:

1. Datensätze, das heißt, für ein und dieselbe Einheit erfasste Daten für Y und X sind in der gleichen Zeile der gleichen Tabelle abzulegen, wobei Name oder Nummer der Einheit als Paarungsindikator dient.
2. Falls bestimmte Prozesskenngrößen wie beispielsweise die Zeit zum Ausfüllen des Antrags X_1 nicht zusammen mit einem zugehörigen Datensatz erfasst werden können, sollte nach Möglichkeit Name oder Nummer der Einheit aufgenommen werden, sodass eine spätere Zuordnung zu einem Datensatz möglich ist.
3. Es sollten immer die Rohdaten aufgezeichnet werden. Beispielsweise ist es sinnvoll, nicht die Bearbeitungszeiten, sondern die entsprechenden Zeitpunkte für X_{3a} bis X_{3e} zu erfassen. Die dazwischenliegenden Bearbeitungszeiten können zu einem späteren Zeitraum daraus berechnet werden.
4. Um die Analyse der Daten in Programmen wie MS Excel, SigmaXL oder Minitab zu erleichtern, sollten die Daten immer wie in Bild 6.3 gezeigt abgelegt werden: Daten sind strikt in Zeilen organisiert und haben nur eine eindeutige Kopfzeile.

Einheit	Y_1	X_1	X_2	X_{3a}	X_{3b}	X_{3c}	X_{3d}	X_{3e}	X_4	X_5	X_6	X_7	X_8	X_{9a}	X_{9b}	X_{10}	X_{11}	X_{12}
Kreditantrag	Kreditbearbeitungszeit	Zeit zum Ausfüllen des Antrags	Entscheidung	Zeit des Eingangs des Antrags	Sieben und Senden zur Kreditprüfung	Prüfen und Abgleichen mit Vertrieb	Entscheiden und Senden an Abwicklung	Vorbereiten und Senden an Händler	Kundendaten vollständig	Antrag vollständig	Antrag korrekt	Zeit	Datum	Händler	Region	Bearbeiter	Vertriebsmitarbeiter	Betrag
Antrag 001	410	na	abgewiesen	05.Apr.2004.10:27	05.Apr.2004.10:39	05.Apr.2004.11:20	05.Apr.2004.17:05	05.Apr.2004.17:18	nok	ok	ok	10:27	05.Apr.2004	BE06	BE	Axel	Andy	5.900
Antrag 002	94	na	genehmigt	05.Apr.2004.12:18	05.Apr.2004.12:26	05.Apr.2004.13:10	05.Apr.2004.13:38	05.Apr.2004.13:52	ok	ok	ok	12:18	05.Apr.2004	CO02	CO	Axel	Christine	3.400
Antrag 003	255	na	genehmigt	05.Apr.2004.13:04	05.Apr.2004.13:16	05.Apr.2004.13:57	05.Apr.2004.17:03	05.Apr.2004.17:20	ok	ok	ok	13:04	05.Apr.2004	BE01	BE	Axel	Andy	3.500
Antrag 004	1340	na	abgewiesen	05.Apr.2004.13:57	05.Apr.2004.14:19	05.Apr.2004.15:07	06.Apr.2004.12:04	06.Apr.2004.12:18	nok	nok	ok	13:57	05.Apr.2004	CO01	CO	Ria	Christine	7.600
Antrag 005	81	na	genehmigt	05.Apr.2004.14:06	05.Apr.2004.14:14	05.Apr.2004.14:49	05.Apr.2004.15:13	05.Apr.2004.15:27	ok	ok	ok	14:06	05.Apr.2004	HH03	HH	Manne	Thomas	3.100

BILD 6.3 Beispiel für aufgezeichnete Datensätze für Kreditanträge Antrag 001 bis 005

Jede Abweichung von diesen Regeln erschwert die Datenanalyse und resultiert in zeitaufwendiger Nacharbeit.

Bei der Vorbereitung der Datenerfassung sind alle am Prozess beteiligten Mitarbeiter darauf hinzuweisen, dass grundsätzliche Änderungen am Prozess während der Erhebung der Daten zu unterlassen sind. Derartige systematische Änderungen erschweren oder verhindern die spätere Datenanalyse.

7 Gesammelte Daten darstellen

7.1 Ziel und Hintergrund

Die wichtigste Art der Datenanalyse ist zugleich der erste Schritt; er besteht in der grafischen Darstellung von gesammelten Daten. Dabei sind zwei Gruppen von Darstellungen zu unterscheiden:

1. Darstellungen, die Auskunft über eine Variable geben. Diese Arten der Darstellung werden unmittelbar nach der Datenerfassung angewendet und daher in diesem Schritt betrachtet.
2. Darstellungen, die einen Zusammenhang zwischen zwei oder mehreren Variablen verdeutlichen. Diese Arten der Darstellung werden zur Analyse eingesetzt und daher in einem späteren Schritt behandelt.

Ziel dieses Schrittes ist es, Muster in Datenreihen zu erkennen und damit Voraussetzungen für die spätere Datenanalyse zu schaffen.

7.2 Voraussetzungen

Voraussetzungen für diesen Schritt sind:

- Liste der Ergebnisvariablen Ys,
- Liste der für die Datensammlung vorgesehenen potenziellen Ursachen Xs,
- Liste der für die Datensammlung vorgesehenen Schichtungsfaktoren Xs,
- Y-X-Datensätze.

7.3 Aufgaben und verwendete Werkzeuge

Die in diesem Schritt zu bearbeitenden Aufgaben und die dazu empfohlenen Werkzeuge sind in Tabelle 7.1 dargestellt.

TABELLE 7.1 In diesem Schritt zu bearbeitende Aufgaben

Aufgabe	Werkzeug	SigmaXL
1. Untersuchen von verlaufsbezogenen Mustern in variablen Daten	Verlaufsdiagramm	Graphical Tools - Runchart
	Regelkarte	Control Charts - Individuals
2. Untersuchen von häufigkeitsbezogenen Mustern in variablen Daten	Histogramm	Graphical Tools - Basic Histogram
	Punktdiagramm (Dotplot)	Graphical Tools - Dotplots
	Boxplot	Graphical Tools - Boxplots
	Verteilungsdiagramm	Graphical Tools - Normal Probability Plots
3. Untersuchen von Anteilen in attributiven Daten	Kreisdiagramm	Excel-Funktion
	Balkendiagramm	Excel-Funktion
	Pareto-Diagramm	Graphical Tools - Basic Pareto Chart

7.3.1 Aufgabe 1: Untersuchen von verlaufsbezogenen Mustern in variablen Daten

Die erste Aufgabe der Datenanalyse nach der Datenerfassung sollte in der grafischen Darstellung des zeitlichen Verlaufs der Daten bestehen. Das wichtigste Anliegen dieser Art der Darstellung ist es, die Daten auf systematische Einflüsse zu überprüfen, die sich in Mustern ausdrücken. Grundsätzlich ist es erstrebenswert, nach der Datenanalyse einen stabilen Prozess, das heißt, einen Prozess mit rein zufälligen Einflüssen vorliegen zu haben.

Ein stabiler Prozess ist daran zu erkennen, dass er keine auffälligen Muster aufweist, sondern nur der gewöhnlichen Streuung über der Zeitachse unterliegt.

> Das Ziel der Darstellung der gesammelten Daten ist die Untersuchung auf systematische Einflussgrößen wie beispielsweise Prozessveränderungen während der Datensammlung. Falls entsprechende Muster in den Daten erkannt werden, ist dies bei der Datenanalyse zu berücksichtigen.

Ein erster Eindruck kann mithilfe eines Verlaufsdiagramms gewonnen werden. Das in Bild 7.1 gezeigte Verlaufsdiagramm stellt die Zeit zum Rekrutieren von Mitarbeitern dar. Aus dieser Darstellung kann abgelesen werden, dass die Spannweite der Daten 71 Tage umfasst, da die kürzeste Bearbeitungszeit bei 18 Tagen und die längste bei 89 Tagen liegt.

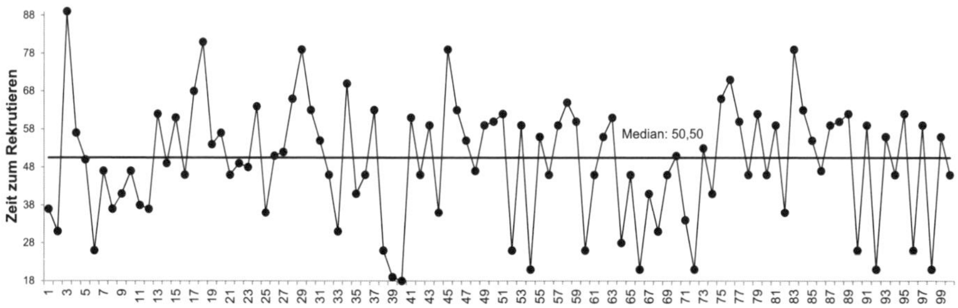

BILD 7.1 Verlaufsdiagramm der Zeit zum Rekrutieren von Mitarbeitern

Obwohl sich ab Beobachtung 38 gegenüber früheren Beobachtungen mehrfach kurze Durchlaufzeiten zeigen, ist schwer festzustellen, ob rein zufällige oder auch systematische Streuung vorliegt, ob der Prozess stabil ist oder nicht. Daher wird ein weiteres Werkzeug eingesetzt, das zwischen systematischen und zufälligen Mustern zu unterscheiden hilft. Bild 7.2 zeigt die Anwendung einer Einzelwert-Regelkarte für den gleichen Datensatz wie in Bild 7.1. Da die Regelkarte keine Signale aufweist, wird von einem stabilen Prozess ausgegangen.

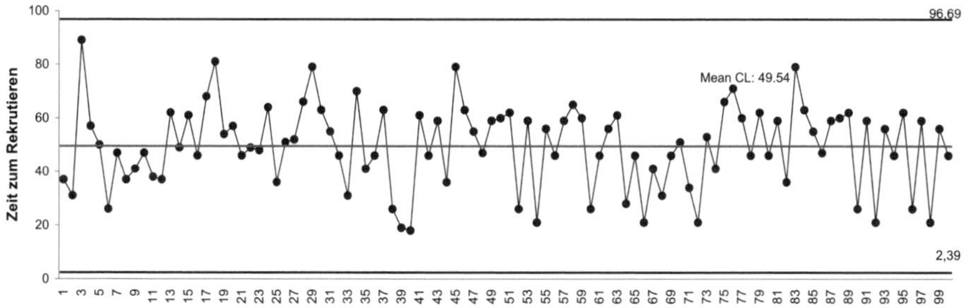

BILD 7.2 Regelkarte der Zeit zum Rekrutieren von Mitarbeitern

Demgegenüber stellt Bild 7.3 einen Prozess dar, in dem mehrere Muster als Hinweise für mögliche systematische Veränderungen – gekennzeichnet durch Ziffern an den Datenpunkten – sichtbar sind, wobei die Ziffern den Typ der nicht zufälligen Muster beschreiben.

Falls bei der Darstellung der Daten derartige Muster erkennbar sind, ist die Frage zu stellen, ob der Prozess während der Datenerfassung geändert wurde. Änderungen am Prozess können sich negativ auf die Datenanalyse auswirken und sollten daher zumindest erkannt, jedoch bestenfalls unterlassen werden.

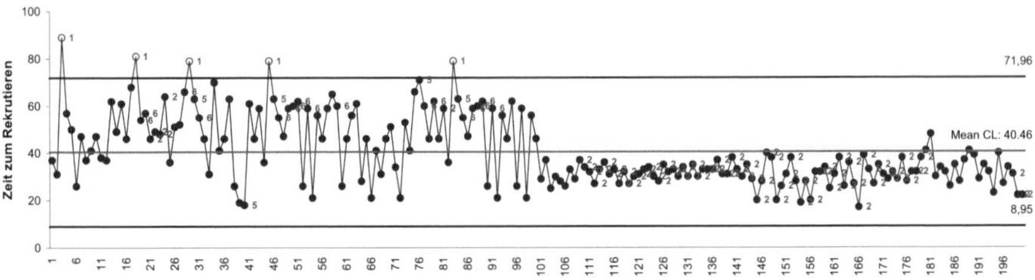

BILD 7.3 Regelkarte der Zeit zum Rekrutieren von Mitarbeitern mit Prozessveränderung

Sowohl Verlaufsdiagramm als auch Regelkarte sind Werkzeuge zur Darstellung von variablen Daten über der Zeitachse. Regelkarten sind sinnvoll einsetzbar bei mindestens 25 Datenpunkten. Bei kleineren Stichproben ist die Trennschärfe der Regelkarte geringer, sodass eventuell vorhandene systematische Einflüsse nicht als solche erkannt werden.

Diese Art der Darstellung ist auch für attributive Daten zweckmäßig, wenn große Datenmengen vorliegen und der zeitliche Verlauf des Anteilswerts des entsprechenden Attributs beobachtet werden soll. Sowohl das beschriebene Verlaufsdiagramm als auch speziell für derartige Datentypen ausgelegte attributive Regelkarten können in diesem Fall eingesetzt werden.

7.3.2 Aufgabe 2: Untersuchen von häufigkeitsbezogenen Mustern in variablen Daten

Neben der Analyse des zeitlichen Verlaufs ist es wichtig, die Verteilung der Merkmalswerte zu kennen. Für stetige Daten gilt, dass ein ungestörter, stabiler Prozess eine der Normalverteilung ähnliche Verteilung liefern wird. Ist die Verteilung grundsätzlich verschieden von der Normalverteilung, liegen dafür oftmals systematische Einflussgrößen wie Prozessänderungen vor. Die grafische Analyse der Verteilung kann mithilfe von Histogrammen, Punktdiagrammen oder Boxplots vorgenommen werden. Zur Überprüfung der Normalverteilung einer Stichprobe kann zusätzlich ein Verteilungsdiagramm eingesetzt werden.

Histogramme sind nur empfehlenswert, wenn große Datenmengen - mehr als 100 - darzustellen sind, da Datenpunkte in Klassen zusammengefasst werden und damit die Verteilungsform bei kleinen Stichprobengrößen verwischt wird.

In Bild 7.4 wird die Bearbeitungszeit für die Rekrutierung von Personal in einem Histogramm abgebildet. Mithilfe dieser Darstellung ist es schwierig zu bewerten, ob eine Normalverteilung vorliegt. Daher wird zusätzlich ein Verteilungsdiagramm eingesetzt.

Das in Bild 7.5 gezeigte Verteilungsdiagramm verdeutlicht, dass die Datenpunkte der Zeit zum Rekrutieren von Mitarbeitern zwar innerhalb des Vertrauensbereichs für die Normalverteilung liegen, aber deutliche Muster zwischen zehn und 30 Tagen sowie um etwa 47 Tagen aufweisen und damit nicht unmittelbar von einer Normalverteilung ausgegangen werden kann. Es ist zusätzlich die entsprechende statistische Analyse durchzuführen (Kapitel 8).

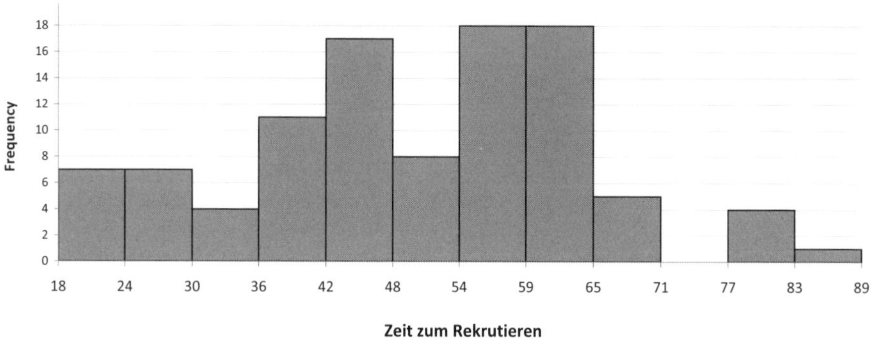

BILD 7.4 Histogramm der Zeit zum Rekrutieren von Mitarbeitern

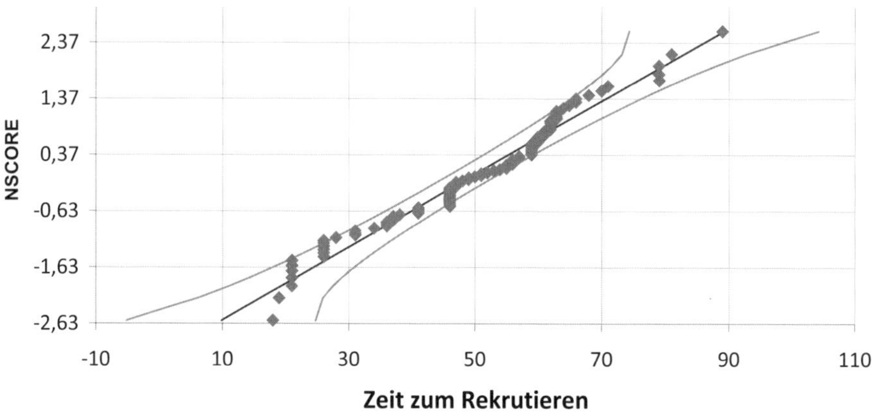

BILD 7.5 Normalverteilungsdiagramm der Zeit zum Rekrutieren von Mitarbeitern

Für kleinere Stichproben bietet das Punktdiagramm die bessere Lösung für eine informative Abbildung. Aus dem Punktdiagramm in Bild 7.6 wird deutlich, dass die Zeit zum Rekrutieren zwischen 18 und 89 Tagen liegt, dass ein großer Anteil innerhalb von 65 Tagen zum Abschluss kommt.

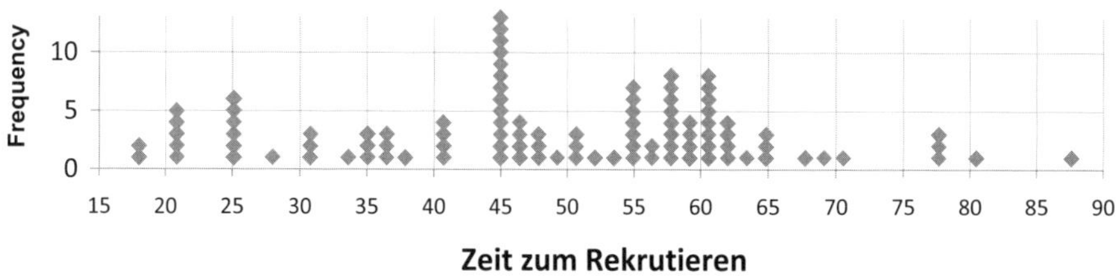

BILD 7.6 Punktdiagramm der Zeit zum Rekrutieren von Mitarbeitern

Wenn die Darstellung der Einzelwerte weniger wichtig, dafür aber der prozentuale Anteil von Einstellungen in einem bestimmten Zeitraum von Interesse ist, bietet sich der sogenannte Boxplot an. Wie auch aus dem Punktdiagramm kann aus dem Boxplot in

Bild 7.7 abgelesen werden, dass die Rekrutierung mindestens 18 Tage und maximal 89 Tage dauert.

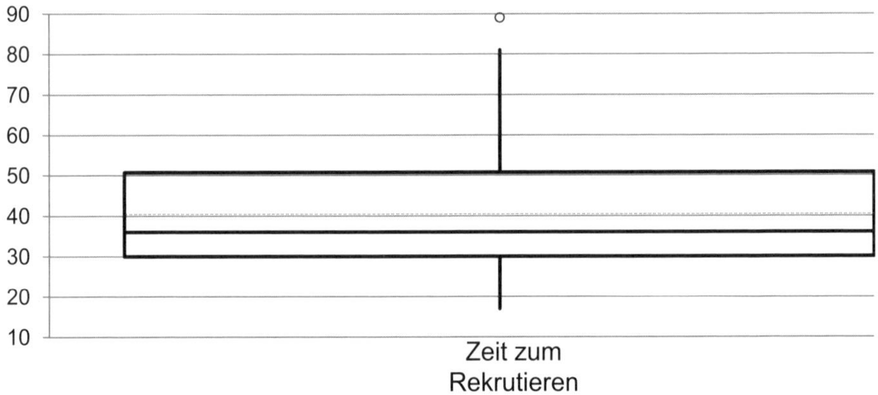

BILD 7.7 Boxplot für Zeit zum Rekrutieren von Mitarbeitern

Zusätzlich kann an der Lage der unteren senkrechten Linie abgeleitet werden, dass 25 % der Rekrutierungen zwischen 18 und 30 Tagen dauern. Weitere 25 % werden vom unteren Teil des Kastens (der Box) eingeschlossen, woraus folgt, dass 25 % der Einstellungen zwischen 30 und 35 Tagen erfolgen. Der obere Teil des Kastens steht für weitere 25 % der Werte, die zwischen 35 und 50 Tagen liegen. Schließlich bildet die obere senkrechte Linie die Dauer der oberen 25 % der Werte, die zwischen 50 und 89 Tagen liegt.

Die mittlere Trennlinie im Kasten bildet somit die 50 %-Grenze und ist daher gleich dem Median. Die gestrichelte Linie stellt den Mittelwert dar. Wenn der Boxplot symmetrisch erscheint, der Kasten weniger hoch ist als die senkrechten Linien sowie Median und Mittelwert sehr nahe beieinanderliegen, dann ist es wahrscheinlich, dass es sich um einen stabilen, das heißt ungestörten Prozess mit tendenziell normalverteilten Daten handelt.

Die bevorzugte Anwendung des Boxplots besteht im Vergleich mehrerer Datensätze miteinander. In Bild 7.8 sind die Daten aus der in Bild 7.3 vorgestellten Regelkarte mithilfe zweier Boxplots gezeigt. Dabei wird deutlich, dass die Prozessverbesserung eine deutliche Reduzierung der Durchlaufzeit für die Rekrutierung von Mitarbeitern mit sich gebracht hat.

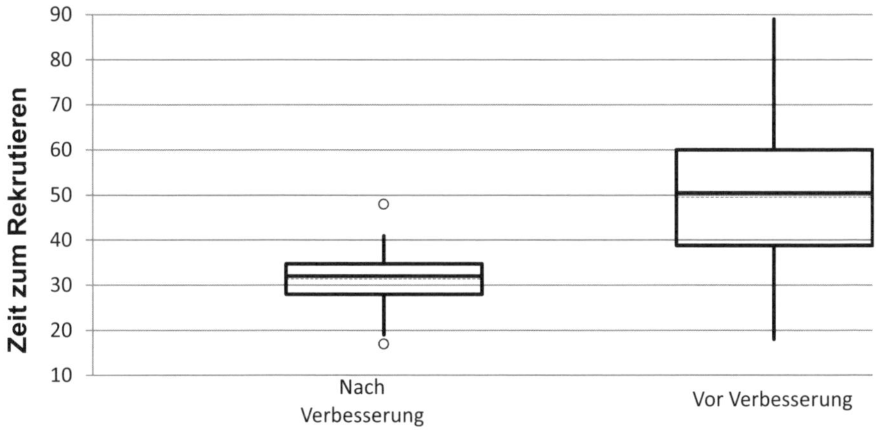

BILD 7.8 Boxplot für Zeit zum Rekrutieren von Mitarbeitern mit Prozessveränderung

Diese Art der Darstellung wird vorzugsweise in der Analysephase benutzt, um den Einfluss von diskreten Prozesskenngrößen wie des Prozessstatus in Bild 7.8 auf das Prozessergebnis zu untersuchen.

7.3.3 Aufgabe 3: Untersuchen von Anteilen in attributiven Daten

Die Auswahl an Darstellungsformen für attributive Daten ist eher beschränkt. Neben Kreisdiagrammen sowie Säulen- und Balkendiagrammen stehen andere eher selten genutzte Formen der Darstellung wie Kreisringdiagramme, Kegel- oder Pyramidendiagramme zur Verfügung.

In Bild 7.9 wird der Anteil von Rechnungen mit Gutschriften vor und nach der Prozessverbesserung erklärt. Eine ähnliche Aussage wird mittels eines Kreisdiagramms in Bild 7.10 erreicht.

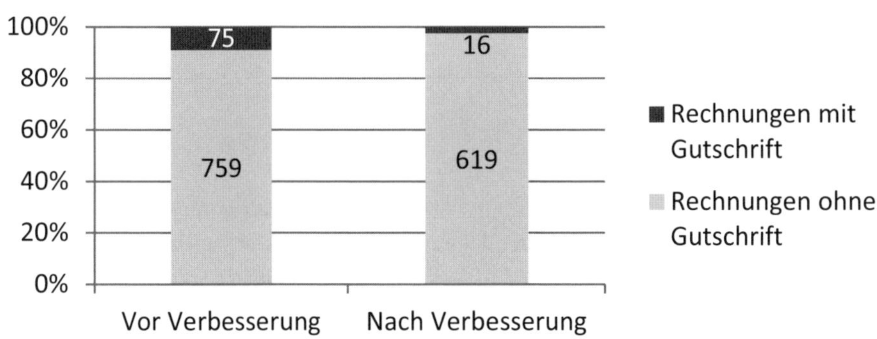

BILD 7.9 Säulendiagramm für den Anteil von Gutschriften im Rechnungswesen

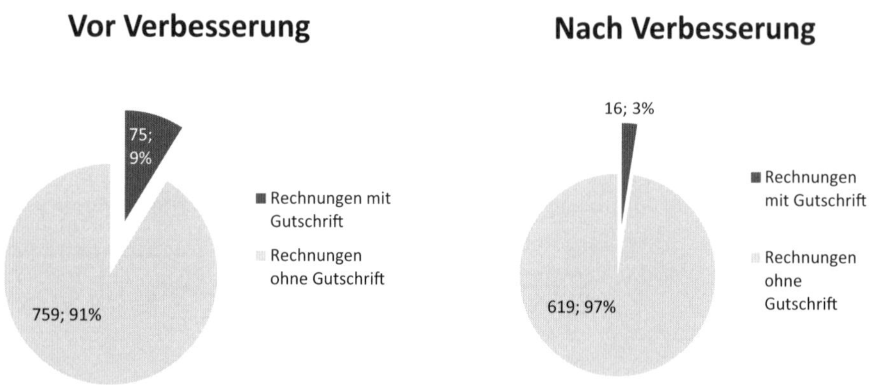

BILD 7.10 Kreisdiagramm für den Anteil von Gutschriften im Rechnungswesen

Falls mehrere Anteilswerte nacheinander auftreten wie beispielsweise bei der täglichen Erfassung von Mitarbeitern, die sich im Urlaub befinden, können diese attributiven Daten ähnlich behandelt werden wie variable Daten. Das heißt, sie können sowohl in Verlaufsdiagrammen als auch in Regelkarten dargestellt werden.

In Bild 7.11 wird eine p-Regelkarte angewendet, um die in einer Blutaufbereitungszentrale anfallenden Beutel mit Blutplättchen darzustellen, die Klumpen aufweisen und daher nicht im Krankenhaus verwendet werden können. Aus der Darstellung der Regelkarte kann abgeleitet werden, dass der Anteil von Beuteln mit Klumpen zwischen 0 % und etwa 7 % über den Monat Mai abgesehen von einem Tag, dem 20. Mai, stabil ist. Am 20. Mai ist der Anteil unerwartet hoch. Für die Betreiber des Prozesses bedeutet dies, dass eine Störung des Prozesses an diesem Tag vorgelegen haben könnte.

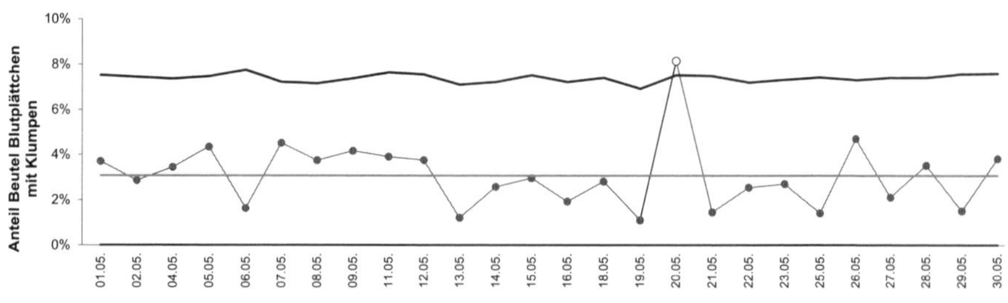

BILD 7.11 Regelkarte für die Darstellung des täglichen prozentualen Anteils von Blutplättchen mit Klumpen

Eine spezielle Art des Säulendiagramms bildet das Pareto-Diagramm, das zur Auflistung von Ereignistypen wie Fehlern oder Beschwerden nach deren Häufigkeit benutzt wird und damit zur Priorisierung der Abstellmaßnahmen beiträgt.

Bild 7.12 stellt ein solches Diagramm dar, das die Häufigkeit von Kundenrückmeldungen zu Bereichen mit Verbesserungspotenzial in einer Bank verdeutlicht. Die Besonderheit des Pareto-Diagramms ist eine zweite vertikale Achse, die den prozentualen Anteil der Summenhäufigkeiten der einzelnen Säulen, das heißt der Kategorien verdeutlicht. Mithilfe dieser Achse lässt sich – wie in Bild 7.12 sichtbar – erkennen, dass bei der Bearbeitung der ersten beiden Kategorien „Vertriebsprozesse“ und „Antragsabwicklung und -entscheidung“ 77 % der von Kunden genannten Probleme behoben werden können.

Neben der Darstellung der Häufigkeiten von Kundenrückmeldungen besteht die Möglichkeit, andere Größen auf der Ordinate abzubilden wie beispielsweise den Aufwand zur Behebung der Ursachen oder die tatsächliche Auswirkung auf die Kundenzufriedenheit. Daraus können sich unter Umständen andere Prioritäten für die Abstellmaßnahmen ergeben.

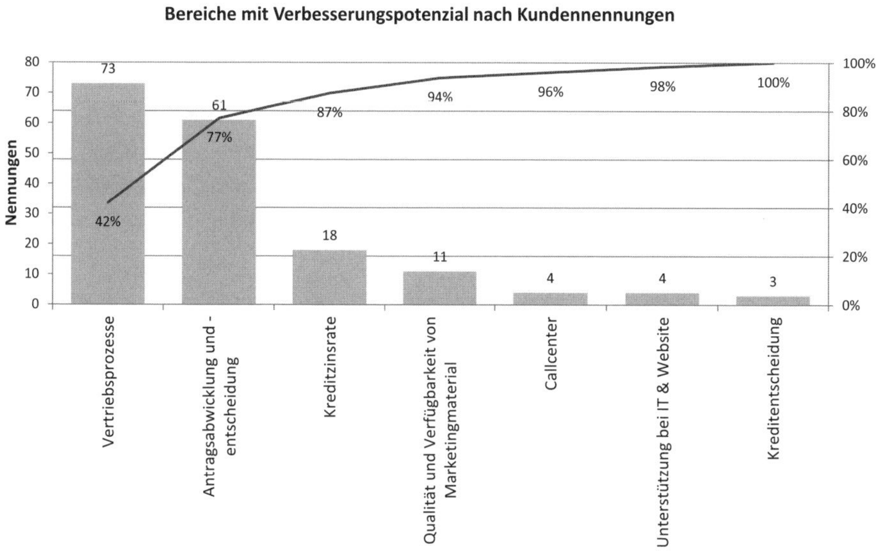

BILD 7.12 Pareto-Diagramm der Kundenaussagen zu Bereichen mit Verbesserungspotenzial in einer Bank

Dieser Diagrammtyp ist insbesondere in der Projektauswahl sowie in der DEFINE-Phase bei der Auswertung der Stimme des Kunden einzusetzen.

7.4 Ergebnisse

Dieser Schritt liefert die folgenden Ergebnisse:

- Aussagen über allgemeine Prozessergebnisse,
- Aussagen über zufällige und systematische Muster in Daten, die den Zustand des zu untersuchenden Prozesses verdeutlichen.

7.5 Tipps

Datenerfassung ist oftmals zeit- und arbeitskräfteaufwendig und involviert nicht selten teamfremde Mitarbeiter. Die Datenanalyse dagegen passiert auf dem Computer, benötigt kein Team und kann auf die Teammitglieder aufgeteilt werden. Daher ist es empfehlenswert, besonders bei der grafischen Analyse so viele Graphen wie möglich zu erstellen und danach die aussagekräftigen auszuwählen. Quantität bringt Qualität.

7.6 Benötigte Zeit

Dieser Schritt benötigt ein kurzes Meeting zur Vergabe der individuellen Aufgaben an die Teammitglieder, die danach die grafische Darstellung der Daten eigenständig durchführen können. Im Anschluss daran ist es erforderlich, ein weiteres Meeting zur Auswertung und zum Ableiten von Schlussfolgerungen abzuhalten.

Für die an der Datendarstellung Beteiligten ist es unumgänglich, die Software SigmaXL, Minitab oder ähnliche Analyseprogramme zur Verfügung zu haben.

7.7 Fallbeispiel

Das Team „Aktivieren schlafender Autohändler“ hat die Datensammlung abgeschlossen und trifft sich, um die Aufgaben der grafischen Darstellung der aufgenommenen Daten zu verteilen.

Zwei Teammitglieder übernehmen die Darstellung der Daten zur Ergebnisvariable Y, der Kreditbearbeitungszeit, während die anderen Teammitglieder sich mit der Veranschaulichung der potenziellen Fehlerursachen, den Xs, beschäftigen.

Die Auswertung der grafischen Darstellungen wird einige Tage später im Team durchgeführt. Das Team berichtet, dass im Zeitraum der Datensammlung 235 Datensätze aufgenommen werden konnten.

7.7.1 Aufgabe 1: Untersuchen von Mustern in Daten zur Ergebnisvariable Y

Zuerst werden Verlaufsdiagramm und Punktdiagramm für die Kreditbearbeitungszeit betrachtet. Das Verlaufsdiagramm in Bild 7.13 zeigt starke Muster, die auf systematische Einflussgrößen hinweisen. Der zeitliche Ablauf ist geprägt durch Gruppen von etwa zehn Daten mit ähnlicher Durchlaufzeit. Danach erfolgt eine sprunghafte Veränderung in die andere Gruppe. Es sind zwei Gruppen von Daten erkennbar. Eine Gruppe bei einer Kreditbearbeitungszeit von unter 500 Minuten und eine Gruppe von mehr als 1000 Minuten. Zusätzlich gibt es drei Extremwerte von mehr als 2500 Minuten.

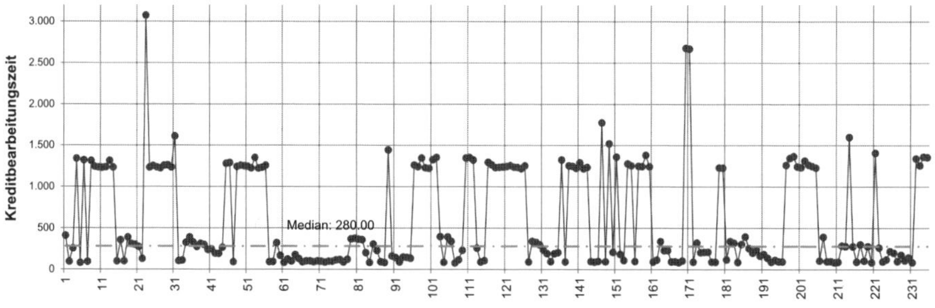

BILD 7.13 Verlaufsdiagramm für Kreditbearbeitungszeit Y

Um die Häufigkeitsverteilung besser verstehen zu können, wird das Punktdiagramm (Bild 7.14) untersucht. Aus diesem ist ersichtlich, dass es mehr als 70 Datenpunkte mit einer Kreditbearbeitungszeit von weniger als 200 Minuten gibt. Mehr als die Hälfte der Daten weist eine Zeit von weniger als 500 Minuten auf. Ein kleinerer Anteil befindet sich zwischen etwa 1200 und 1400 Minuten, während vereinzelte Werte deutlich darüber liegen.

Beide Hauptdatengruppen zeigen das typische Verteilungsbild einer Durchlaufzeit mit einem niedrigen Modus und einer abfallenden Flanke nach rechts. Dieses Bild tritt immer dann auf, wenn die Durchlaufzeit gegen eine natürliche Grenze tendiert. Die zugrunde liegende Verteilungsfunktion ist oft eine logarithmische Normalverteilung.

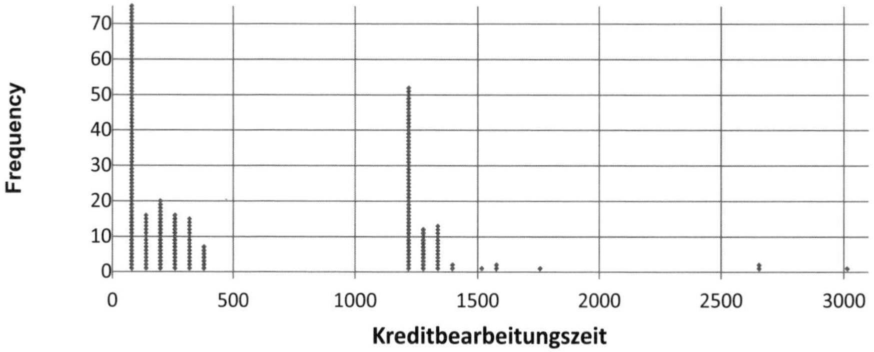

BILD 7.14 Punktdiagramm für Kreditbearbeitungszeit Y

Diese Tendenz ist offensichtlich für die Gruppe mit geringer Durchlaufzeit, deren natürliche Grenze null ist. Allerdings ist es nicht verständlich, dass die kleinere Gruppe um 1300 Minuten ein ähnliches Bild aufweist.

Auf eine Betrachtung von Regelkarte und Normalverteilungsdiagramm wird bewusst verzichtet, da beide Werkzeuge eine stetige ungestörte Funktion verlangen und für die vorliegenden Daten auf die bereits bekannten systematischen Muster hinweisen würden.

Wenn systematische Muster in den Daten der Ergebnisvariable auftreten, besteht die Möglichkeit, deren Ursprung in den Variablen der potenziellen Ursachen oder den Schichtungsvariablen zu finden. ■

Da das Muster der Daten vom Team noch nicht erklärt werden kann, werden einzelne Datenpunkte im Rohdatensatz betrachtet. Im Verlaufsdiagramm in Bild 7.13 ist ein Sprung von etwa 100 nach etwa 1300 Minuten Kreditbearbeitungszeit etwa von Messwert 7 zu Messwert 8 sichtbar. Im Rohdatensatz zeigt sich, dass Antrag 007 in 93 und Antrag 008 in 1313 Minuten bearbeitet wird. Beim Vergleichen der beiden Datensätze fällt auf, dass Antrag 008 am 5. April eingegangen war und erst am 6. April fertiggestellt werden konnte. Das Prüfen einiger weiterer Datenpunkte bestätigt die Vermutung: Wenn ein Antrag am Nachmittag eingeht, erstreckt sich die Bearbeitung oftmals über einen weiteren Tag.

Das Team diskutiert, ob die Kreditbearbeitungszeit nur für die Arbeitszeit berechnet werden soll. Das würde das Ergebnis besser aussehen lassen. Für den Kunden würde das allerdings die gleiche Wartezeit bedeuten. Das Team entscheidet sich daher, die vom Kunden „gefühlte" Zeit zu messen, das heißt, die Messwerte so zu verarbeiten, wie sie vorliegen.

7.7.2 Aufgabe 2: Untersuchen von Mustern in Daten zu potenziellen Ursachen und Schichtungsvariablen

Potenzielle Ursachen

Bei der Untersuchung der Muster in potenziellen Ursachen wird zuerst die Betrachtung der Zeiten der einzelnen Bearbeitungsschritte vorgenommen. Aus dem wegen besserer Sichtbarkeit mit logarithmischer Ordinate dargestellten Verlaufsdiagramm in Bild 7.15 wird deutlich, dass die längste Zeitspanne für die Zeit zum Entscheiden und Senden an Abwicklung anfällt. Außerdem wird offensichtlich, dass dieser Bearbeitungsschritt derjenige ist, der über Nacht liegen bleibt, da der Verlauf der entsprechenden Kurve dem vorher gesehenen Verlauf der Kreditbearbeitungszeit entspricht. Die Zeiten zum Sieben und Senden zur Kreditprüfung, zum Prüfen und Abgleichen mit Vertrieb sowie zum Vorbereiten und Senden an Händler scheinen keine systematischen Einflüsse aufzuweisen.

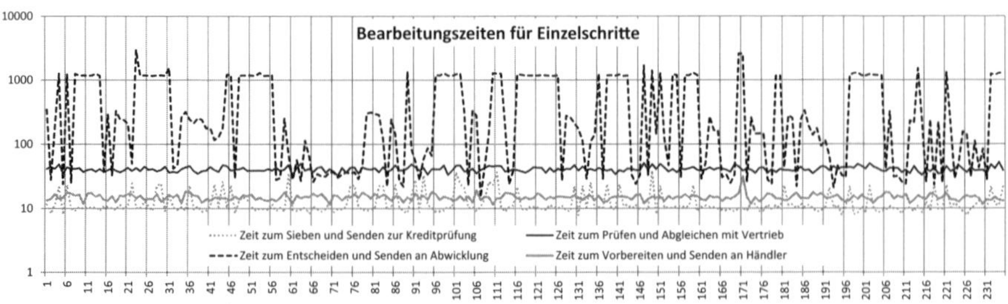

BILD 7.15 Verlaufsdiagramm für Bearbeitungszeiten X (logarithmische Ordinate)

Das wird noch deutlicher aus den entsprechenden Punktdiagrammen in Bild 7.16. Die Zeiten zum Prüfen und Senden an Vertrieb mit einem Mittelwert um 40 Minuten sowie zum Vorbereiten und Senden an Händler mit einem Mittelwert um 15 Minuten wirken wie bereits gesehen normalverteilt, das heißt, unterliegen nur zufälliger Streuung. Die Zeit zum Sieben und Senden zur Kreditprüfung weist zwei größere Gruppen auf. Eine Gruppe mit einem Mittelwert um zehn Minuten und eine weitere mit einem Mittelwert von mehr als 20 Minuten. Es ist zu untersuchen, woher diese Verteilung stammt. Auch bei der Durchsicht der Rohdaten ist keine augenscheinliche Erklärung zu finden.

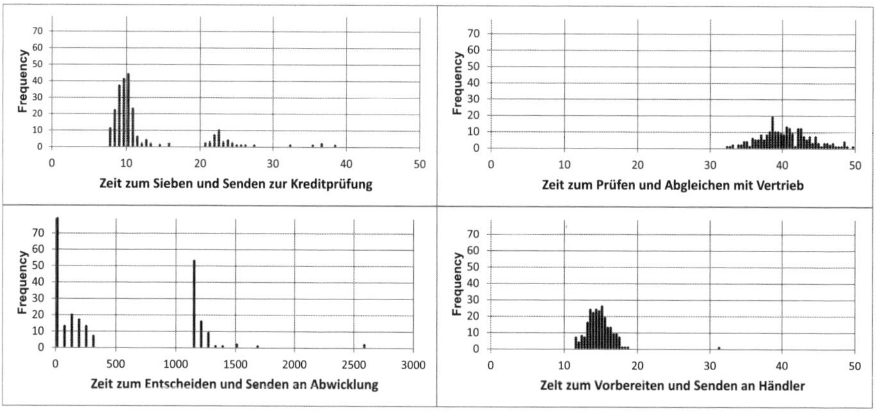

BILD 7.16 Punktdiagramme der Bearbeitungszeiten

Die Zeit zum Entscheiden und Senden an Abwicklung präsentiert die schon aus der Kreditbearbeitungszeit bekannten Muster.

Anschließend werden die Graphen der attributiven Daten untersucht (Bild 7.17). Von den betrachteten Kreditanträgen wurden 33 aus 235 abgewiesen, was einer Rate von 14 % entspricht. Den Teammitgliedern ist aus Erfahrung bekannt, dass diese Rate mit dem erwarteten Anteil übereinstimmt. Nur zwei der eingereichten Antragsformulare waren inkorrekt ausgefüllt. Wegen der geringen Anzahl kann diese potenzielle Ursache nicht für die Analyse verwendet werden. Demgegenüber stehen zwölf unvollständig ausgefüllte Antragsformulare und 40 Fälle, in denen die in der Datenbank abgelegten Kundendaten unvollständig sind. Diese Einflussgrößen müssen bei der Analyse in Betracht gezogen werden.

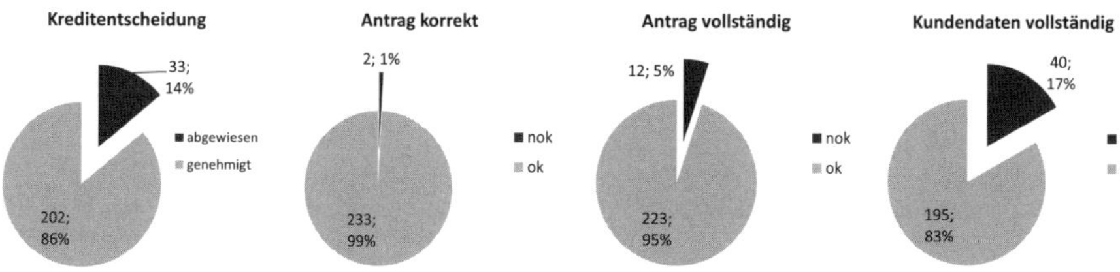

BILD 7.17 Kreisdiagramme der attributiven potenziellen Ursachenvariablen

Damit ist die Darstellung der potenziellen Ursachen abgeschlossen und es kann ein Überblick über die Schichtungsvariablen gewonnen werden.

Schichtungsvariablen

Das Darstellen der Schichtungsvariablen dient vorzugsweise der Überprüfung, ob die Kategorien wie Regionen, Kreditbearbeiter und Vertriebsmitarbeiter repräsentative Anteile der einzelnen Gruppenmitglieder aufweisen.

Aus Bild 7.18 leitet das Team ab, dass alle Regionen in der Stichprobe vertreten sind. Allerdings können die kleinen Teilstichproben für die Regionen ST von drei und MN von vier Kreditanträgen bei der Analyse nachteilig sein. Falls die Kreditbearbeitungszeit für diese Regionen Grund zur weiteren Analyse bieten sollte, wäre es erforderlich, zusätzliche Werte dafür aufzunehmen. Die Anzahl der Kreditanträge pro Bearbeiter und pro Vertriebsmitarbeiter ist ausreichend groß, sodass gute Voraussetzungen für die Analyse gegeben sind.

BILD 7.18 Kreisdiagramme von Schichtungsvariablen

Weiterhin wird die Verteilung des Kreditbetrags für die Stichprobe von 235 Kreditanträgen betrachtet. Aus Bild 7.19 geht hervor, dass der überwiegende Anteil in Krediten von weniger als 10 000 Euro besteht, wovon Kleinkredite mit weniger als 5000 Euro die Mehrzahl bilden. Nach der Erfahrung des Teams ist auch dieses Bild typisch für das Gebrauchtwagengeschäft, sodass von einer repräsentativen Stichprobe ausgegangen werden kann, die gute Voraussetzungen für eine Analyse bildet.

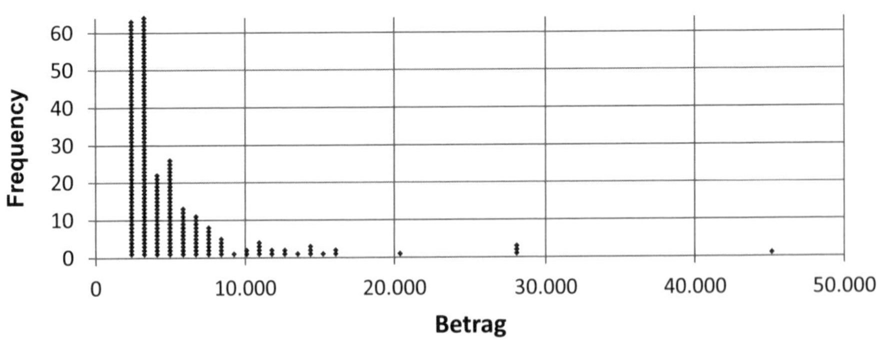

BILD 7.19 Punktdiagramm der Verteilung der Schichtungsvariable Kreditbetrag

8 Prozessergebnisse ermitteln

8.1 Ziel und Hintergrund

Neben der grafischen Darstellung der gesammelten Daten ist es wichtig, die aktuellen Prozessergebnisse zu ermitteln, da diese zu Projektbeginn oftmals nur abgeschätzt werden können.

Ziel dieses Schrittes ist es, die tatsächlichen Prozessergebnisse zu berechnen und die im Projektcharter abgelegte Schätzgröße bei Notwendigkeit zu korrigieren. Damit kann unter Umständen auch eine Anpassung der Zielvorgabe für das Projekt einhergehen.

8.2 Voraussetzungen

Voraussetzungen für diesen Schritt sind:

- Liste der Ergebnisvariablen Ys,
- Y-X-Datensätze.

8.3 Aufgaben und verwendete Werkzeuge

Die in diesem Schritt zu bearbeitenden Aufgaben und die dazu empfohlenen Werkzeuge sind in Tabelle 8.1 dargestellt.

TABELLE 8.1 In diesem Schritt zu bearbeitende Aufgaben

Aufgabe	Werkzeug	SigmaXL
1. Testen von variablen Daten auf Normalverteilung	Normalverteilungs-test	Statistical Tools - Descriptive Statistics
2. Ermitteln der Prozess-ergebnisse für Qualitäts-merkmale mit normal-verteilten, variablen Daten	Prozessfähigkeits-ermittlung	Statistical Tools - Descriptive Statistics Graphical Tools - Histograms and Process Capability Process Capability - Basic Process Capability Templates - Process Sigma Level Continuous
3. Ermitteln der Prozess-ergebnisse für Qualitäts-merkmale mit attributiven Daten oder nicht normal-verteilten, variablen Daten	Prozessfähigkeits-ermittlung	Statistical Tools - Descriptive Statistics Process Capability - Basic Process Capability Templates - Process Sigma Level Discrete

Die Prozessergebnisse werden aus den Ergebnisvariablen Ys ermittelt. Dafür bieten sich grundsätzlich zwei unterschiedliche Vorgehensweisen an. Eine dieser Vorgehensweisen ist auf normalverteilte, variable Daten zugeschnitten. Die zweite Vorgehensweise wird für alle anderen Datenarten verwandt. Prinzipiell besteht die Möglichkeit, variable, nicht normalverteilte bearbeitungszeitbezogene Daten unter bestimmten Umständen in eine Normalverteilung zu transformieren. Allerdings ist diese Art der Datenmanipulation in Dienstleistungsprozessen selten erforderlich.

Bevor die Berechnung erfolgen kann, ist zu ermitteln, um welche Art Daten es sich bei den Ergebnisvariablen handelt. Liegen variable Daten wie Bearbeitungszeiten oder Dimensionen vor, ist zu bestimmen, ob diese Daten einer Normalverteilung unterliegen. Falls Normalverteilung vorliegt, kommt die in Kapitel 8.3.2 beschriebene Vorgehensweise zum Einsatz. Andernfalls wird die in Kapitel 8.3.3 erläuterte Methode angewendet.

8.3.1 Aufgabe 1: Testen von variablen Daten auf Normalverteilung

Der Test variabler Daten auf Normalverteilung kann auf unterschiedliche Art und Weise durchgeführt werden. Wie bereits in Kapitel 7 beschrieben, ist es durchaus möglich, die Normalverteilung auf grafische Art und Weise zu testen. Wenn der grafische Test keine eindeutigen Ergebnisse liefert, wird der Hypothesentest auf Normalverteilung eingesetzt. Aus einer Vielzahl von unterschiedlichen Werkzeugen wird der Anderson-Darling-Normalverteilungstest empfohlen, der im Bild 8.1 zum Einsatz kommt. Dieser Test ist Bestandteil der beschreibenden Statistik, erfordert keine statistischen Kenntnisse und ist einfach auszuwerten. Die Auswertung erfolgt anhand des Wahrscheinlichkeitswertes (p-value [A-D Test]), der eine Aussage über das Risiko liefert, das eingegangen wird, wenn Nicht-Normalverteilung unterstellt wird. Es hat sich herausgestellt, dass eine praktikable Grenze für derartige Testentscheidungen bei 5 %, das heißt bei 0,05 liegt. Im in Bild 8.1 vorliegenden Fall besteht ein Risiko von 0,49 %, sodass Nicht-Normalverteilung angenommen werden kann.

Descriptive Statistics	Zeit zum Rekrutieren
Count	100
Mean	49,540
Stdev	15,413
Range	71
Minimum	18
25th Percentile (Q1)	38,750
50th Percentile (Median)	50,500
75th Percentile (Q3)	60
Maximum	89
95.0% CI Mean	46.482 to 52.598
95.0% CI Sigma	13.533 to 17.905
Anderson-Darling Normality Test	**1,155**
p-value (A-D Test)	**0,0049**
Skewness	-0,162591
p-value (Skewness)	0,4887
Kurtosis	-0,295743
p-value (Kurtosis)	0,5775

BILD 8.1 Beschreibende Statistik für die Zeit zum Rekrutieren von Mitarbeitern

> Bei einem Wahrscheinlichkeitswert, dem p-value (A-D Test), von über 0,05 liegen Daten vor, die in etwa einer Normalverteilung entsprechen und daher mit den auf Normalverteilung zugeschnittenen Werkzeugen bearbeitet werden können.

Falls Normalverteilung in den Daten der Ergebnisvariablen festgestellt wird, kann das Prozessresultat mithilfe der Werkzeuge für normalverteilte Daten (Abschnitt 8.3.2) ermittelt werden.

Für nicht normalverteilte variable Daten und für attributive Daten stehen Prozeduren in Abschnitt 8.3.3 zur Verfügung. In diesem Fall wird das Prozessergebnis aus dem Anteil fehlerhafter und fehlerfreier Einheiten berechnet. Daher ist es erforderlich, sowohl fehlerfreie als auch fehlerbehaftete Einheiten zur Verfügung zu haben. Um bei der Berechnung den aus dem Stichprobenumfang resultierenden Fehler gering zu halten, sind mindestens fünf Einheiten beider Kategorien erforderlich.

8.3.2 Aufgabe 2: Ermitteln der Prozessergebnisse für Qualitätsmerkmale mit normalverteilten, variablen Daten

Variable Daten sind oftmals normalverteilt, sodass sie mit einer Vielzahl von bewährten Werkzeugen bearbeitet und ausgewertet werden können. Ein Beispiel für einen durch normalverteilte Daten repräsentierten Prozess ist in Bild 8.2 zu sehen. Das Risiko für die Annahme von nicht normalverteilten Daten im p-value (A-D Test) beträgt 0,129, was 12,9 % entspricht. Da dieses Risiko wesentlich über der Grenze von 5 % liegt, kann Normalverteilung angenommen werden.

Nur unter dieser Voraussetzung ist es sinnvoll, Mittelwert (Mean) und Standardabweichung (Stdev) zu betrachten. Aus Mittelwert, Standardabweichung und dem Stichprobenumfang (Count) wird der Vertrauensbereich für den Mittelwert berechnet, der in diesem Beispiel zwischen 30,325 und 32,415 liegt. Das heißt, dass der tatsächliche Mittelwert mit 95 %iger Sicherheit in diesem Bereich anzutreffen ist.

Descriptive Statistics	Zeit zum Rekrutieren nach Verbesserung
Count	100
Mean	31,370
Stdev	5,266
Range	31
Minimum	17
25th Percentile (Q1)	28
50th Percentile (Median)	32
75th Percentile (Q3)	34,750
Maximum	48
95.0% CI Mean	30.325 to 32.415
95.0% CI Sigma	4.624 to 6.117
Anderson-Darling Normality Test	0,578867
p-value (A-D Test)	0,1290
Skewness	-0,130252
p-value (Skewness)	0,5785
Kurtosis	0,757959
p-value (Kurtosis)	0,1396

BILD 8.2 Beschreibende Statistik für die Zeit zum Rekrutieren von Mitarbeitern nach Prozessverbesserung

Allerdings hat der Mittelwert nur theoretische Bedeutung. Von praktischer Bedeutung ist beispielsweise, wie viele Einstellungen innerhalb eines bestimmten Intervalls abgeschlossen werden können. Mithilfe von Mittelwert und Standardabweichung können diese Fragen beantwortet werden. Bild 8.3 zeigt die Ergebnisse der Prozessfähigkeitsanalyse. Für den verbesserten Rekrutierungsprozess wurde eine obere Spezifikationsgrenze (USL) von 45 Tagen angesetzt, das heißt, alle Rekrutierungsprozesse sollen innerhalb von 45 Tagen abgeschlossen sein. Aus den Daten ergibt sich eine empirisch, das heißt durch Zählen ermittelte Prozessleistung (Actual [Empirical] Performance) von 99 %, da nur 1 % außerhalb der Vorgaben liegt. Praktisch bedeutet das, dass nur ein Einstellungsverfahren aus einer Stichprobe von 100 mehr als 45 Tage gedauert hat. Die aus der zugrunde liegenden Normalverteilung ermittelte Größe (Expected Overall Performance) liegt bei 0,48 % Überschreitung der Grenze von 45 Tagen, die als Schätzwert für die langfristig zu erwartende Prozessleistung benutzt werden kann.

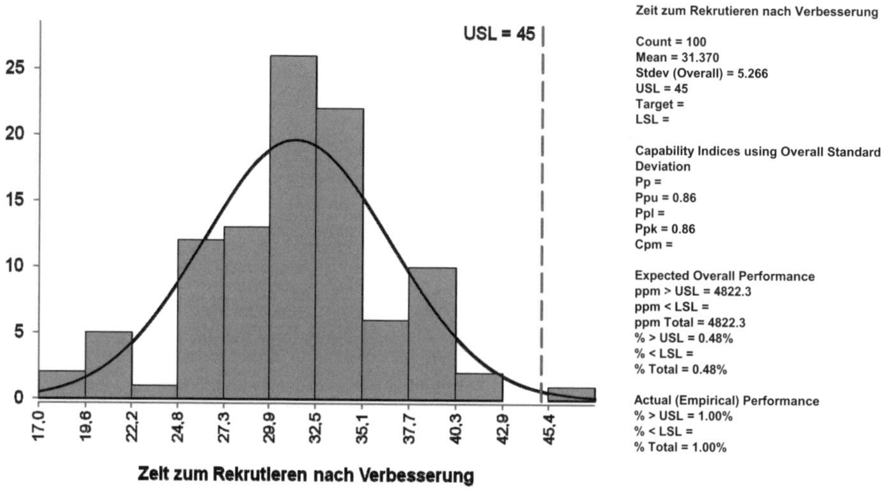

BILD 8.3 Beschreibende Statistik für die Zeit zum Rekrutieren von Mitarbeitern nach Prozessverbesserung mit Histogramm

Die Prozessleistung kann ebenfalls mit einem Prozess-Sigma-Wert angegeben werden. Der Prozess-Sigma-Wert wurde eingeführt, um bei hoher Prozessleistung, das heißt bei einem Prozessergebnis von mehr als 99 %, eine bessere Möglichkeit des Vergleichs von unterschiedlicher Prozessleistung zur Verfügung zu haben. Um dieses Ziel zu erreichen, ist die Sigma-Skala eine nicht lineare Darstellung des Prozessergebnisses mit einer Spreizung der Skala bei hohen Prozentwerten ähnlich einer logarithmischen Skala. Zur Spreizung der Skala wird jedoch nicht der Logarithmus, sondern die Normalverteilung benutzt.

Die Berechnung des Prozess-Sigma-Wertes aus dem prozentualen Prozessergebnis wird für normalverteilte und nicht normalverteilte Daten gleichermaßen durchgeführt.

Der Prozess-Sigma-Wert (Bild 8.4) wird aus dem Prozessergebnis von 99,52 % berechnet und ergibt sich mit 4,088.

SigmaXL	Process Sigma Level Calculator - Continuous Data (Assumes that data are normally distributed)	
Sample Data (user inputs):		
Mean	x-bar	31,37
Standard Deviation	s	5,266
Upper Specification Limit	USL	45
Lower Specification Limit	LSL	
Sigma Shift (typically +1.5 for long term data)		1,5
Results:		
Expected dpm > USL		4822,5
Expected % > USL		0,48%
Expected dpm < LSL		N/A
Expected % < LSL		N/A
Expected dpm (overall)		4822,5
Expected yield (overall) %		99,52%
Process Sigma Level		4,088

BILD 8.4 Sigma-Berechnung für die Zeit zum Rekrutieren von Mitarbeitern nach Prozessverbesserung

Die Angabe des Prozess-Sigma-Wertes in einem Lean-Six-Sigma-Projekt ist nicht zwingend erforderlich, sondern obliegt dem Unternehmen. Während einige Unternehmen diese Kenngröße als Bestandteil des Managementberichtswesens eingeführt haben, wird der Prozess-Sigma-Wert in anderen Unternehmen nicht betrachtet. Bild 8.5 zeigt die Umrechnung von Prozessergebnis in Sigma-Wert.

Prozessergebnis	Prozess-Sigma	Prozessergebnis	Prozess-Sigma	Prozessergebnis	Prozess-Sigma
31%	1	88,5%	2,7	99,81%	4,4
34%	1,1	90,3%	2,8	99,87%	4,5
38%	1,2	91,9%	2,9	99,90%	4,6
42%	1,3	93,3%	3	99,93%	4,7
46%	1,4	94,5%	3,1	99,952%	4,8
50%	1,5	95,5%	3,2	99,966%	4,9
54%	1,6	96,4%	3,3	99,977%	5
58%	1,7	97,1%	3,4	99,984%	5,1
62%	1,8	97,7%	3,5	99,9892%	5,2
66%	1,9	98,21%	3,6	99,9928%	5,3
69%	2	98,61%	3,7	99,9952%	5,4
73%	2,1	98,93%	3,8	99,9968%	5,5
76%	2,2	99,18%	3,9	99,9979%	5,6
78,8%	2,3	99,38%	4	99,9987%	5,7
81,6%	2,4	99,53%	4,1	99,9991%	5,8
84,1%	2,5	99,65%	4,2	99,9995%	5,9
86,4%	2,6	99,74%	4,3	99,9997%	6

BILD 8.5 Prozess-Sigma-Tabelle

Der Name der Methode Six Sigma steht für einen exzellenten Prozess mit einem Prozessergebnis von 99,9997 % Ertrag und damit einem Sigma-Wert von 6.

8.3.3 Aufgabe 3: Ermitteln der Prozessergebnisse für Qualitätsmerkmale mit attributiven Daten oder nicht normalverteilten, variablen Daten

Für attributive und nicht normalverteilte variable Daten gleichermaßen wird das Prozessergebnis in Prozent ermittelt und – falls erforderlich – in den Prozess-Sigma-Wert übertragen. Eine einfache Möglichkeit der Ermittlung der Anzahl von Einheiten außerhalb der Spezifikation besteht im Sortieren und anschließenden Zählen der Daten.

Eine andere Möglichkeit ist in Bild 8.6 dargestellt. Bei der Durchführung dieser Art Analyse ist zu beachten, dass keine Normalverteilung vorliegt und daher die Normalverteilungskurve nicht darzustellen ist. Außerdem sind alle Werte, die auf Mittelwert (Mean) und Standardabweichung (Stdev) beruhen, nicht für die Einschätzung des Prozessergebnisses zu benutzen. Allein die aktuelle Prozessleistung (Actual [Empirical] Performance) darf für weitere Berechnungen herangezogen werden.

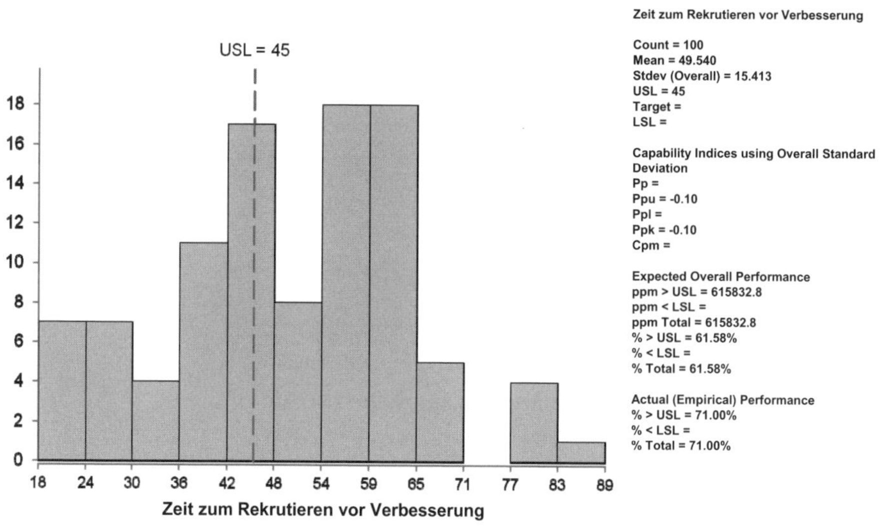

BILD 8.6 Beschreibende Statistik für die Zeit zum Rekrutieren von Mitarbeitern vor Prozessverbesserung mit Histogramm

Aus den Werten Stichprobenumfang (Count) und dem Prozentsatz außerhalb der Spezifikation (% Total) ergibt sich, dass 71 Rekrutierungsvorgänge länger als 45 Tage (USL) dauern und damit nicht die Forderungen der internen Kunden erfüllen. Mithilfe dieser Daten kann der Prozess-Sigma-Wert mit 0,947 (Bild 8.7) berechnet werden, wobei die Anzahl der Fehlermöglichkeiten je Einheit (Number of defect opportunities per unit ... o) mit 1 angegeben wird.

Process Sigma Level Calculator - Discrete Data		
Sample Data (user inputs):		
Number of units	n	100
Total number of defects observed	d	71
Number of defect opportunities per unit	o	1
Sigma Shift (typically +1.5 for long term data)		1,5
Results:		
Defects per Unit	dpu	0,71
Defects per Million Opportunities	dpmo	710.000,0
Defects per Opportunity	dpo%	71,00%
Yield	yield%	29,00%
Process Sigma Level	sigma	0,947

BILD 8.7 Sigma-Berechnung für die Zeit zum Rekrutieren von Mitarbeitern vor Prozessverbesserung

Die Anzahl der Fehlermöglichkeiten je Einheit ist die Anzahl der Qualitätsmerkmale, die betrachtet werden. Beispielsweise könnte neben der Zeit zum Rekrutieren die Qualität des Rekrutierungsprozesses mithilfe der Anzahl der Neueinstellungen, die innerhalb eines Jahres das Unternehmen verlassen, betrachtet werden. In diesem Falle wäre die Anzahl der Fehlermöglichkeiten je Einheit $o = 2$.

Ein Sigma-Wert von 0,947 und damit ein Erfüllungsgrad von nur 29 % macht Verbesserungen am Prozess dringend erforderlich.

8.4 Ergebnisse

Dieser Schritt liefert die folgenden Ergebnisse:

- Aussage über die Verteilung der Daten der Ergebnisvariable,
- Prozessergebnisse wie Fehleranteil, Gutanteil, Prozess-Sigma-Wert.

8.5 Tipps

1. Es sollte nicht Ziel sein, so viele Prozesskenngrößen wie möglich zu ermitteln und in die Kommunikation an das Management einzubauen. Jedes Unternehmen hat spezifische Kenngrößen, die jeder versteht und die daher die Kommunikation vereinfachen. Genau diese sollten auch im Projekt verwendet werden, sofern kein zwingender Grund für den Vorschlag neuer Kenngrößen besteht. Das heißt, nur in seltenen Fällen ist es ratsam, den Prozess-Sigma-Wert einzuführen.

2. Falls eine Ergebnisvariable Y betrachtet wird, kann zwischen den in den Kapiteln 8.3.2 und 8.3.3 vorgestellten Methoden zur Berechnung des Prozessergebnisses gewählt werden. Sind dagegen mehrere Ergebnisvariablen Ys für die gleiche Einheit zu berechnen, empfiehlt sich die Methode in Kapitel 8.3.3.
3. Neben den hier vorgestellten Methoden zur Darstellung der Prozessergebnisse gibt es weitere wie beispielsweise C_p, C_{pk} und P_p, P_{pk}, die für variable, normalverteilte Kenngrößen vorzugsweise in Automobil- und Zulieferbranchen eingesetzt und daher hier nicht behandelt werden. Falls erforderlich, können diese Größen aus der in Bild 8.3 vorgestellten Analyse abgelesen werden (Capability Indices using Overall Standard Deviation).

8.6 Benötigte Zeit

Dieser Schritt benötigt ein Meeting von einer Stunde. Für dieses Meeting ist es von Vorteil, die Software SigmaXL oder Minitab zur Verfügung zu haben.

Dieser Schritt kann zusammen mit dem vorangegangenen Schritt „Darstellung der gesammelten Daten" bearbeitet werden.

8.7 Fallbeispiel

Aus den bereits grafisch dargestellten Daten der Ergebnisvariable Y sind in diesem Schritt die tatsächlichen Prozessergebnisse zu ermitteln. Da es sich um variable Daten, die Kreditbearbeitungszeit handelt, wird zuerst überprüft, ob eine Normalverteilung vorliegt. Danach werden die Ergebnisse ermittelt.

8.7.1 Aufgabe 1: Testen von variablen Daten auf Normalverteilung

Mithilfe der beschreibenden Statistik wird geprüft, ob Normalverteilung vorliegt. Die Wahrscheinlichkeit für den Anderson-Darling-Normalverteilungstest (p-value [A-D Test]) von 0 % in Bild 8.8 zeigt, dass praktisch kein Risiko besteht, nicht normalverteilte Daten anzunehmen.

Descriptive Statistics	Kreditbearbeitungszeit
Count	235
Mean	607,42
Stdev	594,08
Range	2995
Minimum	79
25th Percentile (Q1)	106
50th Percentile (Median)	280
75th Percentile (Q3)	1242
Maximum	3074
95.0% CI Mean	531.07 to 683.77
95.0% CI Sigma	544.79 to 653.26
Anderson-Darling Normality Test	24,229
p-value (A-D Test)	0,0000
Skewness	0,97901
p-value (Skewness)	0,0000
Kurtosis	0,501994
p-value (Kurtosis)	0,1388

BILD 8.8 Beschreibende Statistik für die Kreditbearbeitungszeit

Die minimale Kreditbearbeitungszeit liegt bei 79 Minuten, während das Maximum 3074 Minuten beträgt. 25 % der Kreditanträge in der Stichprobe von 235 werden innerhalb von 106 Minuten, 50 % innerhalb von 280 Minuten und 75 % innerhalb von 1242 Minuten abgearbeitet. Mittelwert (Mean), Standardabweichung (Stdev), 95 % Vertrauensbereich für den Mittelwert (95 % CI Mean) und 95 % Vertrauensbereich für die Standardabweichung (95 % CI Sigma) spielen keine Rolle, da keine Normalverteilung vorliegt.

8.7.2 Aufgabe 2: Ermitteln der Prozessergebnisse für Qualitätsmerkmale mit nicht normalverteilten, variablen Daten

Die Berechnung der Prozessergebnisse wird mithilfe der beschreibenden Statistik in Bild 8.9 vorgenommen. Zusätzlich zu den bereits bekannten Daten ist die empirisch ermittelte Prozessleistung (Actual [Empirical] Performance) interessant, die bei 70,21 % außerhalb, also bei 29,79 % innerhalb der Spezifikation (USL) von 120 Minuten liegt.

Prozessfähigkeit (Capability Indices using Overall Standard Deviation) und die aus der Normalverteilung berechneten Werte (Expected Overall Performance) können nicht betrachtet werden, da keine Normalverteilung vorliegt.

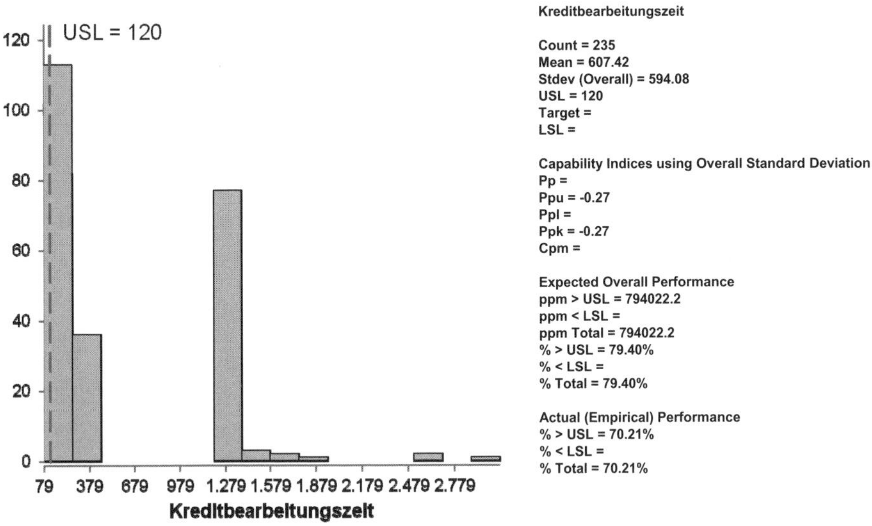

BILD 8.9 Beschreibende Statistik für die Kreditbearbeitungszeit mit Histogramm

Aus dem so ermittelten Prozessergebnis von 29,79 % wird der Prozess-Sigma-Wert berechnet. Dazu wird unter Multiplikation von Stichprobenumfang 235 und Prozessfehleranteil 70,21 % die Anzahl der Kreditanträge außerhalb der Spezifikation mit 165 ermittelt, die in die Berechnung in Bild 8.10 eingehen und einen Prozess-Sigma-Wert von 0,969 ergeben.

SigmaXL Process Sigma Level Calculator - Discrete Data		
Sample Data (user inputs):		
Number of units	n	235
Total number of defects observed	d	165
Number of defect opportunities per unit	o	1
Sigma Shift (typically +1.5 for long term data)		1,5
Results:		
Defects per Unit	dpu	0,70212766
Defects per Million Opportunities	dpmo	702.127,7
Defects per Opportunity	dpo%	70,21%
Yield	yield%	29,79%
Process Sigma Level	sigma	0,969

BILD 8.10 Sigma-Berechnung für die Kreditbearbeitungszeit

Dieses Prozessergebnis bedeutet, dass weniger als 30 % der Kreditanträge nicht innerhalb der vom Kunden gewünschten Zeitspanne beantwortet werden können.

III ANALYSE – ANALYSIEREN

Übersicht

Schritte

1. Prozess zum Bestimmen der kritischen Ursachen analysieren
2. Daten zum Bestimmen der kritischen Ursachen analysieren
3. Hintergründe zu den kritischen Ursachen analysieren

Zielsetzung

Identifizieren der tatsächlichen Problemursachen

In der Phase MEASURE wurden potenzielle Ursachen für das Problem ermittelt und Daten für sowohl diese Ursachen als auch für das Problem gesammelt. Außerdem wurden diese Daten grafisch dargestellt und zur Berechnung der tatsächlichen Prozessfähigkeit benutzt.

In der Phase ANALYSE werden die potenziellen Ursachen mithilfe der gesammelten Daten auf deren Einfluss auf das Problem untersucht.

ANALYSE beinhaltet zwei unterschiedliche Methoden der Analyse. Eine dieser Methoden umfasst die Werkzeuge zur Datenanalyse, während die zweite die Werkzeuge zur Prozessanalyse benutzt. Beide Analysemethoden sind eng miteinander vernetzt und werden in den meisten Projekten gleichermaßen eingesetzt. Allerdings hat sich gezeigt, dass Aufgabenstellungen zur Durchlaufzeitverkürzung effektiver mit Prozessanalysemethoden bearbeitet werden, während Aufgabenstellungen zur Reduzierung von Fehlern einen größeren Anteil der Datenanalysemethoden erfordern. Die jeweils andere Analysemethode dient dabei zur Unterstützung.

Voraussetzungen

Folgende Voraussetzungen müssen gegeben sein, um diese Phase beginnen zu können:

- Fischgrätendiagramm mit potenziellen Ursachen,
- Daten - eine Messreihe - zum Problem und zu den ausgewählten potenziellen Ursachen,
- grafische Darstellungen der gesammelten Daten,
- Übersicht über den Prozessablauf.

Ergebnisse

Diese Phase liefert die folgenden Ergebnisse:

- Liste der tatsächlichen Ursachen für das Problem,
- Grad des Einflusses dieser Ursachen auf das Problem.

Checkliste auf Vollständigkeit und Erfolg

Zur Überprüfung des erfolgreichen Abschlusses der Phase ANALYSE sind die folgenden Fragen zu beantworten:

1. Welche potenziellen Ursachen wurden als die Hauptverursacher für das Problem ermittelt?
2. Wie groß ist der Einfluss dieser Ursachen?
3. Welche Daten und Fakten wurden benutzt, um den Zusammenhang zwischen Ursachen und Problem zu verifizieren?
4. Kann das Problem mit dem Abstellen dieser Ursachen sicher behoben oder ausreichend verringert werden?
5. Welche Erkenntnisse führten bereits zu ersten Verbesserungen (Quick Wins)?

Hinweise

1. Die Phase ANALYSE basiert auf Daten, die entsprechend dem Datensammlungsplan gesammelt wurden. Abweichungen davon können die Analyseergebnisse entscheidend beeinflussen und den Projekterfolg infrage stellen.
2. Wird während der Analyse festgestellt, dass alle Hypothesen zu potenziellen Ursachen verworfen werden müssen, kann die Ursache in der Projektdefinition (DEFINE), der Liste der potenziellen Ursachen oder der Qualität der Datensammlung liegen (MEASURE). Dann ist es ratsam, zuerst die einzelnen Schritte in MEASURE auf Unterlassungen oder Fehler zu überprüfen. Falls keine solchen vorliegen sollten, wäre die Liste der verworfenen potenziellen Ursachen erneut zu bewerten, um gegebenenfalls für weitere Ursachen Daten aufzunehmen und die Analyse zu wiederholen. Falls das nicht zum Erfolg führen sollte, wäre der Projektumfang (DEFINE) infrage zu stellen.
3. Die Analyse potenzieller Ursachen in Lean-Six-Sigma-Projekten erfolgt in der Regel durch Prozessanalyse- als auch Datenanalysemethoden. Obwohl der Schwerpunkt je nach Projektzielstellung zur einen oder anderen Seite verlagert werden kann, sind grundsätzlich beide Arten von Analysemethoden einzusetzen. Ein Außer-Acht-Lassen dieser Regel kann den Projekterfolg gefährden oder das Projektergebnis schmälern.
4. Aufgrund der Vielzahl von Analysemethoden und der daraus resultierenden Versuchung, möglichst alle Methoden auf das Projekt anzuwenden, empfiehlt es sich, das Ziel und den Umfang des Projektes stets im Auge zu behalten, um Analyse der Analyse willen zu vermeiden.

Teamdynamik

ANALYSE benötigt komplexere Werkzeuge als alle anderen Phasen. Jedoch kann diese Phase bei guter Vorarbeit in MEASURE und DEFINE relativ schnell abgeschlossen werden. Herausforderungen können aus den folgenden Ursachen erwachsen:

- Auswahl der für die vorliegenden Daten anzuwendenden Analysewerkzeuge ist nicht trivial.
- Feststellung, dass weder grafische noch statistische Analyse unmittelbar auf signifikante Treiber für das Problem hindeuten.
- Frustration über mit hohem Aufwand gesammelte Daten, die nicht die erwarteten Ergebnisse zeigen.

Durch Projektleiter und Sponsor sind in diesen Fällen, gemeinsam mit dem Team, Maßnahmen zu besprechen und einzuleiten, um diese Hürden zu meistern. Solche Maßnahmen können sein:

- Hinzuziehen eines erfahrenen Master Black Belts bei der Auswahl und Anwendung von Analysewerkzeugen,
- Erweitern oder Wiederholen der Datenaufnahme mit zuvor nicht einbezogenen potenziellen Ursachen,
- Verändern des Projektumfangs, um den Definitionsbereich für potenzielle Ursachen zu vergrößern.

Projektablauf

Im Team „Aktivieren schlafender Autohändler“ werden die folgenden Projektmeetings durchgeführt:

TABELLE 1 Projektmeetings

Nr.	Projektschritt	Termin	Dauer
01	Analysieren des Prozesses zum Bestimmen der kritischen Ursachen - Planen der Prozessanalyse	20. April	1 h
02	Analysieren des Prozesses zum Bestimmen der kritischen Ursachen - Bewerten der Ergebnisse	27. April	2 h
03	Analysieren der Daten zum Bestimmen der kritischen Ursachen	6. Mai	3 h
04	Analysieren der Hintergründe zu den kritischen Ursachen	11. Mai	4 h
05	Vorstellen der Analyseergebnisse im Quality Council	18. Mai	

9 Prozess zum Bestimmen der kritischen Ursachen analysieren

9.1 Ziel und Hintergrund

Der Kern jedes Verbesserungsprojektes ist es, die unwichtigen von den wichtigen Treibern aus den potenziellen Ursachen Xs für das Prozessproblem Y zu ermitteln und darauf aufbauend nach Lösungen zu suchen.

Dazu werden zwei stark miteinander verknüpfte Analysemethoden benutzt: Prozessanalyse und Datenanalyse. In jedem Projekt ist es erforderlich, beide Methoden anzuwenden. Jedoch hängt der Schwerpunkt für die Analyse von der Problemstellung ab. Während bei einer durchlaufzeitbezogenen Problemstellung oftmals die Prozessanalyse ein stärkeres Gewicht erhält, ist der Schwerpunkt bei einer fehlerbezogenen Problemstellung auf der Datenanalyse.

Ziel dieses Schrittes ist es, mithilfe von Prozessanalysemethoden die für das Problem kritischen Ursachen zu identifizieren und deren Einfluss auf das Prozessergebnis zu evaluieren.

9.2 Voraussetzungen

Voraussetzungen für diesen Schritt sind:

- Liste der Ergebnisvariablen Ys,
- Y-X-Datensätze.

9.3 Aufgaben und verwendete Werkzeuge

Die in diesem Schritt zu bearbeitenden Aufgaben und die dazu empfohlenen Werkzeuge sind in Tabelle 9.1 dargestellt.

TABELLE 9.1 In diesem Schritt zu bearbeitende Aufgaben

Aufgabe	Werkzeug
1. Darstellen des Ablaufes	SIPOC, Ablaufdiagramm
2. Untersuchen von Schnittstellenproblemen	Zuständigkeitsdiagramm
3. Aufdecken der Vergeudung von Ressourcen	Waste Walk
4. Ermitteln der Prozesseffizienz	Wertflussdiagramm
5. Berechnen von Prozessflaschenhälsen	Prozesstaktzeit
6. Aufzeigen von Transport- und Bewegungsoperationen	Spaghettidiagramm

Für die Analyse der Ursachen für Durchlaufprobleme können unterschiedliche Werkzeuge eingesetzt werden. Der Einsatz der entsprechenden Werkzeuge richtet sich nach der Fragestellung, die beantwortet werden soll. Im Folgenden werden diese Werkzeuge anhand von Beispielen erläutert und Analysewege vorgeschlagen.

9.3.1 Aufgabe 1: Darstellen des Ablaufes

Um einen Überblick über einen Prozess zu gewinnen, wird der in Kapitel 2 (Abbilden des Grobprozessablaufs) vorgeschlagene SIPOC benutzt.

Nachdem die wichtigen Schritte im Prozessablauf mithilfe des SIPOC aufgezeigt sind, ist es in der Regel erforderlich, einen Teil dieser Schritte oder den gesamten Prozess mithilfe des Ablaufdiagramms (Bild 9.1) mehr detailliert darzustellen. Dieses Werkzeug ist allerdings in seiner Aussagekraft beschränkt und oftmals schwer lesbar. Daher dient es in der Regel als Zwischenprodukt zur Erstellung eines oder mehrerer der im Folgenden beschriebenen Diagramme.

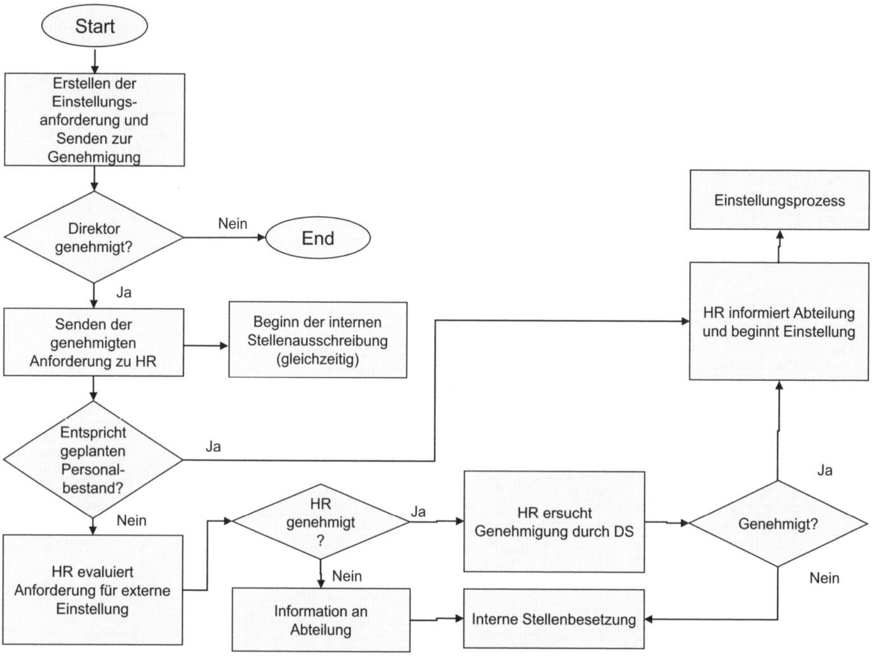

BILD 9.1 Ablaufdiagramm eines Einstellungsprozesses

9.3.2 Aufgabe 2: Untersuchen von Schnittstellenproblemen

Zuständigkeitsdiagramme zeigen den Prozessablauf mit der Besonderheit, dass Aktivitäten von betroffenen Stellen in sogenannten Schwimmbahnen (Swim Lane Diagram) dargestellt werden (Bild 9.2). Dadurch ergibt sich ein Überblick über Schnittstellen, die in Prozessabläufen oftmals Schwerpunkte für die Entstehung von Problemen bilden.

Schnittstellen bilden oftmals Schwerpunkte für Ursachen von Prozessproblemen. Zuständigkeitsdiagramme werden eingesetzt, um die Schnittstellen aufzudecken und davon ausgehend den Ursachen auf den Grund zu gehen.

Nach der Darstellung dieser Schnittstellen sind diese daraufhin zu untersuchen, inwieweit sie potenzielle Ursachen beinhalten. Dazu werden die an den Schnittstellen zu übergebenden Materialien oder die weiterzuleitende Information danach untersucht, ob der jeweilige Kunde – das heißt der nachfolgende Schritt – das erhält, was er benötigt. Potenzielle Fehler sind: fehlende oder unvollständige, nicht qualitätsgerechte sowie verspätete Lieferungen.

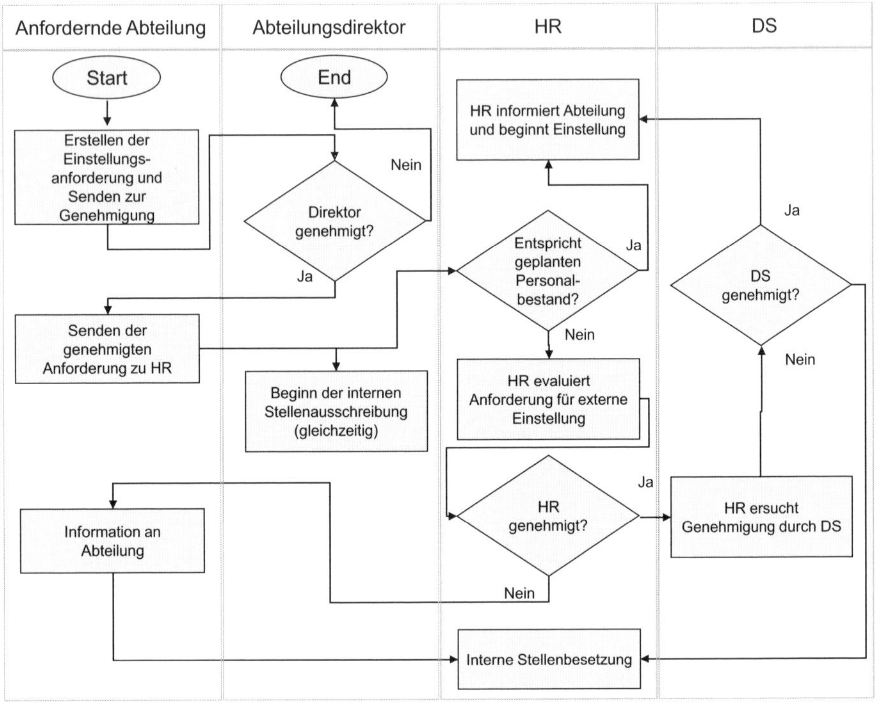

BILD 9.2 Zuständigkeitsdiagramm eines Einstellungsprozesses – Anforderung

Beispielsweise ist eine von der anfordernden Abteilung unvollständig oder unklar ausgefüllte Einstellungsanforderung (Schritt 1 in Bild 9.2) entweder für den Abteilungsdirektor oder spätestens für HR oft ein Grund der Nachfrage und damit für die Verzögerung des Prozesses. Derartige Fehler sind besonders in Dienstleistungsprozessen Grund für eine niedrige Prozesseffizienz.

9.3.3 Aufgabe 3: Aufdecken der Vergeudung von Ressourcen

Um nicht wertschöpfende Tätigkeiten aufzudecken, ist es nicht ausreichend, den Prozess darzustellen und die einzelnen Prozessschritte auf deren Wertschöpfung zu untersuchen. Prozessschritte sind oftmals das Resultat von einer Mehrzahl von Tätigkeiten, deren Anteil an der Wertschöpfung aufgezeigt werden muss. Dazu ist der Prozess so weit wie möglich physisch zu „durchlaufen“, das heißt, den Prozessschritten und den immanenten Tätigkeiten zu folgen. Eine bewährte Methode ist es, eine oder mehrere Einheiten durch den Prozess zu begleiten. Beispielsweise wird der Prozessablauf aus der Sicht des Blutspenders offensichtlich, wenn man ein oder mehreren Blutspendern durch den Prozess nachgeht.

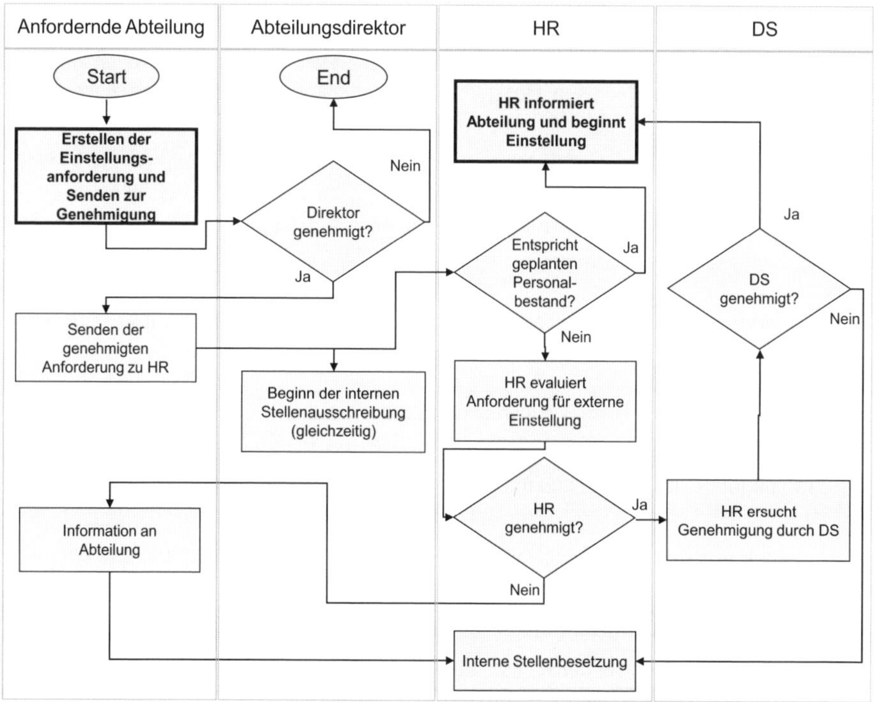

BILD 9.3 Wertschöpfende Schritte in einem Einstellungsprozess – Anforderung

Auch wenn es sich um Tätigkeiten handelt, die auf dem Papier oder im Computer stattfinden, ist der verbleibende manuelle Prozess Schritt für Schritt zu verfolgen. Es ist beispielsweise nicht ausreichend, die einzelnen Prozessschritte eines Einstellungsprozesses im Personalwesen zu betrachten. Wahrheitsgetreuere Ergebnisse werden erzielt, wenn ein oder mehrere Kandidaten vom ersten Kontakt bis zur Einstellung „verfolgt" werden.

Bei dieser Prozessbegehung, dem sogenannten Waste Walk, ist auf die in Tabelle 9.2 dargestellten Anzeichen von Verschwendung zu achten.

TABELLE 9.2 Kategorien von Verschwendung in Dienstleistungsprozessen

Nr.	Kategorie	Beispiel aus Dienstleistungsprozessen
01	Transport	Mehrfache Weiterleitung von E-Mails Häufige Übergabe von Dokumenten von Stelle zu Stelle
02	Lagerhaltung	Stapeln von Unterlagen bis zur Bearbeitung Bereithalten von Formularen und Dokumenten
03	Bewegung	Laufen vom Arbeitsplatz zu anderen Stellen wie zum zentralen Drucker, zu anderen Büros oder zum Chef
04	Warten	Warten auf Fertigstellung des vorhergehenden Vorgangs, auf Verfügbarkeit des Computers oder Systems, auf andere Bearbeiter, auf Genehmigung vom Chef

▶

Nr.	Kategorie	Beispiel aus Dienstleistungsprozessen
05	Überproduktion	Herstellen von Extrakopien, Interviews von zusätzlichen Kandidaten, Einsammeln von Blutspenden, die nicht genutzt werden können
06	Extrabearbeitung	Mehrfaches Prüfen von Unterlagen, mehrfache Interviews desselben Kandidaten, mehrfaches Testen der Blutgruppe
07	Fehlerkorrektur	Korrektur falscher Eingaben, Einstellen nach Mitarbeiterkündigungen, Senden von Korrekturmails zur Richtigstellung vorheriger Fehlkommunikation
08	Unterforderung von Bearbeitern	Mitarbeiter werden nicht entsprechend ihren Fähigkeiten eingesetzt

Beispielsweise wurden beim Verfolgen des Prozesses der Blutspende folgende Anzeichen von Verschwendung offenbart:

1. Erstspender erkundigen sich nach dem Ablauf, da dieser nicht klar gekennzeichnet ist.
2. Spender mit Voranmeldung melden sich an der Registrierung für Spender ohne Voranmeldung.
3. Spender sitzen im Warteraum, bevor sie zur Registrierung gerufen werden.
4. Oberschwester hilft bei der Registrierung aus, da Registrierungspersonal nicht vollständig anwesend ist.
5. Spender müssen während des Durchlaufs einen langen Weg zwischen den unterschiedlichen Stationen der Blutspende zurücklegen.
6. Spender erkundigen sich nach nächstem Schritt, da der Ablauf nicht klar gekennzeichnet ist.
7. Spender füllen Formulare aus, bevor festgestellt wird, dass sie nicht spenden können.
8. Spender warten auf das Interview durch den Arzt.
9. Interview dauert länger als geplant, da Spender das Formular nicht verstanden und daher falsch ausgefüllt haben.
10. Spender warten auf Hämoglobintest, da zuständige Schwester mit Abpacken der Blutbeutel beschäftigt ist.
11. Spender warten, bis eine Liege zur Blutabnahme frei wird.
12. Spender befinden sich auf der Liege und warten, da das Personal mit anderen Tätigkeiten beschäftigt ist.
13. Spender warten auf der Liege, da das Personal erst Blutabnahmezubehör besorgen muss.
14. Nadel wird mehrfach angesetzt, um eine geeignete Vene zu finden.
15. Schwester muss regelmäßig Blutbeutel kontrollieren, da vollautomatische Geräte nicht für alle Liegen ausreichen.

16. Spender warten nach Abschluss der Blutabnahme auf Verfügbarkeit des Personals zum Entfernen der Nadel.
17. Spender warten auf die Rückgabe des Spenderausweises.
18. Spender warten an der Ausgabe der Speisen auf die Bedienung.

Diese Anzeichen von Verschwendung sind wichtige Signale und zeigen einen Teil des Potenzials zur Prozessverbesserung auf.

Praktischerweise werden diese Signale auf dem entsprechenden Diagramm (Ablaufdiagramm, Zuständigkeitsdiagramm oder Wertflussdiagramm) neben dem betroffenen Prozessschritt markiert und für die Phase IMPROVE bereitgehalten.

9.3.4 Aufgabe 4: Ermitteln der Prozesseffizienz

Die Effizienz eines Prozesses lässt sich im Verhältnis der Zeit für wertschöpfende Tätigkeiten zur Gesamtdurchlaufzeit eines Prozesses ausdrücken. Ein wertschöpfender Prozessschritt liegt dann vor, wenn alle der folgenden Forderungen erfüllt werden:

1. Die Kunden sind bereit, für den entsprechenden Prozessschritt zu zahlen, da ein Mehrwert für die Kunden erzeugt wird.
2. Der betreffende Prozessschritt ruft eine physische Änderung des Produktes oder der Leistung hervor.
3. Der Prozessschritt wird beim ersten Mal erfolgreich durchlaufen.

Mithilfe dieser Kriterien werden alle Prozessschritte überprüft und auf Wertschöpfung untersucht. Wie aus Bild 9.2 ersichtlich ist, werden im ersten Teil des Einstellungsprozesses, dem Anforderungsprozess, nur zwei Schritte aus der Sicht des Prozesskunden als wertschöpfend betrachtet: die Erstellung der Einstellungsanforderung mit dessen Übergabe an HR sowie die Rückinformation von HR, dass der Einstellungsprozess begonnen wurde.

Alle anderen Schritte sind nicht wertschöpfend aus der Sicht der anfordernden Abteilung. Prüfungs-, Evaluierungs- und Genehmigungsaktivitäten widersprechen der dritten Forderung nach dem erfolgreichen Durchlaufen aller Schritte, denn sie unterstellen, dass Fehler gemacht werden könnten. Außerdem wird durch solcherart Aktivitäten keine Änderung der Leistung, der Einstellung der richtigen Person, vorgenommen. Daher sind Prozesskunden nicht gewillt, dafür zu „zahlen".

Um die Prozesseffizienz für das vorliegende Beispiel (Bild 9.3) abzuschätzen, wird die gesamte Zeit für die wertschöpfenden Schritte von etwa drei Stunden zur Gesamtdurchlaufzeit des Prozesses von etwa zwei Wochen ins Verhältnis gesetzt. Daher ergibt sich beim Zugrundelegen einer Wochenarbeitszeit von 40 Stunden eine Prozesseffizienz von weniger als 8 %.

Das heißt nicht, dass zur Verbesserung des vorliegenden Prozesses die nicht wertschöpfenden Schritte aus dem Ablauf entfernt werden können. Überprüfungen und Genehmigungen können nur aus dem Prozess genommen werden, wenn die Ursachen dafür nicht mehr gegeben sind. Das heißt, nach Verbesserung des Prozesses und damit einer

Eliminierung der Fehlerursachen kann die Prozesseffizienz drastisch gesteigert und dem Kunden eine qualitativ hochwertige Leistung in akzeptabler Zeit angeboten werden. Prüfschritte, die entweder vom Gesetzgeber oder vom Kunden vorgegeben sind, bilden eine Ausnahme.

Wertflussdiagramme haben ein ähnliches Ziel: die Offenlegung von Prozesseffizienz und damit von Verbesserungspotenzial. Außerdem werden diese Diagramme mit Informationen zur Kundenforderung ausgestattet, sodass darauf aufbauende Berechnungen möglich sind. In Bild 9.4 wird die Kundenforderung mit 60 Einheiten gekennzeichnet, die in einem Zeitraum von 20 Minuten zu bearbeiten sind. Aus dem Verhältnis von verfügbarer Zeit und geforderten Einheiten ergibt sich der Takt mit 20 Sekunden. Diese Größe wird bei der Berechnung von Flaschenhälsen eine Rolle spielen.

Zusätzlich werden Wertflussdiagramme mit Informationen angereichert, die Hinweise zu den Ursachen für Prozessprobleme geben. In Dienstleistungsprozessen werden typischerweise die in Tabelle 9.3 dargestellten Informationen zu einzelnen Prozessschritten eingefügt (siehe Schritt „Lokalisieren des Empfängers" in Bild 9.4).

TABELLE 9.3 Information in Wertflussdiagrammen

Benennung	Kürzel	Wert	Einheit	Erklärung
Ausführender		Registrierung		Die Benennung der Stelle
Bearbeitungszeit	P/T	30–48	Sek	Bearbeitungszeit für diesen Schritt
Ressourcen	FTE	1		Anzahl von entsprechenden Vollzeitkräften, die diesen Schritt ausführen, das heißt, zwei Halbtagskräfte ergeben 1 FTE.
Zu bearbeitende Einheiten	WIP	27	Einheit	Einheiten, die auf die Bearbeitung warten
Vollständig und richtig	%C&A	90	%	Vollständigkeit der eingegangenen Information oder Lieferung
Stapelbearbeitung	Batch	1	Einheit	Bedingung, die zum Start der Bearbeitung führt, beispielsweise eine Mindestanzahl von Aufträgen oder ein dedizierter Zeitpunkt
Ertrag	Y%			

Ferner kann es erforderlich sein, weitere Informationen aufzuweisen, um diese für die Ursachenanalyse und für die Lösungsfindung zur Verfügung zu stellen. Eine solche Information wäre die Verfügbarkeit des Equipments (typischerweise Computer oder IT-System), falls die Bearbeitung des Schrittes stark davon abhängen sollte und die Verfügbarkeit nicht immer gegeben wäre.

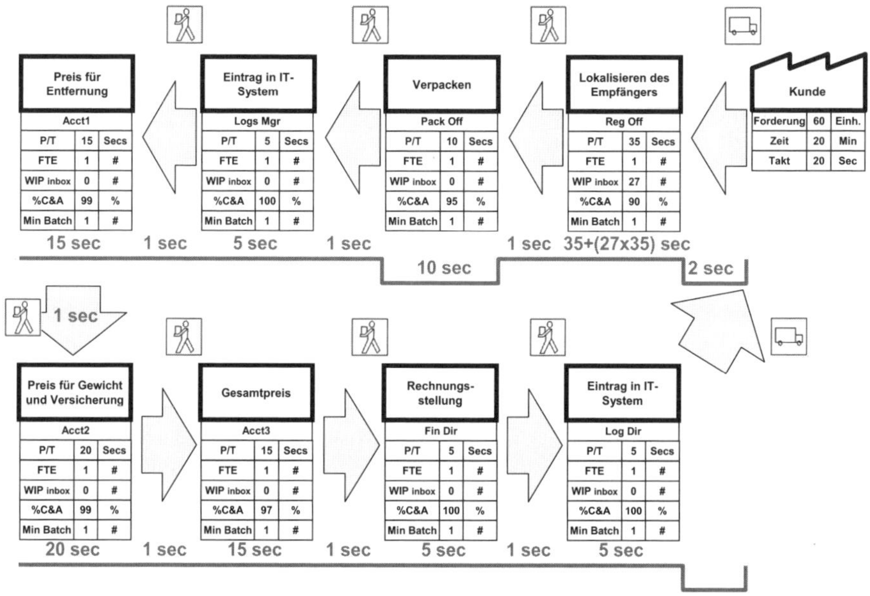

BILD 9.4 Wertflussdiagramm eines Einstellungsprozesses (Ist-Zustand)

Weiterhin ist - wie in Bild 9.4 ersichtlich - der Anteil an der Wertschöpfung grafisch darzustellen. Dazu wird eine horizontale Linie unter den gesamten Ablauf gezogen, welche die Zeiten für jeden Prozessschritt und auch für die Pausen oder Weiterleitungsaktivitäten dazwischen darstellt. Der Verlauf der Linie indiziert typischerweise die Wertschöpfung, wobei die Linie für wertschöpfende Schritte abgesenkt gezeichnet wird.

Ein Wertflussdiagramm kann auf unterschiedlichem Prozessniveau durchgeführt werden. Bereits in der Eingangsphase des Projektes kann anstelle des oder zusätzlich zum SIPOC begonnen werden, ein Wertflussdiagramm aufzubauen, um die Datensammlung vorzubereiten. Nachdem das Grobwertflussdiagramm erstellt wurde und mit Daten angereichert ist, kann eine detailliertere Prozessanalyse mit bereits beschriebenen Prozessanalysewerkzeugen durchgeführt werden.

9.3.5 Aufgabe 5: Berechnen von Prozessflaschenhälsen

Das Wertflussdiagramm liefert eine Vielzahl von Informationen, aus denen Ansätze zur Prozessverbesserung abgeleitet werden können. Der Takt ist der Quotient aus verfügbarer Zeit und Kundenforderung. Wenn beispielsweise eine Blutbank von 9.00 Uhr bis 18.00 Uhr für Spender geöffnet ist und in diesem Zeitraum 180 Spender eintreffen, ergibt sich ein Takt von 0,05 Stunden oder drei Minuten. Takt ist damit das durchschnittliche Intervall zwischen dem Eintreffen von Kundenforderungen. Daraus lässt sich ableiten, wie viele Ressourcen in unterschiedlichen Prozessschritten benötigt werden. Wenn beispielsweise ein Blutspender durchschnittlich 30 Minuten auf einer Liege verbringt, werden mindestens zehn Liegen (30 Minuten Bearbeitungszeit dividiert durch drei Minuten Takt) benötigt. Aufgrund der allgegenwärtigen Variation in Dienstleistungsprozessen sowie im Intervall zwischen dem Eintreffen der Spender sind mehr als zehn Liegen erforderlich, um einen reibungslosen Ablauf zu gewährleisten. Andernfalls bildet dieser Prozessschritt einen Flaschenhals, der Warteschlangen und unzufriedene Kunden nach sich zieht.

In Bild 9.4 werden 60 Pakete gefordert, die in 20 Minuten bearbeitet werden müssen. Daraus ergibt sich ein Takt von 20 Sekunden. Demzufolge benötigen Prozessschritte mit einer Bearbeitungszeit größer als 20 Sekunden mehr als eine Ressource. Der Schritt „Lokalisieren des Empfängers" wird in 35 Sekunden bearbeitet. Da nur eine Ressource zur Verfügung steht, hat sich ein Rückstau von 27 zu bearbeitenden Paketen gebildet. Dieser Rückstau verlängert die Gesamtdurchlaufzeit um 27 mal 35 Sekunden, da jedes neue Paket erst so lange warten muss, bis es bearbeitet werden kann. Zusätzlich vergrößert sich der Rückstau, wenn weiterhin nur eine Ressource zur Verfügung gestellt werden kann. Zur Behebung dieser Art Problem wird nicht nur eine permanente Aufstockung der Ressourcen gefordert. Zusätzlich wird temporäre Unterstützung benötigt, um den Rückstau abzubauen.

Eine langfristige Lösung besteht entweder in der Beseitigung des Ressourcenengpasses oder in der Reduzierung der Bearbeitungszeit für diesen Prozessschritt.

9.3.6 Aufgabe 6: Aufzeigen von Transport- und Bewegungsoperationen

Spaghettidiagramme werden eingesetzt, wenn die Ursachen für lange Durchlaufzeiten in räumlichen Gegebenheiten und daraus resultierenden Transportwegen zu suchen sind. Mithilfe dieser Diagramme wird deutlich gemacht, welche Wege lange Durchlaufzeiten benötigen und daher Verbesserungspotenzial besitzen. Sie veranschaulichen grafisch die Verschwendung in den Kategorien Transport und Bewegung.

In Bild 9.5 ist das Spaghettidiagramm eines Blutspendeprozesses dargestellt. Obwohl nur ein Schema anstelle eines Lageplanes verwendet wurde, ist die Anordnung der Räumlichkeiten sowie deren Verhältnis zu den Wegen wirklichkeitsnah abgebildet. Daraus lassen sich Schlussfolgerungen über Optimierungsmöglichkeiten bei der Anordnung der Räumlichkeiten und der sich daraus ergebenden Wege ziehen.

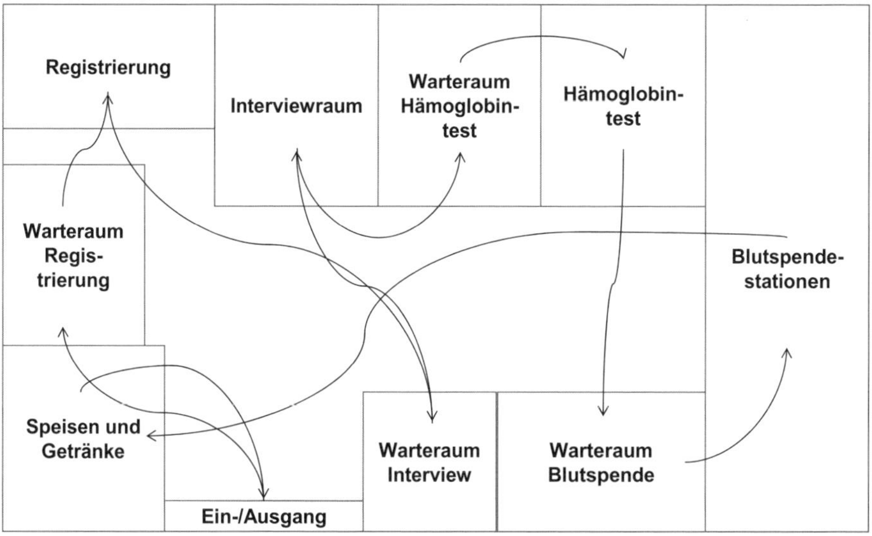

BILD 9.5 Spaghettidiagramm eines Blutspendeprozesses

9.4 Ergebnisse

Dieser Schritt liefert die folgenden Ergebnisse:

- Darstellung des Prozessablaufes,
- Prozessindikatoren wie Effizienz und Takt,
- Hinweise für Verschwendung im Prozess,
- Hinweise für Flaschenhälse im Prozess.

9.5 Tipps

Die richtige Auswahl der Werkzeuge zur Prozessanalyse bestimmt maßgeblich den Erfolg. Diese Auswahl hängt vom Problem und von der Fragestellung ab, mit der die Ursachen für das Problem hinterfragt werden.

9.6 Benötigte Zeit

Dieser Schritt benötigt ein Meeting von einer Stunde zur Vorbereitung der Prozessanalyse. Danach ist es in der Regel erforderlich, den Prozess zu „begehen", das heißt, den Prozessablauf vor Ort zu studieren.

Danach wird ein Meeting von drei bis vier Stunden zur Darstellung und Besprechung der Ergebnisse beansprucht. Für dieses Meeting ist es von Vorteil, eine Metaplantafel oder eine große Wandtafel zur Prozessdarstellung zur Verfügung zu haben.

9.7 Fallbeispiel

Die Prozessanalyse unterstützt die Datenanalyse mit Hintergrundinformationen zu den Ursachenvariablen Xs, die beim Entwickeln von Lösungen herangezogen werden können.

In einem kurzen Meeting wird beschlossen, zuerst eine Prozessbegehung durchzuführen. Dessen Ergebnisse sollen danach in einem Wertflussdiagramm veranschaulicht werden. Mithilfe des ermittelten Takts wird zusätzlich der Prozess auf Flaschenhälse untersucht.

9.7.1 Aufgabe 1: Aufdecken der Vergeudung von Ressourcen

Die Prozessbegehung zur Aufdeckung von Verschwendung wird durch jeweils zwei Teammitglieder ausgeführt, wobei über drei Tage insgesamt fünf Kreditanträge vom Eingang bis zur Mitteilung der Entscheidung an den Händler verfolgt werden. Die dabei aufgenommenen Daten sind im Wertflussdiagramm in Bild 9.6 wiedergegeben.

Die Bearbeitungszeiten (P/T med) wurden aus den gesammelten Daten ermittelt und mit dem Median im Diagramm verdeutlicht. Die Analyse der an den entsprechenden Prozessschritten beteiligten Personen zeigte, dass jeweils fünf Mitarbeiter mit den erforderlichen Kompetenzen für Bearbeiter 1 und Bearbeiter 2 zur Verfügung stehen. Aufgrund der von diesen Mitarbeitern zu bearbeitenden Aufgabenpakete können sie nur einen Teil der Arbeitszeit für die Kreditbearbeitung aufwenden. Während Interviews mit diesen Mitarbeitern wurde abgeschätzt, dass jeder von ihnen etwa 30 % für „Sieben des Kreditantrags", etwa 10 % für „Prüfen mit Kreditbüro" und „Prüfen und Abgleichen mit Vertrieb" sowie 10 % für „Vorbereiten und Senden an Autohändler" aufbringt. Für die Kreditentscheidung von Kleinkrediten (< 3500 Euro) steht die Arbeitskraft von 2,5 Bearbeitern mit erweiterten Kompetenzen bereit. Die Kreditentscheidung von größeren Krediten (≥ 3500 Euro) lastet auf den Schultern des Direktors, der dafür nur 40 % seiner Arbeitszeit aufwenden kann.

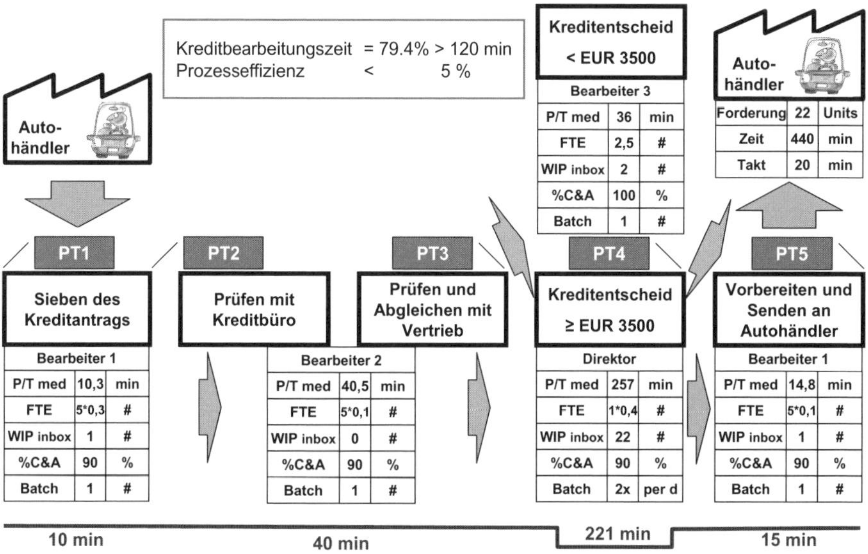

BILD 9.6 Wertflussdiagramm des Kreditbearbeitungsprozesses

Bei der Durchsicht des Posteingangs aller Prozessschritte stellte sich heraus, dass alle Bearbeiter sofort beim Eintreffen eines neuen Kreditantrags in ihrem Posteingang mit der Bearbeitung beginnen. Daher finden sich in der Eingangsbox (WIP) maximal zwei Vorgänge (Kreditentscheidung für Kleinkredite). Anders stellt sich die Situation bei der Kreditentscheidung durch den Direktor dar. Dort wurden 22 Vorgänge im Posteingang gefunden. Ein Grund für diesen Rückstau besteht in der Bearbeitung durch den Direktor, der es sich aufgrund einer Vielzahl anderer Verpflichtungen zur Regel gemacht hat, zweimal am Tag seinen Posteingang zu bearbeiten. Die scheinbar lange Bearbeitungszeit von im Median 257 Minuten stellt nicht die Netto-Bearbeitungszeit, sondern Bearbeitungs- plus Liegezeit dar. Es wurde beobachtet, dass einige Kreditentscheidungen durch den Direktor in wenigen Minuten erledigt waren. Allerdings hatten die meisten Vorgänge zuvor schon im Posteingang gewartet.

9.7.2 Aufgabe 2: Aufdecken von Flaschenhälsen

Durch die verfügbare Arbeitszeit von 440 Minuten pro Tag und einer mittleren Anzahl von Anträgen pro Tag von 22 ergibt sich ein Takt von 20 Minuten. Für die maximale Anzahl von Anträgen pro Tag von 30 beträgt der Takt weniger als 15 Minuten. Das heißt, dass jeder Prozessschritt in weniger als 20 beziehungsweise 15 Minuten erledigt sein muss.

Für den Prozessschritt „Sieben des Kreditantrags“ werden etwa zehn Minuten aufgewendet, das heißt, dass dieser Schritt mit den verfügbaren 1,5 Mitarbeitern leicht innerhalb der Taktzeit von 20 beziehungsweise 15 Minuten abgearbeitet werden kann. Die Mitarbeiter sind nicht ausgelastet.

Für die zusammengefassten Prozessschritte „Prüfen mit Kreditbüro“ und „Prüfen und Abgleichen mit Vertrieb“ stehen für eine Bearbeitungszeit von etwa 40 Minuten bei einer Taktzeit von 20 beziehungsweise 15 Minuten nur 0,5 Mitarbeiter zur Verfügung. Trotzdem gibt es keinen Rückstau. Das heißt, die Zeit für diese Prozessschritte ist stark von Liege- und Wartezeit geprägt. Die effektive Bearbeitungszeit ist wesentlich geringer. Daher sind die Ursachen für diese Liege- und Wartezeit zu untersuchen.

Für den Prozessschritt „Kreditentscheid“ wurde ein Median von 36 Minuten für Kleinkredite und 257 Minuten für größere Kredite ermittelt. Während der Interviews von Mitarbeitern der Kompetenz Bearbeiter 3 und mit dem Direktor wurde deutlich, dass die tatsächliche Bearbeitungszeit sowohl für Kleinkredite als auch für größere wesentlich geringer ist. Wenn alle Unterlagen vorliegen, kann ein Kredit binnen weniger Minuten entschieden werden. Im Folgenden ist zu untersuchen, weshalb sich nicht immer die kompletten Unterlagen sofort finden lassen, sodass Nachfragen notwendig sind.

Während der Interviews wurde außerdem deutlich, dass bei der Datenerfassung „geschönte“ Daten erzeugt wurden. Um vorangegangenen Stellen nicht unnötig Ärger zu bereiten, wurde beim Fehlen von Kleinigkeiten bei diesen Stellen nachgefragt und die Information eingeholt, ohne dies in der Datenaufnahme zu vermerken. Nur bei gravierenden Abweichungen wurde ein Eintrag im Datenerfassungsbogen vorgenommen.

Diese Art Nacharbeit ist besonders im Dienstleistungsbereich häufig anzutreffen, da die Definitionen von „richtig“ oder „vollständig“ oftmals unscharf sind und dadurch zu subjektiv bewirkten Abweichungen führen.

9.7.3 Aufgabe 3: Zusammenfassen der Analyseergebnisse

Die Analyse des Prozesses hinsichtlich Schwachstellen hat die in Tabelle 9.4 dargestellten potenziellen Problemursachen ergeben, die den entsprechenden Xs zugeordnet werden.

TABELLE 9.4 Ergebnisse der Prozessanalyse

X	Faktor	Ergebnis	Bemerkung	IMPROVE
X_3	Kredit-bearbeitungs-schritte	Prozessschritt „Sieben des Kreditantrags“ liegt unterhalb Taktzeit. Es stehen 1,5 Mitarbeiter zur Verfügung.	Es besteht Verbesserungs-potenzial in der Auslastung der Mitarbeiter.	Ja
X_3	Kredit-bearbeitungs-schritte	Effektive Bearbeitungszeit der zusammengefassten Prozessschritte „Prüfen mit Kreditbüro“ und „Prüfen und Abgleichen mit Vertrieb“ liegt unter der gemessenen Zeit.	Es besteht Verbesserungs-potenzial in diesen Prozess-schritten durch Reduzieren der Liegezeit.	Ja

X	Faktor	Ergebnis	Bemerkung	IMPROVE
X_3	Kredit-bearbeitungs-schritte	Schritt Kreditentscheidung für große Kredite (≥ 3500 Euro) dauert länger.	Große Kredite werden durch Direktor bearbeitet, wodurch Entscheidungen verzögert werden. Ursachen: 1. Nur 40 % der Arbeitszeit für Kreditentscheidung. 2. 22 Kreditanträge im Posteingang gefunden. 3. Stapelbearbeitung zweimal pro Tag.	Ja
X_4	Kundendaten unvollständig	Ergebnisse „geschönt"	Einige Fehler wurden intern behoben, ohne in der Datenerfassung aufgenommen zu werden.	Ja
X_5	Kreditantrag unvollständig	Ergebnisse „geschönt"	Einige Fehler wurden intern behoben, ohne in der Datenerfassung aufgenommen zu werden.	Ja
X_6	Kreditantrag inkorrekt	Ergebnisse „geschönt"	Einige Fehler wurden intern behoben, ohne in der Datenerfassung aufgenommen zu werden.	Ja

Nach Abschluss der Prozessanalyse geht das Team in die Datenanalyse, bevor nach den Hintergründen für die Ursachen gesucht werden kann.

10 Daten zum Bestimmen der kritischen Ursachen analysieren

10.1 Ziel und Hintergrund

In einem Lean-Six-Sigma-Verbesserungsprojekt werden die unwichtigen von den wichtigen Treibern aus den potenziellen Ursachen Xs für das Prozessproblem Y ermittelt, und es wird darauf aufbauend nach Lösungen gesucht.

Während die Prozessanalyse im vorangegangenen Kapitel behandelt wurde, befasst sich dieses Kapitel mit der Datenanalyse.

Ziel dieses Schrittes ist es, mithilfe von Datenanalysemethoden die für das Problem kritischen Ursachen zu identifizieren und deren Einfluss auf das Prozessergebnis zu evaluieren.

10.2 Voraussetzungen

Voraussetzungen für diesen Schritt sind:

- Liste der Ergebnisvariablen Y,s
- Y-X-Datensätze.

10.3 Aufgaben und verwendete Werkzeuge

Die in diesem Schritt zu bearbeitenden Aufgaben und die dazu empfohlenen Werkzeuge dienen dem Darstellen und Überprüfen des Zusammenhangs zwischen Ergebnisgrößen Ys und Einflussgrößen Xs. Da die anzuwendenden Werkzeuge vom Datentyp in X und Y abhängen, werden die Methoden für jede der möglichen Kombinationen aus variablen und attributiven Xs sowie variablen und attributiven Ys beschrieben (Tabelle 10.1).

TABELLE 10.1 In diesem Schritt zu bearbeitende Aufgaben

Aufgabe	Werkzeug	SigmaXL
1. Variable Ergebnisgröße Y und attributive Einflussgröße X	Punktdiagramm (Dotplot)	Graphical Tools – Dotplots
	Boxplot	Graphical Tools – Boxplots
	t-Test für normalverteilte Daten	Statistical Tools – 2 Sample t-Test Statistical Tools – Paired t-Test
	Mann-Whitney-Test für nicht normalverteilte Daten	Statistical Tools – Nonparametric Tests – 2-Sample Mann-Whitney Test
	ANOVA für normalverteilte Daten	Statistical Tools – Two-Way ANOVA
	Kruskal-Wallis-Test für nicht normalverteilte Daten	Statistical Tools – Nonparametric Tests – Kruskal-Wallis Median Test
2. Variable Ergebnisgröße Y und variable Einflussgröße X	Streudiagramm	Graphical Tools – Scatter Plot Graphical Tools – Scatter Plot Matrix
	Korrelationsanalyse	Statistical Tools – Correlation Matrix
	Regressionsanalyse	Statistical Tools – Regression – Multiple Regression
3. Attributive Ergebnisgröße Y und attributive Einflussgröße X	Kreisdiagramm	Excel-Funktion
	Balkendiagramm	Excel-Funktion
	Proportionentest	Statistical Tools – Basic Statistical Templates – Proportions Test & Fisher's Exact
	X^2-Test	Statistical Tools – Chi-Square Test
4. Attributive Ergebnisgröße Y und variable Einflussgröße X	Punktdiagramm (Dotplot)	Graphical Tools – Dotplots
	Boxplot	Graphical Tools – Boxplots
	Logistische Regression	Statistical Tools – Binary Logistic Regression

Die hier beschriebenen Methoden zur grafischen Darstellung und statistischen Analyse der Zusammenhänge zwischen potenziellen Ursachen X und Schichtungsvariablen X und den Ergebnisvariablen Y stehen für jede der möglichen Kombinationen aus variablen und attributiven X sowie variablen und attributiven Y zur Verfügung. Für das jeweilige Projekt sind nur diejenigen auszuwählen, die sich aus der Paarung X-Y ergeben. ■

10.3.1 Aufgabe 1: Variable Ergebnisgröße Y und attributive Einflussgröße X

Grafische Analyse – zwei Gruppen

Zur grafischen Analyse des Einflusses von einer attributiven Einflussgröße mit zwei Gruppen auf eine variable Ergebnisgröße stehen mehrere Werkzeuge zur Verfügung, die die Schichtung der Daten erlauben. Diese Werkzeuge sind Histogramm, Punktdiagramm und Boxplot. Aufgrund der Forderung des Histogramms nach einer relativ großen Datenmenge wird auf dessen Erläuterung verzichtet.

Bild 10.1 zeigt die Rekrutierungszeit vor und nach der Verbesserung des Prozesses. In diesem Fall ist die Rekrutierungszeit das variable Y, und der Zustand des Prozesses vor beziehungsweise nach der Einführung von Verbesserungen ist das attributive X. Aus dem Bild ist erkennbar, dass der Prozess nach Verbesserung deutlich kürzere Durchlaufzeiten liefert. Noch besser ist dies im Boxplot in Bild 10.2 sichtbar. (Die Darstellung von zwei potenziellen Ausreißern im Datensatz nach Verbesserung sollte vernachlässigt werden.)

Damit kann die Analyse dieses Zusammenhangs abgeschlossen sein, wenn die Differenz so groß ist, dass man der grafischen Darstellung vertraut. Die Aussage nach Analyse wäre entsprechend: „Ja, der Prozess liefert nach der Verbesserung signifikant kürzere Durchlaufzeiten."

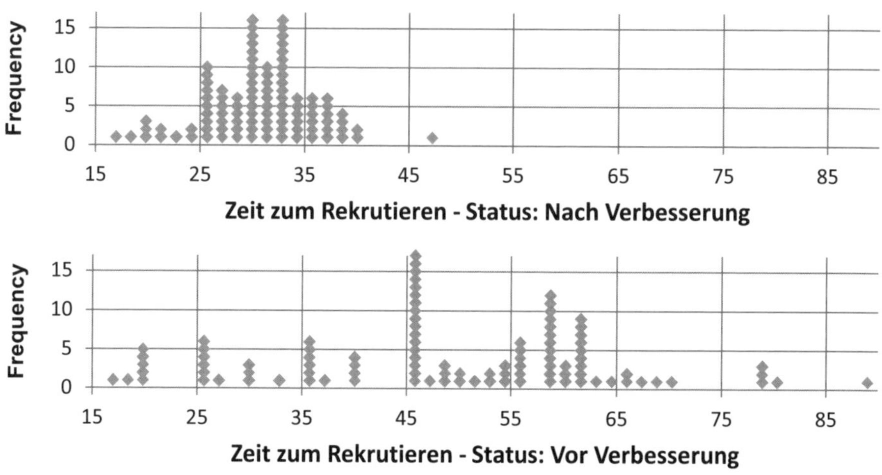

BILD 10.1 Punktdiagramm für den Einfluss des Prozessstatus auf die Zeit zum Rekrutieren

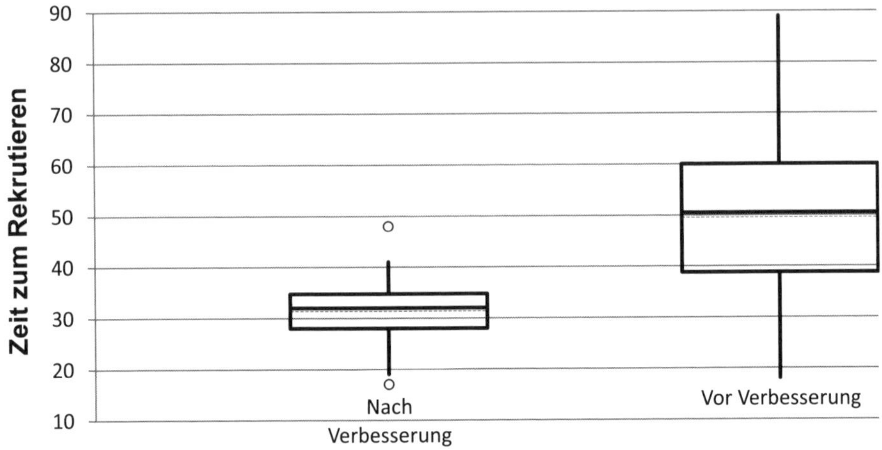

BILD 10.2 Boxplot für den Einfluss des Prozessstatus auf die Zeit zum Rekrutieren

Statistische Analyse – zwei Gruppen

Falls die grafische Darstellung nicht eindeutig ist oder falls eine wichtige Entscheidung von der Signifikanz der Aussage abhängt, sollte zusätzlich zur grafischen Analyse eine statistische Analyse durchgeführt werden. Dazu stehen mehrere Werkzeuge zur Verfügung, die in Abhängigkeit von der Verteilung der Daten eingesetzt werden.

> Es hat sich als praktikabel erwiesen, statistische Entscheidungen mit 95%iger Sicherheit beziehungsweise mit einem maximalen Risiko von 5% zu treffen. Diese Regel wird im Folgenden angewendet. Falls bestimmte Umstände ein geringeres Grenzrisiko erfordern, sind die Risikowerte (p-value) mit diesem geänderten Grenzrisiko zu bewerten. ■

Durch die beschreibende Statistik in Bild 10.3 – p-value (A-D Test) ist kleiner als 0,05 – wird deutlich, dass die Zeit zum Rekrutieren vor Verbesserung nicht normalverteilt ist, während Normalverteilung für den verbesserten Prozess nachgewiesen werden kann. Daher ist der t-Test auf signifikante Differenz zwischen Mittelwerten nicht einsetzbar, sondern es kommt der Mann-Whitney-Test auf signifikante Differenz zwischen Medianen zur Anwendung.

Zeit zum Rekrutieren by Status		
Descriptive Statistics	Status = Nach Verbesserung	Status = Vor Verbesserung
Count	100	100
Mean	31,370	49,540
Stdev	5,266	15,413
Range	31	71
Minimum	17	18
25th Percentile (Q1)	28	38,750
50th Percentile (Median)	32	50,500
75th Percentile (Q3)	34,750	60
Maximum	48	89
95.0% CI Mean	30.325 to 32.415	46.482 to 52.598
95.0% CI Sigma	4.624 to 6.117	13.533 to 17.905
Anderson-Darling Normality Test	0,578867	1,155
p-value (A-D Test)	**0,1290**	**0,0049**
Skewness	-0,130252	-0,162591
p-value (Skewness)	0,5785	0,4887
Kurtosis	0,757959	-0,295743
p-value (Kurtosis)	0,1396	0,5775

BILD 10.3 Beschreibende Statistik für die Zeit zum Rekrutieren

Aus dem Mann-Whitney-Test in Bild 10.4 kann entnommen werden, dass das Risiko (p-value) für die Annahme einer signifikanten Differenz zwischen dem Prozess vor und nach Einführung der Verbesserung praktisch gleich null ist. Daraus kann die Aussage abgeleitet werden: „Ja, der Prozess liefert nach der Verbesserung signifikant kürzere Durchlaufzeiten.“ Diese Aussage bestätigt die durch die grafische Analyse gewonnene Erkenntnis.

Falls nicht normalverteilte Daten vorliegen, können entweder dafür zugeschnittene Werkzeuge eingesetzt oder die Daten in Normalverteilung transformiert werden. Die Box-Cox-Transformation unterstützt diese Aufgabe mit einem Iterationsalgorithmus. Diese Methode findet allerdings nur selten Anwendung.

2 Sample Mann-Whitney - Zeit zum Rekrutieren

Test Information

H_0: Median Difference = 0

H_a: Median Difference ≠ 0

Status	Nach Verbesserung	Vor Verbesserung
Count	100	100
Median	32	50,500

Mann-Whitney Statistic	6654,50
p-value (2-sided, adjusted for ties)	**0,0000**

BILD 10.4 Mann-Whitney-Test auf signifikanten Unterschied in den Medianen für Zeit zum Rekrutieren vor und nach Verbesserung

Im angegebenen Beispiel wurde eine Einflussvariable X mit zwei Gruppen – „vor Verbesserung“ und „nach Verbesserung“ – auf deren Einfluss auf die Ergebnisvariable Y untersucht. Falls die Einflussvariable X mehr als zwei Gruppen aufweist, sind teilweise andere Werkzeuge einzusetzen.

Grafische Analyse – mehr als zwei Gruppen

Zur grafischen Analyse des Einflusses von einer attributiven Einflussgröße mit mehr als zwei Gruppen auf eine variable Ergebnisgröße werden ebenfalls Histogramm, Punktdiagramm und Boxplot eingesetzt. Bild 10.5 und Bild 10.6 zeigen Punktdiagramm beziehungsweise Boxplot für den Einfluss der Rekrutierungsquelle auf die Zeit zum Rekrutieren von neuen Mitarbeitern. Aus beiden Darstellungen kann abgeleitet werden, dass beim Einsatz eines Agenten mehr Zeit für den Rekrutierungsprozess eingeplant werden muss, während erwartungsgemäß bei internen Transfers und bei Mitarbeiterempfehlungen weniger Zeit in Anspruch genommen wird.

Falls diese Aussage nicht sicher genug sein sollte, könnte ein statistischer Test durchgeführt werden, der Aufschluss über das Risiko der Annahme eines signifikanten Unterschiedes zwischen den Gruppen gibt.

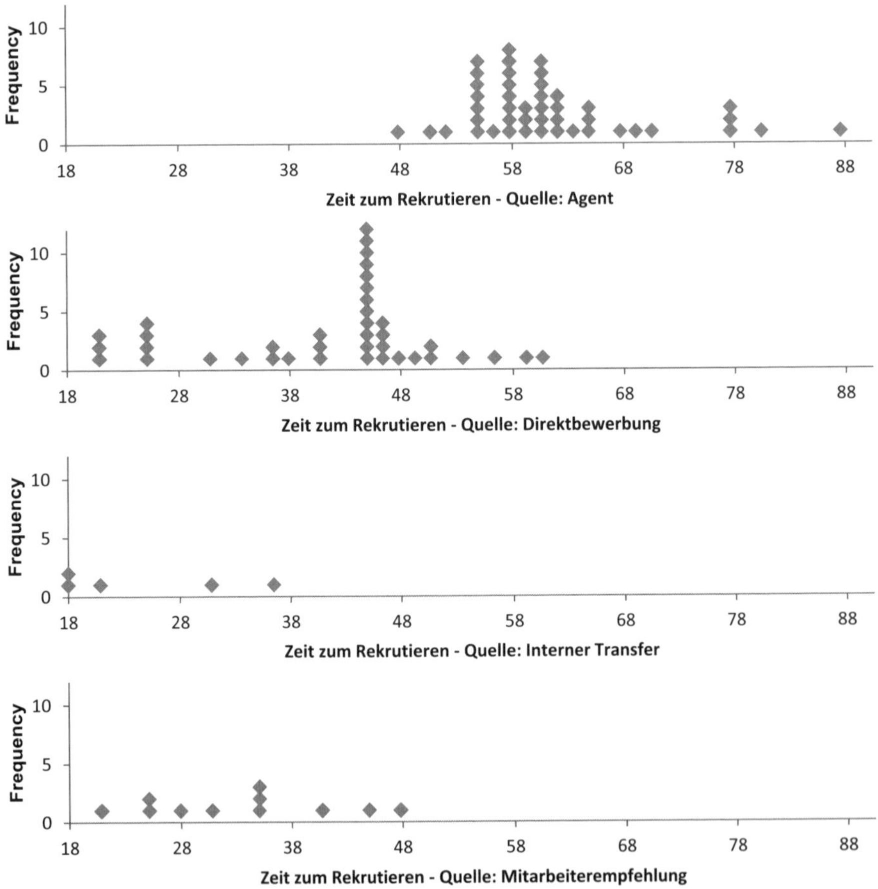

BILD 10.5 Punktdiagramm für den Einfluss der Rekrutierungsquelle auf die Zeit zum Rekrutieren

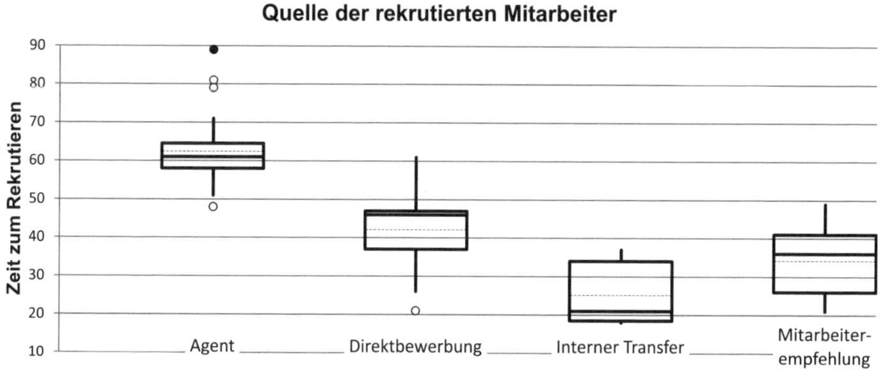

BILD 10.6 Boxplot für den Einfluss der Rekrutierungsquelle auf die Zeit zum Rekrutieren

Statistische Analyse – mehr als zwei Gruppen

Um Daten von mehr als zwei Gruppen auf signifikante Unterschiede zu testen, stehen entweder ANOVA für normalverteilte Daten oder Kruskal-Wallis-Median-Test für nicht normalverteilte Daten zur Verfügung.

Daher werden die Daten zunächst auf Normalverteilung geprüft. Die beschreibende Statistik in Bild 10.7 zeigt, dass die Daten für die Quellen der Rekrutierung „Agent“ und „Direktbewerbung“ nicht normalverteilt sind. Daher empfiehlt sich der Kruskal-Wallis-Median-Test, mit dem geprüft werden kann, ob ein signifikanter Unterschied besteht.

Zeit zum Rekrutieren by Quelle				
Descriptive Statistics	**Quelle = Agent**	**Quelle = Direktbewerbung**	**Quelle = Interner Transfer**	**Quelle = Mitarbeiterempfehlung**
Count	45	39	5	11
Mean	62,467	42,077	25,200	34,182
Stdev	8,226	10,564	8,379	8,784
Range	41	40	19	28
Minimum	48	21	18	21
25th Percentile (Q1)	58	37	18,500	26
50th Percentile (Median)	61	46	21	36
75th Percentile (Q3)	64,500	47	34	41
Maximum	89	61	37	49
95.0% CI Mean	59.995 to 64.938	38.652 to 45.501	14.797 to 35.603	28.280 to 40.083
95.0% CI Sigma	6.810 to 10.391	8.633 to 13.615	5.020 to 24.076	6.138 to 15.416
Anderson-Darling Normality Test	2,109	1,750	0,404363	0,243403
p-value (A-D Test)	**0,0000**	**0,0001**	0,2071	0,6962
Skewness	1,353	-0,603724	0,816425	0,285806
p-value (Skewness)	**0,0008**	0,1074	0,3937	0,6526
Kurtosis	2,105	-0,260726	-1,66	-0,76019
p-value (Kurtosis)	**0,0281**	0,8490	0,4123	0,5996

BILD 10.7 Beschreibende Statistik für die Zeit zum Rekrutieren gruppiert nach Quelle

Anhand des Wahrscheinlichkeitswertes (p-value [2-sided, adjusted for ties]) für den Kruskal-Wallis-Median-Test (Bild 10.8) kann abgeleitet werden, dass das Risiko für die Annahme eines signifikanten Unterschiedes zwischen den Gruppen bei 0% liegt. Daher ist die Aussage zulässig: „Die Quelle der Rekrutierung hat einen signifikanten Einfluss auf die Zeit zum Rekrutieren von neuen Mitarbeitern.“

> Ein Signifikanztest zeigt einen Wahrscheinlichkeitswert (p-value) von kleiner 0,05 beziehungsweise 5%, wenn mindestens eine Gruppe signifikant verschieden ist von allen anderen Gruppen. Daher ist zusätzlich zu ermitteln, welche der Gruppen tatsächlich signifikant verschieden ist.

Kruskal-Wallis Nonparametric ANOVA: Zeit zum Rekrutieren

Test Information
H_0: Median 1 = Median 2 = … = Median k
H_a: At least one pair Median i ≠ Median j

Quelle	Agent	Direkt-bewerbung	Interner Transfer	Mitarbeiter-empfehlung
Count (N)	45,0	39,0	5,0	11,0
Median	61,0	46,0	21,0	36,0
UC Median (2-sided, 95%)	62,5	46,0	37,0	41,4
LC Median (2-sided, 95%)	59,0	41,0	18,0	26,0
Z	8,1	-4,5	-3,3	-3,6

Kruskal-Wallis Statistic (H)	70,782
DF	3
p-value (2-sided, adjusted for ties)	**0,0000**

BILD 10.8 Kruskal-Wallis-Median-Test für die Zeit zum Rekrutieren gruppiert nach Quelle

Zur Ermittlung der Gruppe, die signifikant unterschiedlich ist, sind die Konfidenzintervalle der Mediane (Bereich zwischen LC Median [2-sided, 95 %] und UC Median [2-sided, 95 %]) für die Gruppen zu betrachten und miteinander zu vergleichen (Bild 10.8). Liegt eine Überlappung der Konfidenzintervalle vor, kann nicht von einem Unterschied in den Daten und damit im Prozess ausgegangen werden. Wenn die Konfidenzintervalle wie beispielsweise von Agent zwischen 59 Tagen und 62,5 Tagen mit Direktbewerbung zwischen 41 Tagen und 46 Tagen nicht überlappen, kann ein signifikanter Unterschied zwischen beiden Gruppen angenommen werden. In der Praxis heißt das, dass sich beide Prozesse stark unterscheiden.

Mithilfe der grafischen Darstellung der Konfidenzintervalle des Kruskal-Wallis-Median-Tests (Bild 10.9) lassen sich folgende Schlussfolgerungen ziehen:

- Rekrutierungen über einen Agenten dauern signifikant länger als Rekrutierungen auf anderen Wegen.
- Direktbewerbung dauert signifikant länger als interner Transfer.
- Zwischen internem Transfer und Mitarbeiterempfehlung gibt es keinen signifikanten Unterschied, was am geringen Stichprobenumfang von fünf beziehungsweise elf liegen kann.
- Es kann nicht nachgewiesen werden, dass Direktbewerbung signifikant länger dauert als Mitarbeiterempfehlung. Der Grund dafür kann ebenso die kleine Menge von Mitarbeiterempfehlungen sein.

Mithilfe dieser Schlussfolgerungen können weitreichende praktische Entscheidungen getroffen werden. So beispielsweise bietet es sich an, die weitere Projektarbeit und insbesondere die Lösungsfindung auf die Rekrutierung durch Agenten zu beschränken, da hier das Hauptproblem liegt. Diese Analyse und insbesondere die grafische Darstellung der Daten können als Unterstützung bei der Arbeit und bei Verhandlungen mit Agenten dienen, um deren Prozess den Unternehmensstandards anzupassen oder beispielsweise ein sinnvolles Service-Level-Agreement zu erreichen.

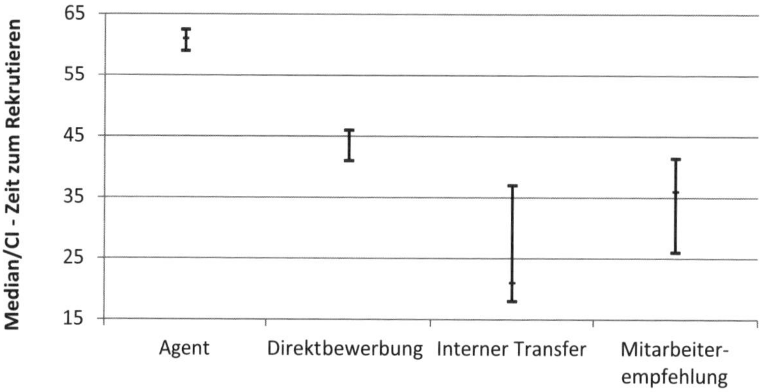

BILD 10.9 Kruskal-Wallis-Grafik für die Zeit zum Rekrutieren gruppiert nach Quelle

Mithilfe von Statistik wird aus einer Darstellung in Bild 10.5 und einer Aussage wie „Es sieht aus, als würde die Rekrutierung über Agenten mehr Zeit beanspruchen" eine Darstellung in Bild 10.9 und eine Aussage wie „Es ist statistisch gesichert, dass Agenten mehr Zeit für die Rekrutierung benötigen".

10.3.2 Aufgabe 2: Variable Ergebnisgröße Y und variable Einflussgröße X

Grafische Analyse

Zur grafischen Analyse des Einflusses von variablen Einflussgrößen auf variable Ergebnisgrößen werden die sogenannten Streudiagramme benutzt.

In Bild 10.10 sind Streudiagramme für Kundenbefragungsergebnisse in einer Bank dargestellt, die den Einfluss von Höflichkeit, Kompetenz und Abwicklungsqualität auf die vom Kunden bewertete Mitarbeiterqualität zeigen, wobei 1 die höchste Bewertung und 10 die niedrigste Bewertung verkörpert.

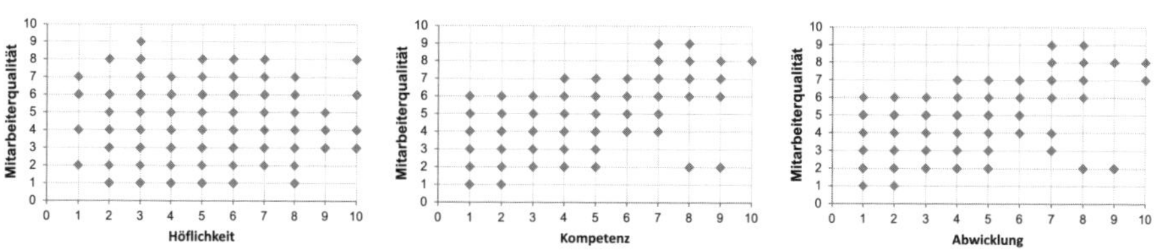

BILD 10.10 Streudiagramme für den Einfluss von Höflichkeit, Kompetenz und Abwicklung auf die Mitarbeiterqualität

Sowohl die Mitarbeiterqualität Y als auch Höflichkeit, Kompetenz und Abwicklungsqualität als X sind keine variablen, sondern diskrete Daten. Aufgrund der Skala von 1 bis 10 lassen sich allerdings dieserart diskrete Daten mit den für variable Daten vorgesehenen Werkzeugen auswerten. ■

Aus der Darstellung in diesem Bild kann vermutet werden, dass kein Zusammenhang zwischen der Bewertung für Höflichkeit und der Bewertung für Mitarbeiterqualität besteht. Weiterhin kann vermutet werden, dass sowohl die Bewertung für Abwicklung als auch für Kompetenz einen Einfluss auf die vom Kunden eingeschätzte Mitarbeiterqualität ausübt.

Statistische Analyse

Die Streudiagramme lassen keine Aussage über die Qualität des Zusammenhanges zu, sodass eine statistische Analyse erforderlich wird. Im ersten Schritt wird eine Korrelationsmatrix erstellt, die den Zusammenhang zwischen allen betrachteten Faktoren herstellt. Bild 10.11 zeigt, dass zwischen allen betrachteten Faktoren eine Korrelation besteht, sowohl zwischen den Xs als auch zwischen Xs und dem Y. Während die Wahrscheinlichkeiten (Pearson Probabilities, p-values) mit Werten von weniger als 0,05 einen signifikanten Zusammenhang anzeigen, geben die Korrelationskoeffizienten (Pearson Correlations, r) Auskunft über die Güte des Zusammenhangs. Während Kompetenz mit 0,6520 und Abwicklung mit 0,6768 einen großen Einfluss auf die Bewertung der Mitarbeiterqualität ausüben, kann der Einfluss von Höflichkeit mit 0,0841 eher vernachlässigt werden.

Pearson Correlations	Höflichkeit	Kompetenz	Abwicklung	Mitarbeiterqualität
Höflichkeit	1,0000	0,1319	0,0934	0,0841
Kompetenz		1,0000	0,8236	0,6520
Abwicklung			1,0000	0,6768
Mitarbeiterqualität				1,0000

Pearson Probabilities	Höflichkeit	Kompetenz	Abwicklung	Mitarbeiterqualität
Höflichkeit		**0,0000**	**0,0040**	**0,0096**
Kompetenz			**0,0000**	**0,0000**
Abwicklung				**0,0000**
Mitarbeiterqualität				

BILD 10.11 Korrelationsmatrix für den Einfluss von Höflichkeit, Kompetenz und Abwicklung auf die Mitarbeiterqualität

Aus dieser Analyse folgt, dass die Höflichkeit eine untergeordnete Rolle bei der Bewertung der Mitarbeiterqualität durch den Kunden spielt, während Kompetenz und Abwicklung für den Kunden sehr wichtig sind. Außerdem kann am Korrelationskoeffizienten von 0,8236 abgelesen werden, dass Kompetenz und Abwicklung stark zusammenhängen. Eine mögliche Schlussfolgerung wäre, dass die Abwicklungsqualität als Folge der Kompetenz des Mitarbeiters gewertet wird.

Im Falle der Notwendigkeit einer Prognostizierung der Ergebnisvariable Y für bestimmte Einflussgrößen Xs bietet sich die Durchführung einer Regressionsanalyse an. Zusätzlich zu den bereits bekannten Zusammenhängen wird durch die Regressionsanalyse in Bild 12.12 eine Näherungsformel (Multiple Regression Model) ermittelt, die die Berechnung von Mitarbeiterqualität aus Kompetenz und Abwicklung gestattet. Diese Aussage ist im angeführten Beispiel nicht von Bedeutung und wird daher vernachlässigt.

Multiple Regression Model: Mitarbeiterqualität = (2.000) + (0.0043802) * Höflichkeit + (0.250565) * Kompetenz + (0.378688) * Abwicklung

Model Summary:

R-Square	48,59%
R-Square Adjusted	48,43%
S (Root Mean Square Error)	1,080528992

Parameter Estimates:

Predictor Term	Coefficient	SE Coefficient	T	P	VIF	Tolerance
Constant	2,000	0,108610295	18,412	**0,0000**		
Höflichkeit	0,004380172	0,021490528	0,203819	0,8385	1,0185	0,981869
Kompetenz	0,250565	0,035313159	7,096	**0,0000**	3,138	0,318671
Abwicklung	0,378688	0,035847011	10,564	**0,0000**	3,111	0,321488

Analysis of Variance for Model:

Source	DF	SS	MS	F	P
Model	3	1041,8	347,27	297,43	**0,0000**
Error	944	1102,2	1,168		
Lack of Fit	170	251,68	1,480	1,347	**0,0048**
Pure Error	774	850,48	1,098806127		
Total (Model + Error)	947	2144,0	2,264		

BILD 10.12 Regressionsanalyse für den Einfluss von Kompetenz und Abwicklung auf die Mitarbeiterqualität

Die Aussage des R^2-Wertes (R-Square für ein X, R-Square Adjusted für mehrere X) ist dagegen von weitaus größerer Bedeutung. Dieser Wert wird in Prozent angegeben und beschreibt den Anteil der durch die Regression erklärten Variation in Y. Somit ist R^2 ein Gradmesser für die Qualität der Regression. Bild 10.12 zeigt, dass mit Abwicklungsqualität und Kompetenz 48,48 % der Variation in der Bewertung der Mitarbeiterqualität erklärt werden können. Somit werden etwas mehr als 51 % der Variation durch andere Einflussgrößen hervorgerufen. Grundsätzlich gilt, dass in stark von subjektiven Faktoren geprägten Prozessen der Anteil der erklärbaren Variation 50 bis 70 % beträgt, während in technischen Prozessen mit einem weitaus höheren R^2 gerechnet werden kann.

10.3.3 Aufgabe 3: Attributive Ergebnisgröße Y und attributive Einflussgröße X

Grafische Analyse – zwei Gruppen

Für die Darstellung von attributiver Ergebnisgröße Y bei attributiven Einflussgrößen X lassen sich Kreisdiagramme und Balkendiagramme verwenden.

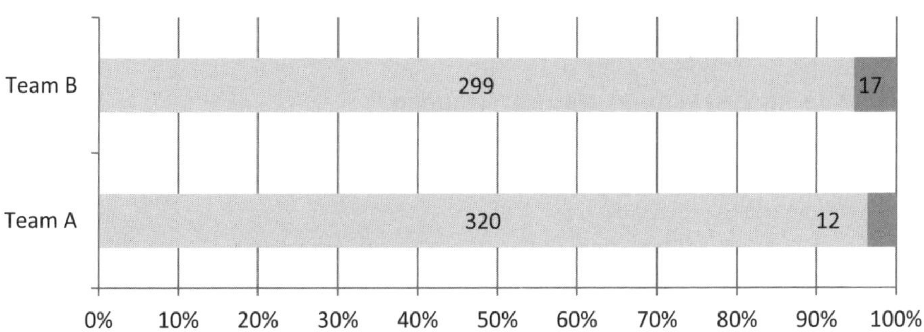

BILD 10.13 Balkendiagramm für den Einfluss der Variable Team auf den Anteil von Rechnungsgutschriften

In Bild 10.13 ist der Anteil von Gutschriften auf Kundenrechnungen, der durch zwei Teams hervorgerufen wird, abgebildet. Während Team A zwölf Gutschriften auf 332 Rechnungen, das heißt 3,6 % erzeugt, fallen bei Team B 5,4 % Gutschriften an. Es könnte also bei alleiniger Betrachtung dieser Zahlen eine bessere Leistung von Team A angenommen und deren Prozess studiert werden, um daraus Verbesserungen für Team B abzuleiten.

Statistische Analyse – zwei Gruppen

Bild 10.14 zeigt die Ergebnisse des 2-Proportionen-Tests, die von dieser Annahme abraten. Die Wahrscheinlichkeit, dass die Annahme eines Unterschieds zwischen beiden Teams falsch ist, liegt bei 27,7 % (Normal approximation p-value [2-sided, Ha: $P_1 \neq P_2$]).

Daher kann in diesem Fall nicht von einem Unterschied in der Vorgehensweise beider Teams ausgegangen werden.

Hypothesis Test for the Equality of Two Proportions		
Sample Data (user inputs)		
Number of elements in sample #1 in category of interest:	x_1	12
Size of Sample #1:	n_1	332
Number of elements in sample #2 in category of interest:	x_2	17
Size of Sample #2:	n_2	316
Hypothesis Test Results:		
Proportion (sample #1)	$P_1 = x_1/n_1$	0,0361
Proportion (sample #2)	$P_2 = x_2/n_2$	0,0538
Z_o Statistic		1,086
Normal approximation p-value (2-sided, Ha: $P_1 \neq P_2$)		0,277
Normal approximation p-value (1-sided, Ha: $P_1 < P_2$)		0,139
Normal approximation p-value (1-sided, Ha: $P_1 > P_2$)		0,861
Fisher's exact p-value (2-sided, Ha: $P_1 \neq P_2$)		0,343
Fisher's exact p-value (1-sided, Ha: $P_1 < P_2$)		0,185
Fisher's exact p-value (1-sided, Ha: $P_1 > P_2$)		0,899

BILD 10.14 2-Proportionen-Test für den Einfluss der Variable Team auf den Anteil von Rechnungsgutschriften

Grafische Analyse – mehr als zwei Gruppen

Zur grafischen Analyse des Einflusses von einer attributiven Einflussgröße mit mehr als zwei Gruppen auf eine attributive Ergebnisgröße werden ebenfalls Balkendiagramm und Kreisdiagramm eingesetzt.

Bild 10.15 zeigt die Einbeziehung eines weiteren Teams in die besprochene Analyse, wobei Team C mit 7,9 % Rechnungsgutschriften einen höheren Anteil erzeugt. Kann jetzt von einer schlechteren Leistung von Team C gesprochen und sollten entsprechende Maßnahmen eingeleitet werden?

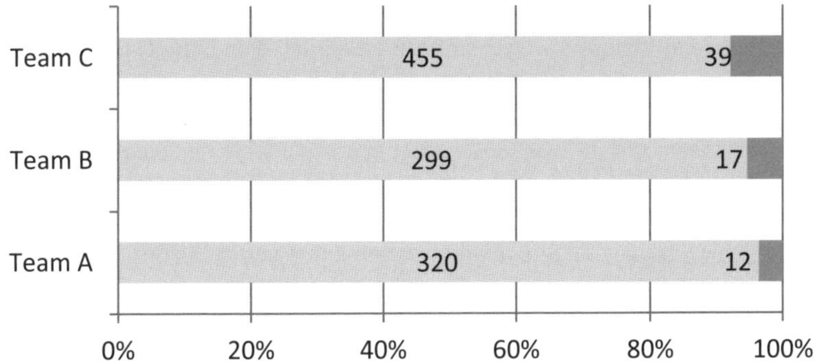

BILD 10.15 Balkendiagramm für den Einfluss der Variable Team auf den Anteil von Rechnungsgutschriften

Diese Frage kann nur mit statistischer Unterstützung in ausreichender Sicherheit beantwortet werden.

Statistische Analyse – mehr als zwei Gruppen

Der Chi²-Test in Bild 10.16 gibt die Antwort auf die Frage.

1. Zuerst wird mithilfe der Wahrscheinlichkeit (p-value) das Risiko der Annahme eines signifikanten Unterschiedes bewertet. Dieses Risiko liegt bei 3,42 % und ist unterhalb der definierten Schwelle für das akzeptable Risiko von 5 %. Es besteht somit ein signifikanter Unterschied.

Chi-Square 2 Way Table Statistics

Observed Counts	Team A	Team B	Team C
Rechnungen mit Gutschrift	12	17	39
Rechnungen ohne Gutschrift	320	299	455

Expected Counts	Team A	Team B	Team C
Rechnungen mit Gutschrift	19,769	18,816	29,415
Rechnungen ohne Gutschrift	312,23	297,18	464,58

Std. Residuals	Team A	Team B	Team C
Rechnungen mit Gutschrift	-1,747	-0,418676	1,767
Rechnungen ohne Gutschrift	0,439660	0,105348903	-0,444689

Chi-Square	6,754
DF	2
p-value	**0,0342**

BILD 10.16 Chi²-Test für den Einfluss der Variable Team auf den Anteil von Rechnungsgutschriften

2. Danach wird anhand der Werte für die Abweichungen vom Gruppenmittelwert (Std. Residuals) nach den größten absoluten Abweichungen gesucht. Die größten Abweichungen liegen bei Team C für Rechnungen mit Gutschrift (1,767) und bei Team A für Rechnungen mit Gutschrift (-1,747).
3. Zuletzt ist zu untersuchen, ob die Abweichungen einen besseren oder schlechteren Wert kennzeichnen. Diese Aussage wird aus dem Vergleich zwischen den beobachte-

ten Werten (Observed Counts) und den zu erwartenden Werten (Expected Counts) für die in 2. identifizierten Abweichungen gewonnen. Für Team C liegt der aus dem Gruppenmittelwert erwartete Wert für Rechnungen mit Gutschrift bei 29,4, wobei tatsächlich 39 Rechnungen mit Gutschrift aufgetreten sind. Das ist ein schlechtes Zeichen für Team C. Für Team A liegt der erwartete Wert für Rechnungen mit Gutschrift bei 19,7, wobei tatsächlich nur zwölf beobachtet wurden. Das zeugt von einer signifikant besseren Leistung von Team A gegenüber den beiden anderen Teams. Entsprechende Managementmaßnahmen sind daher gerechtfertigt.

10.3.4 Aufgabe 4: Attributive Ergebnisgröße Y und variable Einflussgröße X

Grafische Analyse

Für die Darstellung von attributiver Ergebnisgröße Y bei variabler Einflussgröße X lassen sich die aus Aufgabe 1 bekannten Graphen Punktdiagramm und Boxplot verwenden.

Bild 10.17 zeigt den Zusammenhang zwischen der Variable Ruhezeit für Blut nach der Entnahme in Minuten auf die Bildung von Klumpen bei der Produktion von Blutplättchen im Labor eines Krankenhauses. Die existierende Hypothese, dass die Wartezeit zwischen Blutentnahme und der Weiterverarbeitung zu Blutplättchen die Bildung von Klumpen begünstigt, kann mit den vorliegenden Daten nicht gehalten werden.

Um sicherzugehen, wird diese Hypothese statistisch getestet.

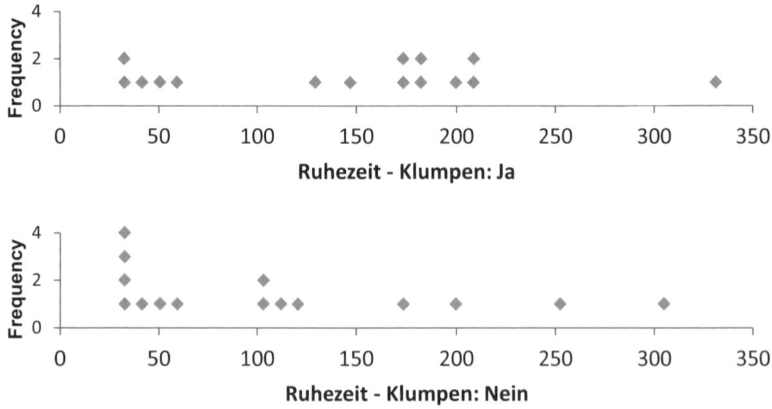

BILD 10.17 Punktdiagramm für den Einfluss der Variable Ruhezeit auf die Bildung von Klumpen in Blutplättchen

Statistische Analyse

Die logistische Regression für die Y-Variable Klumpen in Blutplättchen in Abhängigkeit von der Variable Ruhezeit ergibt ein Risiko von 30,13% (P, Ruhezeit) für die Behauptung, dass ein Zusammenhang zwischen beiden Variablen besteht. Der entsprechende

R^2-Wert für einen möglichen Zusammenhang (McFadden's Pseudo R-Square) liegt mit 2,69 % drastisch unter dem angestrebten Wert von mindestens 40 % für eine starke Korrelation (Bild 10.18).

Binary Logistic Regression Model: ln(Py/(1-Py)) = (-0.603555) + (0.004613864) * Ruhezeit
Logit Link

Response Summary: Klumpen

Value	Count	Proportio	Reference Event
Ja	15	0,5	x
Nein	15	0,5	
Total	30		

Parameter Estimates:

Term	Coefficient	E Coefficie	Z	P	Odds Rati	95% Odds	95% Odds
Constant	-0,603555	0,687959	-0,877312	0,3803			
Ruhezeit	0,004613864	0,004463	1,033723898	0,3013	1,004625	0,995874	1,013452

Model Summary and Goodness-of-Fit Statistics:

Log-Likelihood	-20,235
Test that all slope coefficients are equal to zero:	
Likelihood Ratio Chi-Square (G)	1,119
DF	1
p-value	0,2900
McFadden's Pseudo R-Square	2,69%

Observed and Predicted Outcomes:

Observed Outcome	Predicted Outcome		Row Total
	Y = Ja	Y = Nein	
Y = Ja	9	6	15
Y = Nein	4	11	15
Column Total	13	17	30
Percent Correctly Predicted:	66,67%		

BILD 10.18 Logistische Regression für den Einfluss der Variable Ruhezeit auf die Bildung von Klumpen in Blutplättchen

Daher sollte in diesem Beispiel nicht davon ausgegangen werden, dass bei einer Reduzierung der Ruhezeit gleichzeitig die Reduzierung der Ausbildung von Klumpen in den entsprechenden Beuteln mit Blutplättchen erreicht werden kann.

10.4 Ergebnisse

Dieser Schritt liefert die folgenden Ergebnisse:

- Aussage über den Einfluss der potenziellen Ursachen und Schichtungsfaktoren X auf die Ergebnisvariable Y,
- Quantifizierung des Einflusses der potenziellen Ursachen und Schichtungsfaktoren X auf die Ergebnisvariable Y.

10.5 Tipps

1. Ob eine grafische Darstellung zur Analyse von Daten zweckdienlich ist, kann in der Regel erst nach deren Erstellung entschieden werden. Daher sind grafische Darstellungen für alle möglichen Kombinationen von Einfluss- und Schichtungsvariablen X und Ergebnisvariablen Y zu erzeugen. Quantität erhöht die Qualität.
2. Ob ein statistischer Test zur Analyse von Daten erforderlich ist, kann mit Sicht auf die vom Analyseergebnis abhängige Entscheidung anhand folgender Fragen bewertet werden:
   a) Bietet die grafische Darstellung ausreichend Entscheidungssicherheit?
   b) Handelt es sich um eine Entscheidung mit einem eher geringen Risiko?
   c) Kann die Entscheidung nachträglich korrigiert werden?
3. In den beschriebenen Tests ist mit einem akzeptierten Risiko einer Fehlentscheidung von weniger als 5 % ausgegangen worden. Bei Bedarf kann diese Risikogrenze angepasst werden.
4. Für alle hier beschriebenen statistischen Werkzeuge sind zusätzlich zu den dargelegten Anwendungsbeispielen und den erzielten Ergebnissen die Randbedingungen zu überprüfen und gegebenenfalls weitergehende Literaturquellen zurate zu ziehen.

10.6 Benötigte Zeit

Dieser Schritt benötigt ein Meeting von zwei bis drei Stunden. Für dieses Meeting ist es von Vorteil, die Software SigmaXL oder Minitab zur Verfügung zu haben.

10.7 Fallbeispiel

Die Datenanalyse wird für alle Schichtungsvariablen und potenziellen Ursachen X Schritt für Schritt durchgeführt. Dazu werden alle X auf deren Einfluss auf die Ergebnisvariable Y überprüft. Für die Überprüfung wird zuerst die grafische, dann die statistische Analyse eingesetzt.

Während des Darstellens der Daten in Bild 7.14 in Schritt 7 wurde offensichtlich, dass die Daten der Kreditbearbeitungszeit in zwei stark voneinander getrennte Gruppen aufgeteilt sind. Nachdem das Team die Daten auf Muster untersucht hatte, konnte die Feststellung getroffen werden, dass einige Kredite nicht an einem Tag bearbeitet, sondern am Folgetag fertiggestellt werden. Daher wurde die Variable „Bearbeitung“ eingeführt, die dieses Muster in der Bearbeitung zeigt. Diese Variable wurde in Bild 10.19 benutzt, um die Kreditbearbeitungszeit in zwei Gruppen zu unterteilen.

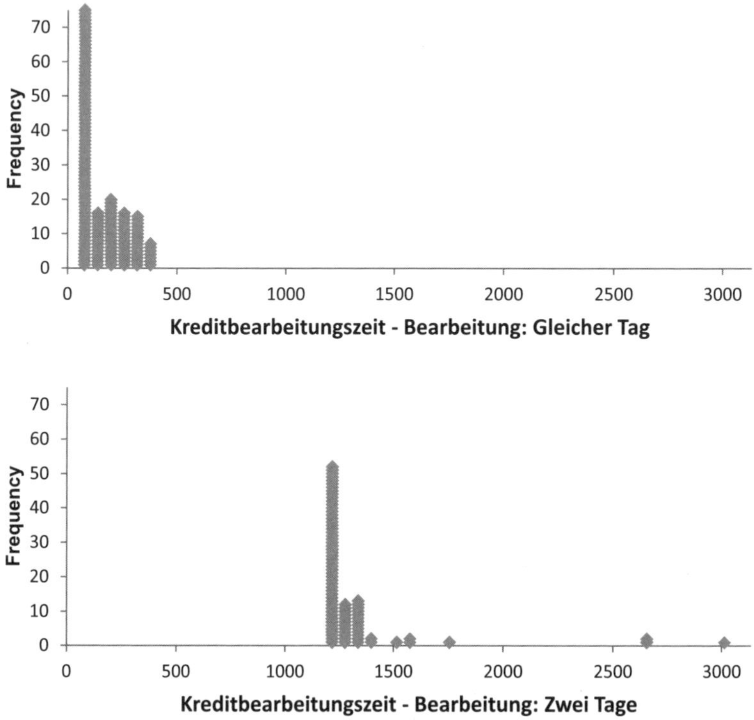

BILD 10.19 Kreditbearbeitungszeit Y für Bearbeitungsmodus

Eine Analyse der Zusammenhänge zwischen weiteren potenziellen Ursachen für die lange Kreditbearbeitungszeit wird durch dieses Muster wesentlich erschwert. Daher wird beschlossen, einige der weiteren Untersuchungen auf die Kreditanträge mit Bearbeitung am gleichen Tag zu beschränken und die Ursache für die zweitägige Bearbeitung in einem späteren Schritt zu untersuchen.

10.7.1 Aufgabe 1: Analyse des Einflusses von X_1 auf Y

Die Zeit zum Ausfüllen des Kreditantrags wurde von den restlichen Datensätzen unabhängig aufgenommen. Es liegen 18 Messungen vor, die einen Mittelwert von 12,4 und eine Standardabweichung von 3,3 aufzeigen (Bild 10.20 und Bild 10.21).

Die Einflussnahme von X_1 auf Y ist nicht nachweisbar, da keine X_1-Y-Datenpaare vorliegen. Es wird vom Team beschlossen, bei der Lösungsfindung die Erarbeitung von Ideen zur Verkürzung der Zeit zum Ausfüllen nicht einzubeziehen. Jedoch ist naheliegend, dass durch diesen Faktor die Bewertung der Servicequalität durch Kunden und Händler gleichermaßen beeinflusst werden kann. Daher wird beschlossen, dieses X separat zu behandeln.

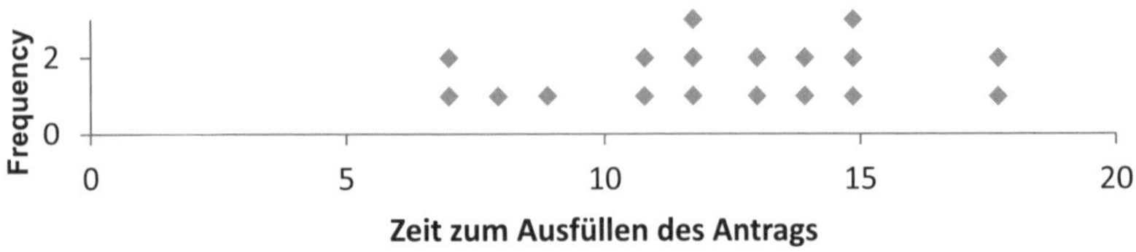

BILD 10.20 Punktdiagramm für X_1

Descriptive Statistics	Zeit zum Ausfüllen des Antrags
Count	18
Mean	12,444
Stdev	3,276
Range	11
Minimum	7
25th Percentile (Q1)	10,500
50th Percentile (Median)	12,500
75th Percentile (Q3)	15
Maximum	18
95.0% CI Mean	10.815 to 14.074
95.0% CI Sigma	2.458 to 4.911
Anderson-Darling Normality Test	0,297030
p-value (A-D Test)	0,5521
Skewness	-0,10699
p-value (Skewness)	0,8324
Kurtosis	-0,452378
p-value (Kurtosis)	0,7635

BILD 10.21 Beschreibende Statistik für X_1

10.7.2 Aufgabe 2: Analyse des Einflusses von X_2 auf Y

Die Daten zur Kreditentscheidung X_2 wurden gemeinsam mit anderen X und der Ergebnisvariable Y erfasst, sodass der Zusammenhang zwischen X_2 und Y überprüft werden kann.

In Bild 10.22 ist zu erkennen, dass die Mehrzahl der genehmigten Kredite eine kurze Bearbeitungszeit benötigt, während die abgewiesenen Kredite eine durchschnittlich längere Laufzeit zu haben scheinen.

Gewissheit wird durch die Anwendung eines statistischen Tests erreicht. Bild 10.23 zeigt, dass das Risiko für die Annahme eines Unterschiedes in der Bearbeitungszeit in Abhängigkeit von der Kreditentscheidung nur 1,91 % beträgt.

Somit wird ein Einfluss von X_2 auf Y unterstellt.

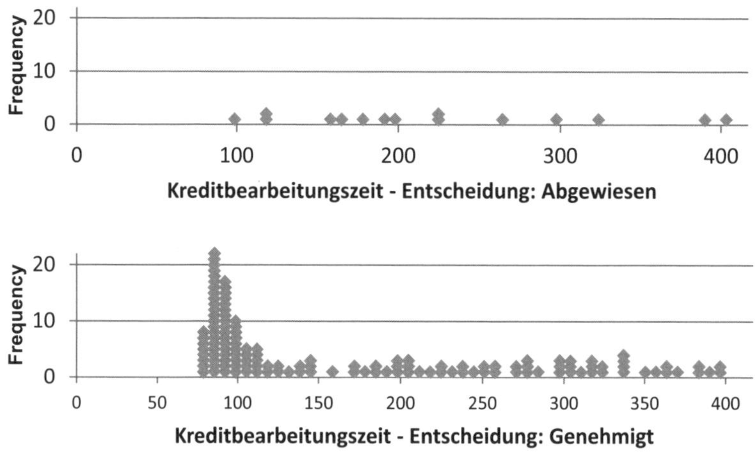

BILD 10.22 Punktdiagramm der Kreditbearbeitungszeit bezüglich Kreditentscheidung

2 Sample Mann-Whitney - Kreditbearbeitungszeit

Test Information
H_0: Median Difference = 0
H_a: Median Difference ≠ 0

Entscheidung	**Abgewiesen**	**Genehmigt**
Count	15	134
Median	202	119

Mann-Whitney Statistic	1497,00
p-value (2-sided, adjusted for ties)	**0,0191**

BILD 10.23 Mann-Whitney-Test der Kreditbearbeitungszeit bezüglich Kreditentscheidung

10.7.3 Aufgabe 3: Analyse des Einflusses von X_3 auf Y

Während andere Einflussfaktoren X einzeln auf deren Einfluss auf die Kreditbearbeitungszeit Y untersucht werden, ist X_3 eine Zusammenfassung der einzelnen Prozessschritte:

- Sieben und Senden an Kreditprüfung X_{3a},
- Prüfen und Abgleichen mit Vertrieb X_{3b},
- Entscheiden und Senden an Abwicklung X_{3c} und
- Vorbereiten und Senden an Händler X_{3d}.

Bild 10.24 veranschaulicht den Zusammenhang zwischen der Kreditbearbeitungszeit und der Bearbeitungszeit für jeden einzelnen Prozessschritt. Sowohl aus den Streudiagrammen als auch aus den entsprechenden R^2-Werten wird deutlich, dass der maßgebliche Anteil der Streuung der Kreditbearbeitungszeit in der Kreditentscheidung hervorgerufen wird.

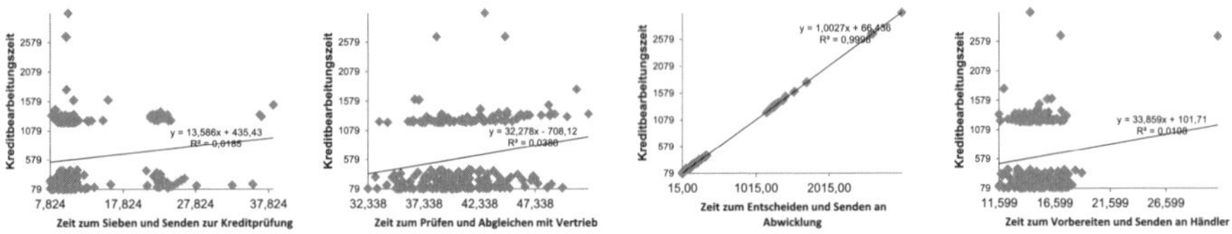

BILD 10.24 Matrix der Streudiagramme für den Einfluss der Prozessschritte auf Kreditbearbeitungszeit

Aus dem Streudiagramm für die Zeit zum Entscheiden geht außerdem hervor, dass Kreditanträge, die länger als einen Tag bearbeitet werden, sich dann in der Entscheidung befinden. Die anderen Kreditbearbeitungsschritte werden immer am gleichen Tag abgeschlossen.

Damit wird der signifikante Einfluss der Kreditentscheidung auf die Gesamtzeit bestätigt.

10.7.4 Aufgabe 4: Analyse des Einflusses von X_4, X_5 und X_6 auf Y

Es scheint als sehr wahrscheinlich, dass bei unvollständigen oder fehlenden Unterlagen die Kreditbearbeitungszeit verzögert wird. Bild 10.25 bestätigt diese Annahme.

Aus Bild 10.26 ist ablesbar, dass das Risiko für diese Behauptung nur 4,17 % beträgt. Daher wird ein Einfluss von X_4 auf die Bearbeitungszeit unterstellt.

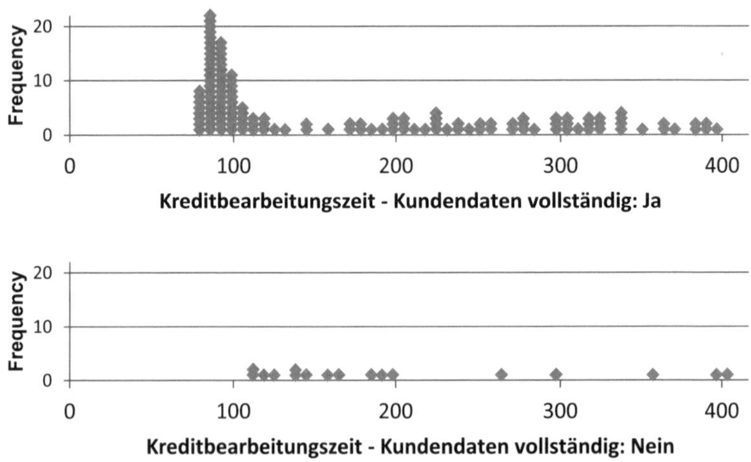

BILD 10.25 Punktdiagramm der Kreditbearbeitungszeit bei unvollständigen Kundendaten

2 Sample Mann-Whitney - Kreditbearbeitungszeit

Test Information

H_0: Median Difference = 0

H_a: Median Difference ≠ 0

Kundendaten vollständig	Ja	Nein
Count	132	17
Median	117,50	167

Mann-Whitney Statistic	9558,50
p-value (2-sided, adjusted for ties)	0,0417

BILD 10.26 Mann-Whitney-Test der Kreditbearbeitungszeit bei unvollständigen Kundendaten

Für die Vollständigkeit des Kreditantrags X_5 sowie für die Korrektheit des Kreditantrags X_6 liegen zu wenig Datenpunkte vor. Trotzdem werden X_5 und X_6 in die Lösungsfindung aufgenommen, um diese potenziellen Ursachen zu eliminieren und damit den Kreditantragsprozess weiter zu verbessern.

10.7.5 Aufgabe 5: Analyse des Einflusses von X_7 auf Y

Zur Analyse des Einflusses des Zeitpunkts des Krediteingangs auf die Kreditbearbeitungszeit werden alle Datensätze verwendet, da der Verdacht besteht, dass die Bearbeitung in einem oder mehreren Tagen von der Tageszeit des Eingangs des Antrags abhängt. Außerdem wird die Eingangszeit X_7 in eine diskrete Variable mit einem Zeitraster von zwei Stunden umgewandelt.

Die Darstellung der so gewonnenen Tageszeit auf die Kreditbearbeitungszeit zeigt Bild 10.27. In Bild 10.28 wird das Risiko für diesen Zusammenhang mit 0% angegeben. Somit ist statistisch gesichert, dass X_7 einen Einfluss auf die Bearbeitungszeit hat. Dieser Zusammenhang muss im Folgenden weiter auf Ursachen untersucht werden.

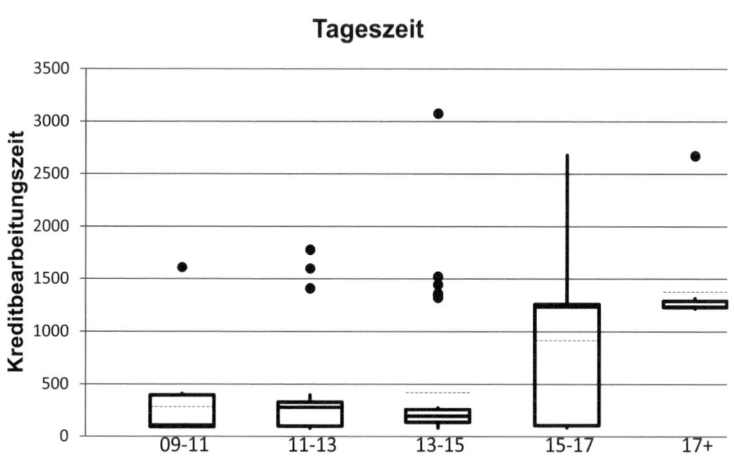

BILD 10.27 Boxplot für den Einfluss von Tageszeit des Eingangs auf die Bearbeitungszeit

Kruskal-Wallis Nonparametric ANOVA: Kreditbearbeitungszeit

Test Information

H_0: Median 1 = Median 2 = ... = Median k

H_a: At least one pair Median i ≠ Median j

Tageszeit	09-11	11-13	13-15	15-17	17+
Count (N)	13	67	55	89	11
Median	106	278	194	1235	1235
UC Median (2-sided, 95%)	394,95	306,97	213,31	1244	1292,0
LC Median (2-sided, 95%)	92	167,30	163,63	1229,6	1229,8
Z	-2,040	-3,236	-1,759	4,126	3,173

Kruskal-Wallis Statistic (H)	33,965
DF	4
p-value (2-sided, adjusted for ties)	0,0000

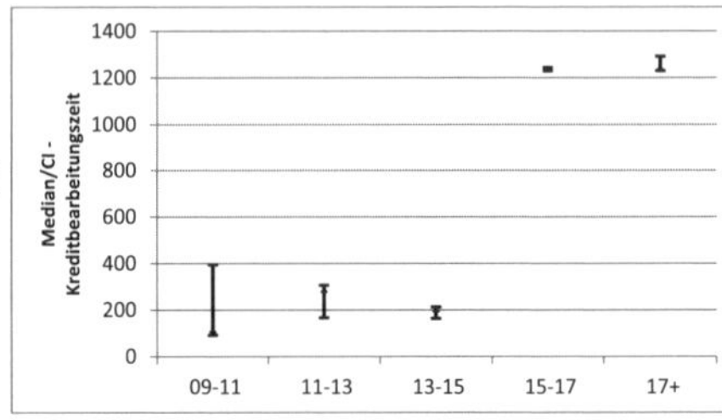

BILD 10.28 Kruskal-Wallis-Test für den Einfluss von Tageszeit auf die Bearbeitungszeit

10.7.6 Aufgabe 6: Analyse des Einflusses von X_8 auf Y

Zur Analyse des Einflusses des Datums auf die Kreditbearbeitung wird die Variable „Wochentag" aus dem Datum erstellt, da der Wochentag oftmals einen entscheidenden Einfluss auf Prozesse hat und sich daraus Erkenntnisse erwarten lassen.

Das Punktdiagramm in Bild 10.30 stellt dar, dass an jedem Wochentag einige Kreditanträge für den Folgetag liegen bleiben. Samstags werden einige Anträge zur Bearbeitung am Montag über das Wochenende zurückgelassen. Abgesehen von dieser Besonderheit der mehrtägigen Bearbeitung hat der Wochentag keinen Einfluss auf die Bearbeitungszeit, wie Bild 10.29 zeigt.

Kruskal-Wallis Nonparametric ANOVA: Kreditbearbeitungszeit

Test Information

H_0: Median 1 = Median 2 = ... = Median k

H_a: At least one pair Median i ≠ Median j

Wochentag	Fri	Mon	Sat	Thu	Tue	Wed
Count (N)	8	12	9	31	41	48
Median	98	150	105	102	164	192,5
UC Median (2-sided, 95%)	185,61	243,69	229,77	141,34	259,44	259,20
LC Median (2-sided, 95%)	94,678	91,263	92,456	96,701	133,91	108,60
Z	-1,423	-0,596431	-0,820724	-1,981	2,013	1,249

Kruskal-Wallis Statistic (H)	9,980
DF	5
p-value (2-sided, adjusted for ties)	0,0758

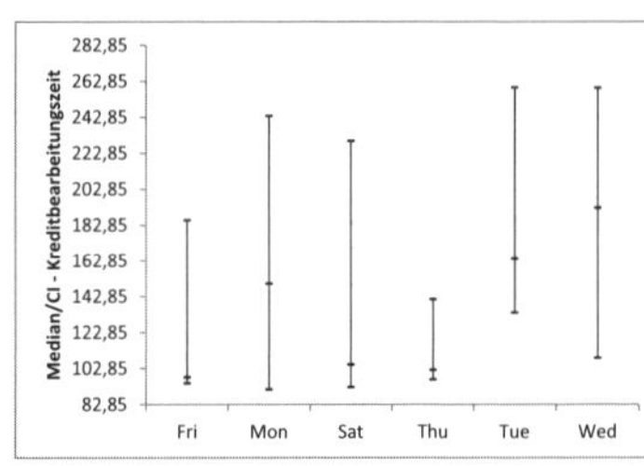

BILD 10.29 Kruskal-Wallis-Test der Kreditbearbeitungszeit über Wochentagen

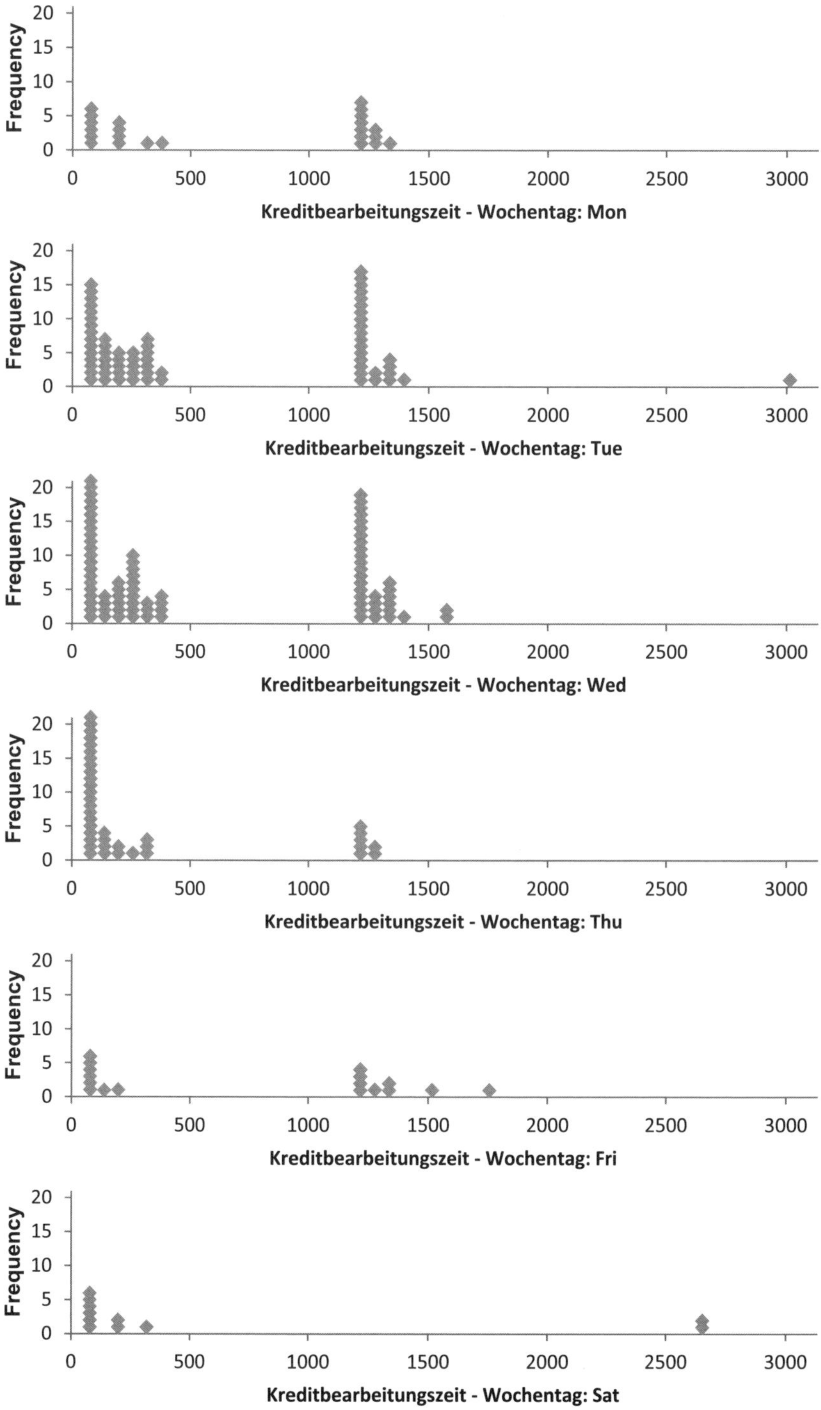

BILD 10.30 Punktdiagramm der Kreditbearbeitungszeit über Wochentagen

10.7.7 Aufgabe 7: Analyse des Einflusses von X_9 auf Y

Es liegt die Vermutung nahe, dass die Kreditbearbeitungszeit von der Region beziehungsweise dem dort ansässigen Händler abhängt. Nach grafischer Analyse in Bild 10.31 wird diese Vermutung verworfen.

Auf die Analyse der Händler wird verzichtet, da der geringe Stichprobenumfang für einige Händler eine Aussage nicht zulässt.

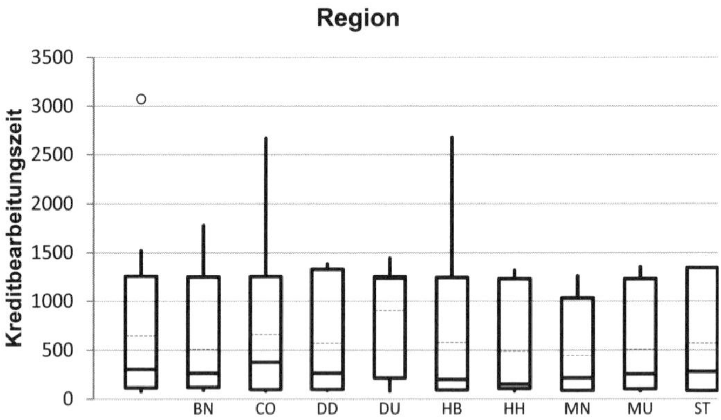

BILD 10.31 Boxplot der Kreditbearbeitungszeit für Regionen

10.7.8 Aufgabe 8: Analyse des Einflusses von X_{10} auf Y

Da die Kreditbearbeitung von Mitarbeitern mit unterschiedlicher Erfahrung durchgeführt wird, ist die Analyse des Einflusses des Faktors Bearbeiter X_{10} naheliegend. Wie aus Bild 10.32 hervorgeht, besteht kein Grund, von einem Unterschied in der Kreditbearbeitung durch unterschiedliche Bearbeiter auszugehen. Dieser Faktor kann daher vernachlässigt werden.

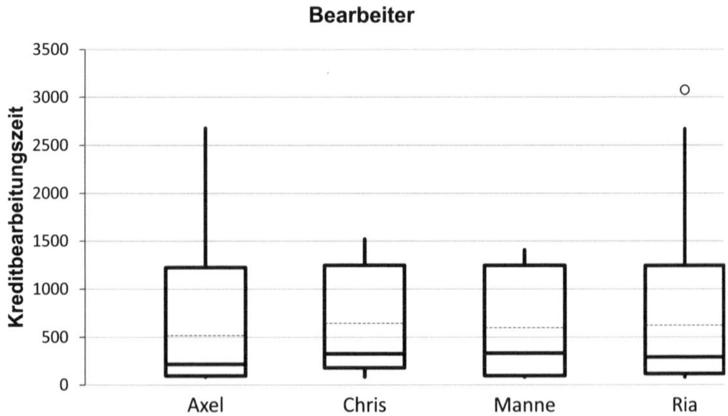

BILD 10.32 Boxplot der Kreditbearbeitungszeit für Kreditbearbeiter

10.7.9 Aufgabe 9: Analyse des Einflusses von X_{11} auf Y

Aus dem Boxplot in Bild 10.33 lässt sich ableiten, dass der Einfluss der Vertriebsmitarbeiter auf die Kreditbearbeitung gering ist.

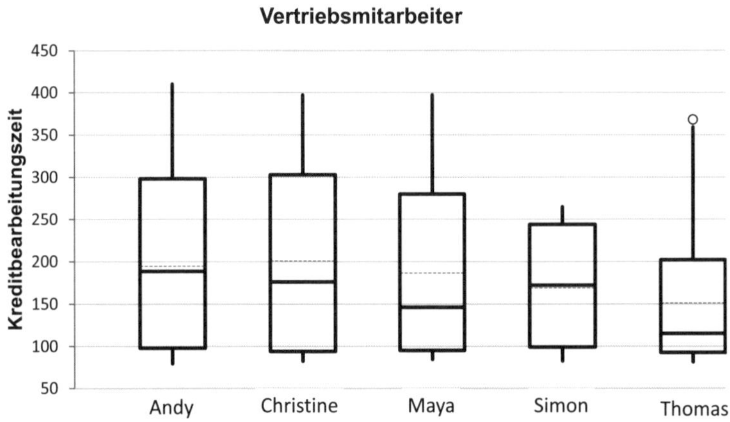

BILD 10.33 Boxplot der Kreditbearbeitungszeit für Vertriebsmitarbeiter

Allerdings wird im Teammeeting geäußert, dass sich Simons Händler verhältnismäßig oft mit Rückfragen zur Fertigstellung von Kreditanträgen für deren Kunden in der Bank melden. Es sollte daher überprüft werden, ob Kreditanträge von Händlern aus Simons Regionen oft über Nacht liegen bleiben. Ein Balkendiagramm in Bild 10.34 offenbart, dass für Händler aus Simons Regionen tatsächlich ein größerer Anteil nicht am gleichen Tag beantwortet wird.

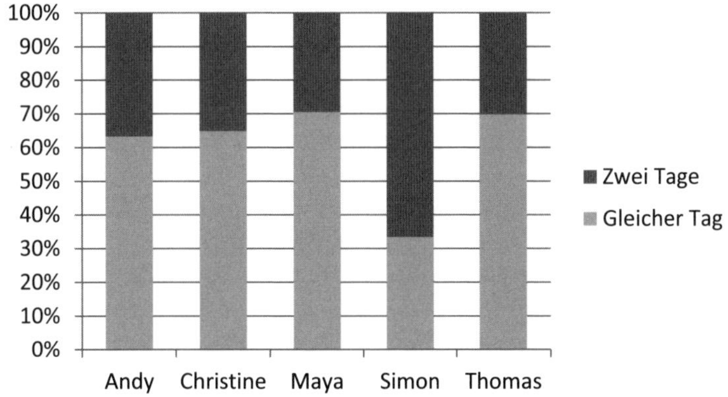

BILD 10.34 Balkendiagramm zum Bearbeitungsmodus von Kreditanträgen

Mit einem Chi²-Test (Bild 10.35) wird dieses Ergebnis bestätigt. Aus diesem Test geht eindeutig hervor, dass ein signifikanter Unterschied zwischen den Vertriebsmitarbeitern hinsichtlich des Bearbeitungsmodus für Kreditanträge besteht. Der größte Unterschied (Std. Residuals) liegt bei Simon/Zwei Tage mit 2,435 und bedeutet, dass, bezogen auf Kreditanzahl, für Simon nur etwa neun Kredite (8,783) über zwei Tage laufen sollten. Jedoch wurden in der Stichprobe 16 derartige Kredite aufgedeckt.

Chi-Square Test
Vertriebsmitarbeiter - Bearbeitung

Observed Counts	Gleicher Tag	Zwei Tage
Andy	38	22
Christine	35	19
Maya	31	13
Simon	8	16
Thomas	37	16

Expected Counts	Gleicher Tag	Zwei Tage
Andy	38,043	21,957
Christine	34,238	19,762
Maya	27,898	16,102
Simon	15,217	8,783
Thomas	33,604	19,396

Std. Residuals	Gleicher Tag	Zwei Tage
Andy	-0,006899177	0,009081158
Christine	0,130175	-0,171346
Maya	0,587319	-0,773069
Simon	-1,850	2,435
Thomas	0,585785	-0,771049

Chi-Square	11,280
DF	4
p-value	**0,0236**

BILD 10.35 Chi²-Test zum Bearbeitungsmodus von Kreditanträgen

Das bedeutet nicht, dass der Vertriebsmitarbeiter Simon eine Ursache für das Problem ist. Das bedeutet vielmehr, dass die Kreditanträge von Simons Händlern oft über zwei Tage laufen. Die Ursache dafür muss noch gefunden werden.

10.7.10 Aufgabe 10: Analyse des Einflusses von X_{12} auf Y

Aus dem Streudiagramm in Bild 10.36 lässt sich wider Erwarten ableiten, dass der Einfluss des Kreditbetrages auf die Kreditbearbeitungszeit gering ist (R^2 = 13,87 %). Außerdem ist ersichtlich, dass sich die Kreditbearbeitungszeit sowohl für kleine als auch für große Kredite über mehrere Tage erstrecken kann. Die im Team geäußerte Vermutung, dass große Kreditbeträge eine längere Laufzeit erfordern, kann damit nicht bestätigt werden. Der Grund für dieses überraschende Ergebnis kann im Einfluss anderer, bereits betrachteter Faktoren liegen, der die Analyse des Faktors X_{12} erschwert.

In der Lösungsfindung wird der Faktor Kreditbetrag nicht betrachtet.

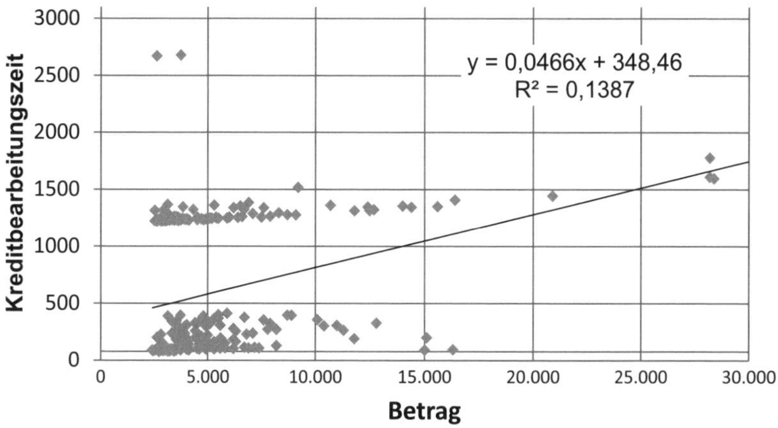

BILD 10.36 Streudiagramm zu Kreditbearbeitungszeit und Kreditbetrag

10.7.11 Aufgabe 11: Zusammenfassen der Analyseergebnisse

Die Analyse der einzelnen potenziellen Faktoren hinsichtlich ihres tatsächlichen Einflusses auf die Kreditlaufzeit hat einige signifikante Faktoren mit teilweise starkem Einfluss geliefert. Die Ergebnisse sind in Tabelle 10.2 dargestellt.

TABELLE 10.2 Analyseergebnisse für untersuchte Faktoren

X	Faktor	Ergebnis	Bemerkung	IMPROVE
X_1	Zeit zum Ausfüllen des Kreditantrags	Einfluss nicht nachweisbar		Nein
X_2	Kredit-entscheidung	Abgelehnte Anträge werden länger bearbeitet als angenommene	33 abgelehnt (14 %) 202 genehmigt	Ja
X_3	Kredit-bearbeitungs-schritte	Schritt Kreditentscheidung hat signifikanten Einfluss	37 % der Kreditanträge in der Stichprobe werden – hervorgerufen durch die Dauer der Kreditentscheidung – in mehr als einem Tag bearbeitet	Ja
X_4	Kundendaten unvollständig	Signifikanter Einfluss nachweisbar	40 (17 %) unvollständige Kundendaten	Ja
X_5	Kreditantrag unvollständig	Signifikanter Einfluss nicht nachweisbar	Zwölf (5 %) unvollständige Kreditanträge	Ja
X_6	Kreditantrag inkorrekt	Signifikanter Einfluss nicht nachweisbar (Stichprobe zu gering)	Zwei (0,8 %) Kreditanträge inkorrekt	Ja

X	Faktor	Ergebnis	Bemerkung	IMPROVE
X_7	Zeitpunkt des Krediteingangs	Signifikanter Einfluss nachweisbar	Kredite, die nach 15.00 Uhr eingehen, laufen länger, da sie erst am nächsten Tag entschieden werden	Ja
X_8	Wochentag des Krediteingangs	Signifikanter Einfluss nicht nachweisbar		Nein
X_9	Region	Signifikanter Einfluss nicht nachweisbar		Nein
X_{10}	Kreditbearbeiter	Signifikanter Einfluss nicht nachweisbar		Nein
X_{11}	Vertriebs-mitarbeiter	Signifikanter Einfluss nachweisbar	Kredite aus von Simon betreuten Regionen laufen oftmals in den nächsten Tag	Ja
X_{12}	Kreditbetrag	Signifikanter Einfluss nachweisbar, Einfluss unwesentlich $R^2 < 14\%$	Kredite mit einem größeren Betrag laufen geringfügig länger in der Entscheidung	Nein

Obwohl für die potenziellen Ursachen X_5 und X_6 – wahrscheinlich aufgrund der geringen Stichprobengröße – ein signifikanter Einfluss nicht nachweisbar ist, entscheidet das Team, nach den Ursachen für die unvollständigen und inkorrekten Unterlagen zu suchen.

Bevor das Projekt in die IMPROVE-Phase entlassen werden kann, müssen die Hintergründe für die Ursachen gefunden werden.

11 Hintergründe zu den kritischen Ursachen analysieren

11.1 Ziel und Hintergrund

In Dienstleistungsprozessen ist die Suche nach Ursachen für Prozessprobleme aufgrund des menschlichen Einflusses oft komplexer als in technischen Prozessen, wo nach dem Ermitteln eines signifikanten Prozessparameters die Einstellungen dafür geändert werden und das Prozessergebnis oft unmittelbar reagiert. Nachdem eine kritische Ursache für ein Problem in einem Dienstleistungsprozess identifiziert worden ist, wird nach den Hintergründen dafür geforscht, um erfolgreiche und langfristig wirksame Verbesserungsmaßnahmen entwickeln zu können.

Ziel dieses Schrittes ist es, die den bereits identifizierten kritischen Ursachen zugrunde liegenden Treiber zu ermitteln.

11.2 Voraussetzungen

Voraussetzung für diesen Schritt ist:

- Liste der kritischen Ursachen Xs.

11.3 Aufgaben und verwendete Werkzeuge

In diesem Schritt werden die kritischen Ursachen X hinterfragt und Details dafür entwickelt mit dem Ziel, eine Grundlage für die Entwicklung von Lösungen zu schaffen. Die Aufgabe dazu ist in Tabelle 11.1 dargestellt.

TABELLE 11.1 In diesem Schritt zu bearbeitende Aufgabe

Aufgabe	Werkzeug
1. Ermitteln der Treiber für kritische Ursachen	Fischgrätendiagramm, 5-Warum-Fragetechnik

11.3.1 Aufgabe 1: Ermitteln der Treiber für kritische Ursachen

Die Hintergründe für die kritischen Ursachen werden entweder im Projektteam oder in Fokusgruppen erarbeitet. Die Entscheidung darüber hängt von der Prozesskenntnis der Projektteammitglieder ab. Außerdem ist bei dieser Entscheidung in Betracht zu ziehen, dass die Erarbeitung der Treiber durch die am Prozess Beteiligten von Vorteil sein kann. Einerseits besitzen diese Personen die beste Prozesskenntnis. Andererseits wird mit deren Einbeziehung ein wichtiger Grundstein für die erfolgreiche Einführung der Lösungen gelegt.

Zur Vorbereitung von effektiven und langfristig wirksamen Verbesserungsmaßnahmen ist es vorteilhaft, die Prozessbeteiligten, die Prozessstakeholder sowohl in die Ermittlung der Treiber als auch in die Lösungsfindung einzubeziehen.

Die Methode beginnt mit dem Fischgrätendiagramm und zielt darauf ab, für die einzelnen, als signifikant erkannten Ursachen, das heißt Gräten, Details zu ermitteln, die das Design von Lösungsansätzen erleichtern.

Wenn beispielsweise für einen Einstellungsprozess signifikant verschiedene Bearbeitungszeiten für zwei unterschiedliche Bearbeitungsteams (Schichtungsvariable) ermittelt wurden, ist diese Aussage noch nicht ausreichend, um Lösungen generieren zu können. Schichtungsvariablen wie Gruppen, Zeiten, Wochentage oder Produkte verursachen selbst keine Unterschiede. Die unterschiedlichen Ergebnisse werden von Bedingungen hervorgerufen, die an die Schichtungsvariablen geknüpft sind.

Die verschiedenen Bearbeitungszeiten in unserem Beispiel stammen entweder aus unterschiedlichen Prozessabläufen für beide Teams, aus einem unterschiedlichen Grad an Erfahrung der Teammitglieder oder aus unterschiedlichen „Produkten“, das heißt verschiedenen Kategorien von einzustellenden Mitarbeitern. Diese Information wird mithilfe der 5-Warum-Fragetechnik in einem Teammeeting gewonnen und in das Fischgrätendiagramm eingetragen.

11.4 Ergebnisse

Dieser Schritt liefert das folgende Ergebnis:

- Details zu den kritischen Ursachen.

11.5 Tipps

1. Fokusgruppen sind oftmals effektiver und führen schneller zum Ziel, wenn sie im vertrauten Umfeld der zu befragenden Personen durchgeführt werden.
2. Fokusgruppen sollten durch eine Person geleitet und durch eine weitere Person als Schreiber und Beobachter begleitet werden. Ein zwischenzeitlicher Tausch der Rollen kann die Dynamik des Teams erhöhen und durch unterschiedliche Befragungstechniken der Leiter zusätzliche Ergebnisse generieren.
3. Die Anwendung der 5-Warum-Fragetechnik nach den Hintergründen sollte so lange durchgeführt werden, bis ein Detaillierungsgrad vorliegt, der die Entwicklung von Lösungen gestattet.

11.6 Benötigte Zeit

Dieser Schritt benötigt ein bis zwei Meetings von etwa einer Stunde und gegebenenfalls Arbeit in Fokusgruppen.

Das erste Meeting kann unmittelbar im Anschluss an das vorangegangene Meeting zur Zusammenfassung der Analyseergebnisse durchgeführt werden. In diesem Meeting wird besprochen, wie die Details zu den kritischen Ursachen hinterfragt werden können. Ist es möglich, die Details zu allen kritischen Ursachen sofort im Team zu erarbeiten, ist mit einem einzigen Meeting von ein bis zwei Stunden zu rechnen.

Ist es dagegen erforderlich, zusätzliche Personen zu befragen, empfiehlt sich die Ansetzung von Fokusgruppen. Nachdem die Ergebnisse der Fokusgruppen vorliegen, werden sie zusammengefasst und in einem kurzen Meeting dem Team vorgestellt. Diese Vorstellung kann auch zu Beginn der IMPROVE-Phase vorgenommen werden.

11.7 Fallbeispiel

Das Team „Aktivieren schlafender Autohändler“ beschließt, das mit den aus der Analyse gewonnenen signifikanten Ursachen- und Schichtungsvariablen X ausgestattete Fischgrätendiagramm als Grundlage zu benutzen und darauf aufbauend die Hintergründe für diese Variablen zu ermitteln. Zum Teammeeting werden zusätzlich zum Kernteam weitere Kollegen aus Vertrieb und Abwicklung eingeladen. Auch der Direktor der Abwicklung, der einen Teil der Kreditentscheidungen trifft, wird eingeladen.

Anke Smart leitet das Teammeeting.

11.7.1 Aufgabe 1: Ermitteln der Treiber für kritische Ursachen

Anke Smart beginnt mit der Variable X_2 „Ablehnungen dauern länger“ und stellt die Frage: „Warum dauern Ablehnungen länger?“

Nach einer langen Pause und sichtlichem Zögern offenbart Manne, ein Mitarbeiter der Abwicklung, seine Beweggründe. Er sagt: „Da es im Interesse unserer Bank ist, Kredite abzuschließen und nicht abzulehnen, versuche ich natürlich, alle möglichen Wege auszuschöpfen, bevor ich einen Kredit versage. Eine Ablehnung ist nicht gut. Oftmals bekomme ich Anrufe von Kunden mit abgelehnten Krediten, die sich sehr entrüstet darüber äußern, dass sie ihren Wagen wegen mir nicht kaufen können.“

Anke unterbricht den Redefluss, um das Genannte zu erfassen (siehe Bild 11.1). „Ablehnungen dauern länger, da Sie versuchen, fehlende Informationen zu finden. Warum? Da Sie sich nicht trauen, Kredite abzulehnen. Warum? Da Sie nach Ablehnungen Beschwerdeanrufe bekommen. Warum? Weil der Vertrieb Ihre Telefonnummer an die Kunden weitergibt.“

Anke fragt weiter nach: „Aber wieso denken Sie, dass Sie Information finden werden?“

„Manchmal ist es möglich, dass der Kunde zusätzliche Information beibringen kann, die ausreichend ist“, erklärt Manne.

„Wieso haben wir diese Information nicht beim Sieben und Prüfen schon bekommen?“

Nach einigem Zögern meldet sich Axel, der die Prozesse Sieben und Prüfen sehr gut kennt: „Ich kenne das. Ich versuche, sehr schnell zu arbeiten, und halte mich exakt an die Vorgaben. Es ist richtig, dass bei einem Anruf beim Kunden bestimmte Dinge geklärt werden können. Allerdings fehlt mir dafür die Zeit.“

Manne wirft ein: „Du bekommst ja auch die Anrufe nicht. Ich dagegen bin der Böse!“

Anke lässt dieserart Diskussion nicht zu. Und sie weiß auch, dass sie die Treiber, die Hintergründe, für die Verzögerungen der Ablehnungen gefunden hat (Bild 11.1).

In dieser Art und Weise werden alle Ursachen- und Schichtungsvariablen hinterfragt und mit genügend Information versehen, sodass Lösungen dafür gesucht werden können.

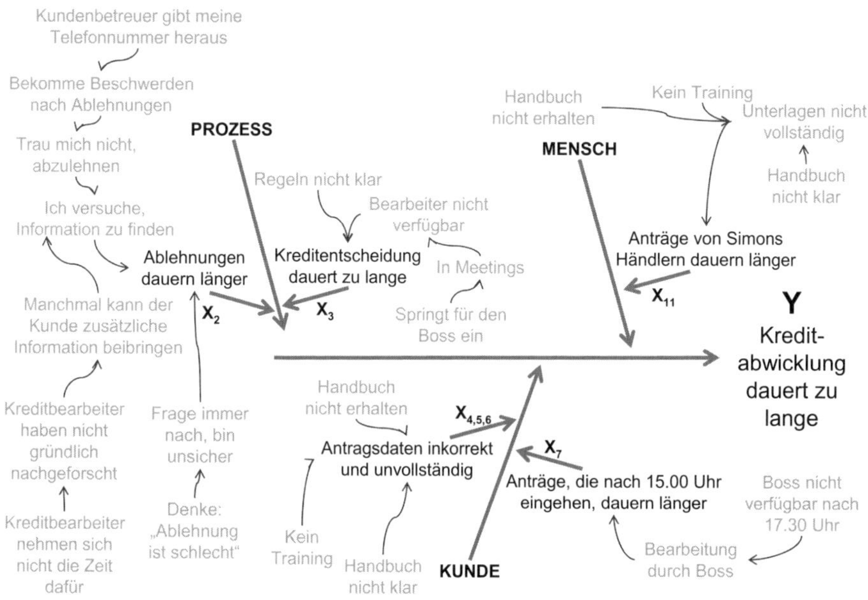

BILD 11.1 Fischgrätendiagramm für kritische Ursachen und Treiber

IV IMPROVE – VERBESSERN

Übersicht

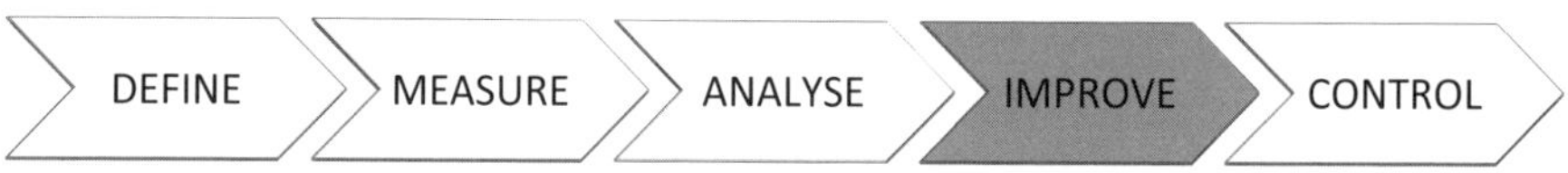

Schritte

1. Lösungen entwickeln
2. Risiko analysieren und Lösungen implementieren

Zielsetzung

Entwickeln und Implementieren von Lösungen

In der Phase ANALYSE wurden die potenziellen Ursachen auf deren Einfluss auf das Problem untersucht, verifiziert und gewichtet. Daraus ergibt sich die Liste der Hauptursachen.

In der Phase IMPROVE werden diese Hauptursachen zugrunde gelegt, um dafür Abstellmaßnahmen zu konzipieren, zu testen und einzuführen. Für diese Abstellmaßnahmen soll die Wirksamkeit anhand von Daten nachgewiesen werden, sodass Prozessveränderungen, die oftmals mit Investitionen verbunden sind, abgesichert werden.

Voraussetzungen

Folgende Voraussetzungen müssen gegeben sein, um diese Phase beginnen zu können:

- Liste der tatsächlichen Ursachen für das Problem,
- Grad des Einflusses dieser Ursachen auf das Problem.

Ergebnisse

Diese Phase liefert die folgenden Ergebnisse:

- Liste aller Lösungsideen, wovon einige verworfen wurden,
- Liste der weiterverfolgten Lösungsideen, die in Vorschläge zur Prozessverbesserung eingearbeitet wurden,
- Risikoanalyse für Lösungsvorschläge,
- Umsetzungsplan für Lösungsvorschläge.

Checkliste auf Vollständigkeit und Erfolg

Zur Überprüfung des erfolgreichen Abschlusses der Phase IMPROVE sind die folgenden Fragen zu beantworten:

1. Welche Prozessverbesserungen werden vorgeschlagen?
2. Welche Problemursachen werden damit abgestellt oder zumindest verringert?
3. Wie groß ist das Risiko, das aus den damit verbundenen Prozessveränderungen resultiert?
4. Welche Maßnahmen wurden konzipiert, dieses Risiko zu verringern oder zu vermeiden?
5. Welche Schritte wurden geplant, um die angestrebten Prozessveränderungen umzusetzen?
6. Welche weiteren Lösungsideen wurden entwickelt?
7. Weshalb wurden diese Ideen nicht weiterverfolgt?
8. Welche Maßnahmen wurden konzipiert, um die erforderlichen Prozessveränderungen zu unterstützen? Wie wurde Akzeptanz bei allen Betroffenen erreicht?

Hinweise

1. Die Phase IMPROVE stellt einen neuen Abschnitt in der Projektarbeit dar. DEFINE, MEASURE und ANALYSE sind ausgerichtet auf die detaillierte Untersuchung des „alten Zustandes" des Prozesses. IMPROVE soll den „neuen Zustand" beschreiben. Aufgrund der Teamdynamik kann es erforderlich sein, zusätzliche Teammitglieder in das Team aufzunehmen, die Innovation und Kreativität mitbringen und damit die Qualität der Lösungen, den Neuheitsgrad, verbessern helfen.
2. Poka-Yoke-Lösungen können helfen, langfristige Wirksamkeit von Lösungen zu erreichen. Daher sollte das Team in geeigneter Weise dazu angeregt werden, Poka-Yoke-Lösungen zu generieren.
3. Die Verantwortung des Projektteams umfasst sowohl Design von Lösungen und Umsetzungsplan als auch das Umsetzen der Lösungen und die Überwachung der Ergebnisse.

Teamdynamik

Während die bisherigen Phasen aus tief greifender Analyse des Ist-Prozesses bestehen und entsprechende analytische Fähigkeiten erfordern, kann die IMPROVE-Phase nur erfolgreich durchlaufen werden, wenn zusätzlich kreative und innovative Fähigkeiten im Team zur Verfügung stehen. Erforderlichenfalls sind dafür zusätzliche Teammitglieder zu gewinnen.

Die Rolle des Projektsponsors besteht in dieser Phase in der Herausforderung des Teams zur Kreativität. Der Sponsor sollte vermeiden, durch frühzeitige und überzogene Darstellung der Auswahlkriterien für Lösungsvorschläge die Kreativität zu beschneiden. Daher sollten die Kriterien erst nach Generieren von Lösungsideen erstellt werden.

Projektablauf

Im Team „Aktivieren schlafender Autohändler" werden die in Tabelle 1 dargestellten Projektmeetings durchgeführt.

TABELLE 1 Projektmeetings

Nr.	Projektschritt	Termin	Dauer
01	Generieren von Lösungsideen	18. Mai	2 h
02	Bewerten und Priorisieren von Lösungsvorschlägen	20. Mai	2 h
03	Analysieren und Bewerten des Risikos der Lösungsvorschläge	25. Mai	2 h
04	Planen von Pilotversuchen für ausgewählte Lösungsvorschläge	25. Mai	2 h
05	Auswerten der Pilotversuche für ausgewählte Lösungsvorschläge	15. Juni	2 h
06	Vorstellen der Lösungsvorschläge sowie der Ergebnisse von Bewertung und Pilotversuchen im Quality Council	22. Juni	1 h
07	Planen der Implementierung der Lösungen	23. Juni	3 h

12 Lösungen entwickeln

12.1 Ziel und Hintergrund

Nachdem die kritischen Ursachen für Prozessprobleme identifiziert und validiert und dazu die Treiber ermittelt worden sind, kann mit dem Design von Lösungen begonnen werden. Während in technischen Prozessen die Lösungen oftmals aus den Analyseergebnissen abgeleitet werden können, ist die Verbindung zwischen Ursache und Lösung im Dienstleistungsbereich häufig weniger direkt. Daher empfiehlt es sich, Techniken zur Unterstützung der Lösungsfindung heranzuziehen.

Ziel dieses Schrittes ist es, Lösungsideen zu generieren, daraus Lösungen zu entwickeln und diese nach festzulegenden Kriterien zu bewerten.

12.2 Voraussetzungen

Voraussetzung für diesen Schritt ist:

- Liste der kritischen Ursachen X mit den entsprechenden zugrunde liegenden Treibern.

12.3 Aufgaben und verwendete Werkzeuge

In diesem Schritt werden zu den kritischen Ursachen X unter Betrachtung der in den Treibern enthaltenen Hintergrundinformationen Lösungen entwickelt und für die weitere Vorgehensweise ausgewählt. Die Aufgaben dazu sind in Tabelle 12.1 dargestellt.

TABELLE 12.1 In diesem Schritt zu bearbeitende Aufgaben

Aufgabe	Werkzeug
1. Generieren von Lösungsideen	Kreativitätstechniken
2. Entwickeln und Bewerten von Lösungen	Prioritätenmatrix, Musskriterien, Wunschkriterien

12.3.1 Aufgabe 1: Generieren von Lösungsideen

In technischen Prozessen ist der Zusammenhang zwischen Problemursache und -lösung oft sehr direkt, sodass sich aus der analysierten Ursache sofort der Ansatz zur Lösung des Problems ergibt. Wenn beispielsweise in einer Blutbank der Zusammenhang zwischen dem Entstehen von Klumpen in Blutplättchen und der Art der verwendeten Beutel nachgewiesen werden kann, ist die Schlussfolgerung zur Verwendung der „besseren" Blutbeutelart naheliegend.

In nicht technischen und weniger determinierten Prozessen ist die Lösungsfindung oftmals komplizierter und benötigt Techniken zur Unterstützung. Aus der Vielzahl der zur Verfügung stehenden Kreativitätstechniken bieten sich die folgenden besonders an:

- Brainstorming,
- Analogien,
- Bilder als Ideengeber.

Die Wirksamkeit dieser Kreativitätstechniken hängt stark von der Erfahrung des Moderators ab. In der Regel ist die Anwendung zweier dieser Techniken ausreichend. Oftmals wird mit Brainstorming begonnen, um die offensichtlichen Lösungsideen aufzunehmen, bevor mit einer weitergehenden Technik qualitativ hochwertigere – Out-of-the-box – Lösungen generiert werden können.

Brainstorming

Die wesentliche Vorgehensweise beim Brainstorming wurde bereits in Kapitel 4 „Potenzielle Problemursachen zur Datensammlung identifizieren und auswählen" erläutert.

Analogien

Diese Methode baut auf der Tatsache auf, dass Probleme und deren Ursachen oftmals in einem anderen Anwendungsgebiet praktikable Lösungen haben. Aus diesen Lösungen ist es meist möglich, Lösungsansätze für das eigene Anwendungsgebiet abzuleiten. Dabei kommt es nicht auf die Branche, sondern nur auf die Art des Problems an. Bei der Anwendung dieser Methode wird in vier Schritten vorgegangen.

1. Verdeutlichen des Problems.
2. Brainstorming von Anwendungsgebieten, in denen dieses Problem gelöst ist.
3. Brainstorming von Lösungsansätzen, die aus diesen Anwendungsgebieten bekannt sind.

4. Übertragen dieser Lösungsansätze in das eigene Umfeld und Entwickeln von Lösungen.

Wenn beispielsweise in einer Blutbank das Problem in einer langen Laufzeit von Registrierung bis Beendigung der Blutabnahme besteht, wird durch den Moderator die Frage gestellt: „In welchen Unternehmen oder Einrichtungen ist das Problem langer Laufzeiten beispielhaft gelöst?"

Diese Frage kann zum Beispiel beantwortet werden mit folgenden Hinweisen:

- „Ein Radwechsel in der Formel 1 dauert weniger als zehn Sekunden. Wenn ich das mache, brauche ich eine halbe Stunde dafür."
- „McDonald's gelingt es, den Prozess vom Eintreten bis zum Burger in sehr kurzer Zeit abzuwickeln."
- „Die Erste Hilfe ist in Minuten am Unfallort."

Beim Auswählen eines Unternehmens oder einer Einrichtung sollte darauf geachtet werden, dass die zu betrachtenden Prozesse oder Vorgänge allgemein bekannt sind und dadurch auch ohne Benchmarking zur Gewinnung von Lösungsideen herangezogen werden können.

Danach fragt der Moderator, welche Strategien bei Formel 1, McDonald's und Erste Hilfe angewendet werden, um die herausragende Geschwindigkeit zu erreichen. Die Antworten könnten sein:

Ein Team in der Formel 1 kann die Räder an einem Boliden in wenigen Sekunden wechseln, da folgende Faktoren erfüllt sind:

- Der Radwechsel ist bis in das kleinste Detail analysiert und der Prozess beherrscht.
- Die notwendigen Vorbereitungen sind vollständig abgeschlossen.
- Die Vorbereitung erfolgt mit Checklisten, sodass mit 100 % Sicherheit alle Tätigkeiten abgeschlossen sind.
- Tätigkeiten, die aus dem kritischen Prozess genommen und zuvor oder danach durchgeführt werden können, sind eliminiert.
- Der Prozess ist so oft praktiziert, dass praktisch keine Variation in der Vorgehensweise besteht. Daher ist der Prozess vollständig vorhersagbar und praktisch fehlerfrei.
- Während des kritischen Wechsels der Räder und der Betankung werden kurzzeitig alle Kräfte auf diese Aufgabe konzentriert. Andere Aufgaben sind zweitrangig und werden dann unterlassen.
- ...

Folgend können andere Anwendungsgebiete wie McDonald's und/oder Erste Hilfe in ähnlicher Art und Weise untersucht werden.

Zum Abschluss ist es die Aufgabe des Teams, die genannten Strategien in das eigene Anwendungsgebiet zu übertragen und daraus Lösungen abzuleiten. Auf dem Weg zu Lösungen könnte beispielsweise diskutiert werden:

- Wir können die Vorbereitung der Blutbeutel aus dem Blutspendeprozess auslagern, anstatt die Blutbeutel vor den Augen der auf der Liege Wartenden zu präparieren.
- Wir könnten den Prozess strenger standardisieren, sodass keinerlei Abweichungen auftreten. Damit sind Schwestern flexibler einsetzbar und die Zeit wird reduziert.
- Beim Platznehmen eines Spenders könnten kurzzeitig zwei Fachkräfte gleichzeitig die Vorbereitung übernehmen, sodass die Zeit aus der Sicht des Spenders halbiert wird.

Beim Anwenden dieser Methode ergeben sich in der Regel weiterreichende Lösungsansätze, als sie mit Brainstorming erreicht werden können.

Nach dem Sammeln der Lösungsansätze sind diese erforderlichenfalls in Lösungen umzuwandeln. Beispielsweise ist die Idee „Auslagern der Vorbereitung der Blutbeutel aus dem Blutspendeprozess“ noch keine Lösung. Zur Lösung wird es durch die weitere Bearbeitung, bis ein Vorschlag wie folgt vorliegt: „Die Vorbereitung der Blutbeutel wird durch das Registrierungspersonal in Phasen mit geringem Spenderaufkommen durchgeführt. Durch das Registrierungspersonal wird immer ein Mindestbestand von vorbereiteten Blutbeuteln sichergestellt. Die Blutbeutel werden von Hilfsschwestern abgeholt.“

Eine solche Formulierung ist scharf genug, um die Lösung bewerten zu können.

Bilder als Ideengeber

Diese Methode basiert auf dem Prinzip des Herstellens von Assoziationen zwischen einem beliebigen Bild und der zu bearbeitenden Problemursache. Bei der Anwendung dieser Methode wird in drei Schritten vorgegangen.

1. Vorstellen eines beliebigen, die Fantasie anregenden Bildes.
2. Generieren von Worten - oder besser - Wortgruppen, die aus dem Bild mittels Brainstorming in der Gruppe gewonnen werden.
3. Herstellen einer Verbindung zwischen den Worten oder Wortgruppen und der zur Lösung stehenden Problemursache.

Diese Vorgehensweise ist ähnlich der bei der Methode „Analogien“, sodass auf eine Erläuterung am Beispiel verzichtet wird.

12.3.2 Aufgabe 2: Entwickeln und Bewerten von Lösungen

Falls mehrere Lösungen zur Auswahl stehen, die alternativ eingeführt werden können, sind diese durch Bewertungskriterien gegeneinander abzuwägen und die vorteilhafteste ist auszuwählen.

Auch wenn mehrere nicht konkurrierende Lösungen zur Auswahl stehen, wird eine Bewertung vorgenommen. Bewertungskriterien sind für gewöhnlich die folgenden:

- Kosten der Lösung und deren Einführung,
- Grad der Behebung des Problems,
- Einfachheit der Einführung,
- Einfluss auf Kunden,
- Einfluss auf Mitarbeiter.

Weitere Bewertungskriterien können aus dem Projektcharter gewonnen oder in einem Gespräch mit dem Projektsponsor entwickelt werden.

> Bewertungskriterien sollten weder zu Projektbeginn noch zu Beginn der Phase IMPROVE explizit genannt werden, um die Arbeit des Teams, insbesondere dessen Kreativität, nicht einzugrenzen.

Die Bewertungskriterien können mithilfe einer Bewertungsmatrix auf die Lösungen angewendet werden. Dabei ist es möglich, den Bewertungskriterien zusätzlich ein Gewicht zu geben. Beispielsweise sollte „Einfluss auf Kunden“ ein höheres Gewicht als „Einfluss auf Mitarbeiter“ bekommen.

Alternativ ist es möglich, sogenannte Musskriterien und Wunschkriterien zur Bewertung heranzuziehen. Ein Musskriterium für Lösungen ist oftmals „Keine Neueinstellung zur Umsetzung der Lösung“, während „Die Lösung sollte zur Kosteneinsparung beitragen“ ein Wunschkriterium sein könnte. Die Nichterfüllung des Musskriteriums führt zum Ausschluss der betreffenden Lösung.

12.4 Ergebnisse

Dieser Schritt liefert die folgenden Ergebnisse:

- Lösungsideen,
- Bewertungskriterien für Lösungen,
- Ausgewählte Lösungen und deren Bewertungsergebnisse.

12.5 Tipps

1. Es ist vorteilhaft für die Teamarbeit, den Paradigmenwechsel von Analyse des Ist-Prozesses zum Generieren des Soll-Prozesses deutlich sichtbar zu machen. Das kann durch eine Feier am Ende von ANALYSE, durch Veränderung der Räumlichkeiten für die Teammeetings und durch Veränderung der Teamstruktur erfolgen.
2. Bevor mit der IMPROVE-Phase begonnen werden kann, sollte die Teamstruktur überprüft werden. Zur Unterstützung der Wirksamkeit von Prozessveränderungen kann es sinnvoll sein, Personen zur Lösungsfindung einzuladen, die einen entscheidenden Einfluss auf den Erfolg der Prozessverbesserungen nehmen können.
3. Außerdem ist auf eine Balance im Team zu achten. Während in den Phasen MEASURE und ANALYSE Teammitglieder gefordert sind, die neben Prozesskenntnis analytische Fähigkeiten besitzen, liegt der Schwerpunkt in der IMPROVE-Phase auf der Kreativität und dem Willen zur Veränderung. Diesem Fokus muss durch die Teamzusammensetzung Rechnung getragen werden, sodass entsprechende Eigenschaften im Team sichergestellt werden.
4. Es kann vorteilhaft sein, zwischen Lösungen und unterstützenden Maßnahmen zu unterscheiden, um Lösungsbewertung und -auswahl zu vereinfachen. Beispielsweise sind Trainings- und Informationsveranstaltungen in der Regel wenig kostenintensiv, kurzfristig durchführbar und wenig riskant für Unternehmen oder Mitarbeiter. Daher sollten diese Lösungen nicht in die Bewertung einbezogen werden.
5. Trainings- und Informationsveranstaltungen sind nur in Ausnahmefällen die Hauptlösungen für ein Prozessproblem. Derartige Interventionen ändern den Prozess nur kurzfristig und verlieren ihre Wirksamkeit über die Zeit. Daher sind sie immer durch Prozessveränderungen zu unterstützen.

12.6 Benötigte Zeit

Dieser Schritt benötigt zwei Meetings.

Im ersten Meeting von etwa ein bis zwei Stunden werden Lösungsideen generiert und in Lösungen umgesetzt. Dies kann mit dem vorangegangenen Schritt kombiniert werden.

Das zweite Meeting von etwa einer Stunde dient dem Definieren von Bewertungskriterien und deren Anwendung auf die Lösungen. Für dieses Meeting ist die Anwesenheit des Projektsponsors von großem Vorteil.

Falls das erste Meeting in kurzer Zeit abgeschlossen werden kann, ist die Behandlung der Lösungsbewertung direkt im Anschluss möglich.

12.7 Fallbeispiel

Das Team „Aktivieren schlafender Autohändler" benutzt das Fischgrätendiagramm mit betrachteten Ursachen- und Schichtungsvariablen einschließlich Hintergrundinformationen als Eingangsinformation (Bild 12.1) für das Meeting.

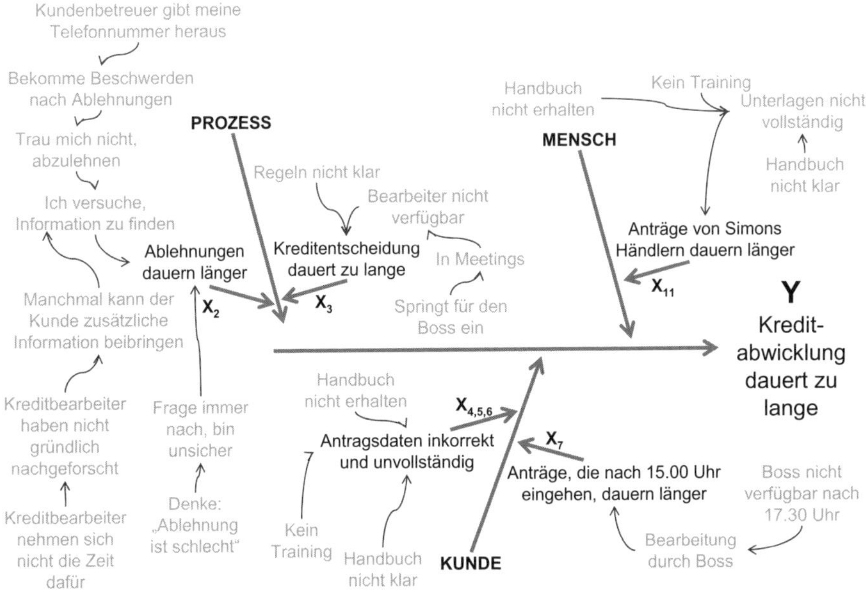

BILD 12.1 Fischgrätendiagramm der betrachteten Ursachen- und Schichtungsvariablen

Zum Teammeeting werden zusätzlich zum Kernteam weitere Kollegen aus Vertrieb und Abwicklung eingeladen.

Anke Smart leitet das Teammeeting.

12.7.1 Aufgabe 1: Generieren von Lösungsideen

Um so viele Lösungsideen wie möglich zu erzeugen, wird Schritt für Schritt vorgegangen, das heißt, es wird beginnend bei X_2 jedes X getrennt behandelt.

Nachdem durch Anke sowohl X_2 als auch die Hintergrundinformation rekapituliert worden sind, werden in einem Brainstorming die ersten Lösungsideen eingesammelt und auf das Papier gebracht.

Nachdem die Ideen aufgenommen worden sind, werden sie zur besseren Übersicht in Gruppen zusammengefasst, die mit einer Überschrift versehen werden (Bild 12.2). So ergeben sich für X_2 die Gruppen „Richtlinien", „Organisation" und „Kleinkredite" mit mehr als zehn Ideen.

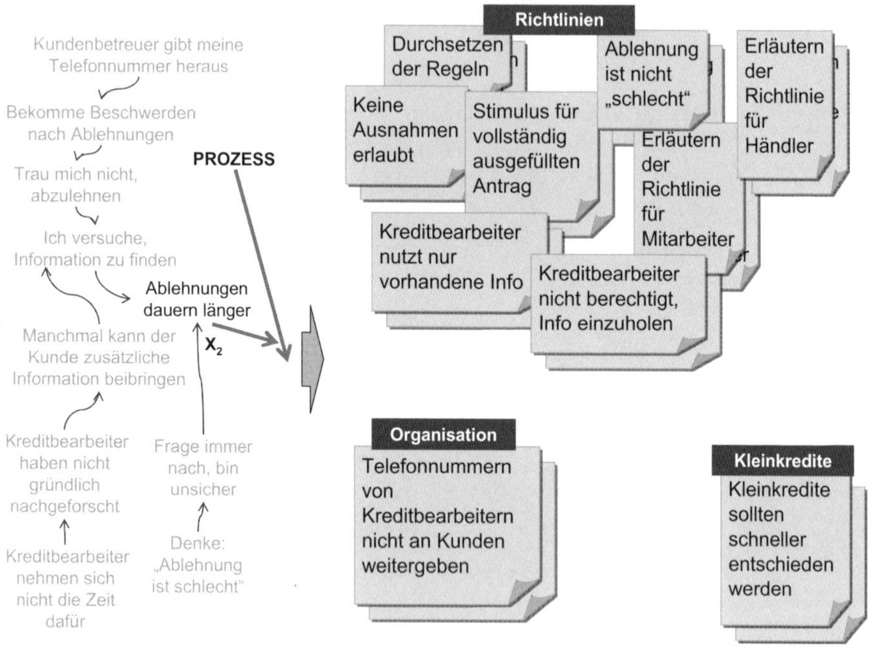

BILD 12.2 Lösungsideen für X_2

Anschließend werden für X_3, X_4, X_5, X_6, X_7 und X_{11} in ähnlicher Art und Weise Lösungsideen entwickelt, sodass nach Abschluss des Brainstormings mehr als 60 Wortmeldungen vorliegen, die nach Gruppieren und Eliminieren der Duplikate etwa 30 einzelne Ideen ergeben. Diese Ideen müssen qualifiziert werden, bevor sie einer Bewertung unterzogen werden können.

12.7.2 Aufgabe 2: Entwickeln und Bewerten von Lösungen

Entwickeln von Lösungen aus Lösungsideen

In der Regel werden während des Brainstormings rohe Ideen erzeugt, die in Lösungsvorschläge umgearbeitet werden müssen. So ist beispielsweise die Idee „Stimulus für vollständig ausgefüllten Antrag" noch nicht bewertbar, da die Umsetzung nicht klar ist. So wird eine Umsetzungsmöglichkeit im Team erarbeitet. Das Team „Aktivieren schlafender Autohändler" setzt dazu die Methode „Analogien" ein, wodurch weitere interessante Lösungsvarianten generiert werden. Das Team beschließt nach einiger Diskussion, als Stimulus bei vollständig vorliegenden Unterlagen die Kreditbearbeitungszeit gegenüber den Händlern zu garantieren. Die Details dieses Vorschlages sind noch zu bestimmen.

In dieser Weise werden alle Lösungsideen in Vorschläge umgewandelt und aufgelistet.

Definieren von Bewertungskriterien

Zur Bewertung der Lösungsvorschläge werden durch das Team zusammen mit dem Sponsor Kriterien definiert. Diese Kriterien sind im Folgenden aufgelistet:

- Musskriterium: kein zusätzliches Personal.
- Wunschkriterien:
  - leichte Implementierung,
  - geringe Kosten für die Implementierung,
  - geringes Risiko,
  - hoher positiver Einfluss auf die Händler.

Alle Lösungen müssen das Musskriterium erfüllen, um in die engere Auswahl zu gelangen. Die Wunschkriterien wurden in einer Teamabstimmung bewertet und mit einem Gewicht versehen (Tabelle 12.2), wobei durch jedes Teammitglied eine Stimme für jedes Kriterium abgegeben wird. Die Bewertung kann beispielsweise in den Stufen 0, 1, 5 und 9 erfolgen, wobei 0 für nicht relevant, 1 für wenig relevant, 5 für mäßig relevant und 9 für sehr relevant steht.

TABELLE 12.2 Gewichtung der Bewertungskriterien für die Lösungsauswahl

	Leichte Implementierung	Geringe Kosten für Implementierung	Geringes Risiko	Positiver Einfluss auf Händler
Teammitglied 01	1	5	9	9
Teammitglied 02	5	5	5	9
Teammitglied 03	1	1	5	9
Teammitglied 04	5	5	5	5
Teammitglied 05	1	1	9	9
Teammitglied 06	1	5	5	9
Teammitglied 07	5	5	9	9
Sponsor	5	9	9	9
Gewicht	**3**	**4,5**	**7**	**8,5**

Bevor das Gewicht für jedes Kriterium aus dem Mittelwert der Nennungen der Teammitglieder bestimmt wird, ist es ratsam, starke Abweichungen zu hinterfragen. Das Kriterium „Geringe Kosten für Implementierung“ bekommt von den Teammitgliedern 03 und 05 ein geringes Gewicht, während der Sponsor dieses Kriterium als sehr relevant einstuft. Nach einiger Diskussion stellt sich heraus, dass der Maßstab für „Geringe Kosten“ aus verschiedenen Perspektiven sehr unterschiedlich ist. Vertriebsmitarbeiter haben aus ihrer Sicht den zusätzlichen Umsatz und Ertrag im Auge, der mit einem optimierten Prozess erzielt werden kann. Der Sponsor dagegen hat ein Budget, das er nicht ohne größere Anstrengungen überschreiten kann. Daher einigt sich das Team auf die Übernahme eines mittleren Gewichts von 4,5 für dieses Kriterium.

> Beim Abstimmen zur Entscheidungsfindung ist es erforderlich, größeren Varianzen auf den Grund zu gehen, bevor ein Mittelwert gebildet wird. Dadurch wird die Entscheidung einzelner, oftmals mit dem Gegenstand besser vertrauter Teammitglieder transparenter für andere Teammitglieder. Das führt oft zu einer besseren Teamentscheidung.

Außerdem erkennt das Team, dass bessere Entscheidungen getroffen werden können, wenn subjektive Kriterien durch objektive Maßstäbe ersetzt werden. Nach einer Diskussion mit dem Sponsor und Konsultation des Quality Councils werden die Kriterien folgendermaßen festgelegt:

Leichte Implementierung:

- 1 ... nach mehr als sechs Monaten wirksam.
- 5 ... innerhalb von sechs Monaten wirksam.
- 9 ... innerhalb von zwei Monaten wirksam.

Geringe Kosten für Implementierung:

- 1 ... nimmt mehr als 50 % des Budgets in Anspruch.
- 5 ... nimmt 10 bis 50 % des Budgets in Anspruch.
- 9 ... nimmt weniger als 10 % des Budgets in Anspruch.

Die Kosten für die Implementierung können bisher nur geschätzt werden und sind erst nach der Planung der Details für die Implementierung mit größerer Präzision bekannt. Daher wird die Auswahl der Lösungen vorerst mit Schätzwerten vorgenommen. Bei der Bewertung der Kosten für die Implementierung stellt die Summe der Kosten der Lösungen die wichtigste Größe dar, die ständig überwacht werden muss.

Bewerten und Auswählen von Lösungen

Danach werden die Lösungsvorschläge mithilfe der gewichteten Kriterien einer Bewertung unterzogen (Tabelle 12.3). Da die Lösungen 01 bis 19 keine konkurrierenden, sondern parallel wirksame Lösungen darstellen, ist es nicht erforderlich, eine Auswahl der besten Lösungen vorzunehmen. Die Bewertungsergebnisse werden stattdessen dazu benutzt, nach den Ursachen für eine niedrige Gesamtpunktzahl zu forschen und davon ausgehend Lösungen auszuschließen.

TABELLE 12.3 Bewertung der Lösungen

		Muss-kriterium	Wunschkriterien				
Nr.	Lösung	Kein zusätzliches Personal	Leichte Implementierung	Geringe Kosten für Implementierung	Geringes Risiko	Hoher Einfluss auf Händler	Gesamt
	Gewicht		**3**	**4,5**	**7**	**8,5**	
1	Erläutern der Regeln für Händler (regelmäßig) und Senden der Händlermappe	Ja	9	9	9	5	173
2	Erläutern der Regeln für Kreditbearbeiter (regelmäßig)	Ja	9	9	5	5	145
3	Anwenden der Regeln ohne Ausnahme, das heißt keine Informationsbeschaffung durch Kreditbearbeiter	Ja	9	9	9	1	139
4	Kleinkreditablehnungen sollen innerhalb von 60 Minuten erfolgen	Ja	5	5	5	9	149
5	Festlegen der Besetzung von Kreditbearbeitung abhängig von historischem Geschäftsaufkommen	Ja	5	1	9	9	159
6	Erlauben von flexibler Besetzung, wenn Kreditaufkommen von Historie abweicht	Ja	1	5	5	9	137
7	Meetings werden nur zu Zeiten von geringem Geschäftsaufkommen zugelassen	Ja	5	5	9	5	143
8	Alarmsystem: Geschäftsaufkommen alarmiert Direktor	Ja	1	1	5	9	119
9	Mit Leiharbeitern Zeiten von hohem Aufkommen überbrücken	Nein	1	1	1	5	57
10	Überprüfen und überarbeiten des Handbuchs und der Info-Mappe	Ja	9	9	9	5	173
11	Händler über die häufigsten Fehler beim Ausfüllen der Kreditanträge informieren	Ja	9	9	9	5	173
12	Trainieren von Vertriebsmitarbeitern, um Händler über die häufigsten Fehler beim Ausfüllen der Kreditanträge zu informieren	Ja	9	9	9	5	173
13	Identifizieren und Trainieren von Vertretern für Direktor/Kreditentscheider für größere Kredite	Ja	1	9	1	9	127

▶

		Muss-kriterium	Wunschkriterien				
Nr.	Lösung	Kein zusätzliches Personal	Leichte Implementierung	Geringe Kosten für Implementierung	Geringes Risiko	Hoher Einfluss auf Händler	Gesamt
	Gewicht		**3**	**4,5**	**7**	**8,5**	
14	Sicherstellen, dass jeder Händler Handbuch und Informationsmappe erhält sowie eingewiesen wird	Ja	9	9	9	5	173
15	Mentor für Simon	Ja	9	9	9	9	207
16	Vermeiden von Stapelbearbeitung bei Direktor	Ja	9	9	9	9	207
17	Überprüfen der Definition für kleine und große Kredite, Erhöhen des Limits	Ja	9	9	1	9	151
18	Abschließen eines Servicevertrages: garantierte Bearbeitungszeit bei vollständigen Unterlagen	Ja	5	5	5	9	149
19	Telefonnummern von Kreditbearbeitern werden geändert und geheim gehalten	Ja	9	9	9	1	139

Am Ende der Diskussion im Team werden die in Tabelle 12.4 dargestellten Lösungen nicht weiter betrachtet.

TABELLE 12.4 Abgelehnte Lösungen

Nr.	Abgelehnte Lösung	Grund für Ablehnung
8	Alarmsystem: Geschäftsaufkommen alarmiert Direktor	Automatisches System kann nur langfristig in Budget aufgenommen und installiert werden, wird durch manuelle Lösung ersetzt und dessen Effekt getestet, bevor Automatisierung
9	Mit Leiharbeitern Zeiten von hohem Aufkommen überbrücken	Zusätzliches Personal ist nicht erlaubt

Team und Sponsor beschließen außerdem, für die Lösungen 13 und 17 eine detaillierte Risikoanalyse durchzuführen, da diese Lösungen offensichtlich das Risiko für die Bank erhöhen.

13 Risiko analysieren und Lösungen implementieren

13.1 Ziel und Hintergrund

Nachdem Lösungsideen generiert und daraus Lösungen entwickelt worden sind, werden erforderlichenfalls einige der Lösungen hinsichtlich ihres Risikos für Unternehmen, Mitarbeiter, Kunden und Umwelt untersucht. Danach erfolgt die Planung der Lösungsimplementierung, die gegebenenfalls schrittweise und unter Einschaltung von Pilotversuchen vorgenommen wird.

Ziel dieses Schrittes ist es, das von den Prozessveränderungen ausgehende Risiko zu minimieren und die Implementierung so vorzubereiten, dass kurzfristig die gewünschten Ergebnisse erzielt werden können.

13.2 Voraussetzungen

Voraussetzung für diesen Schritt ist:

- Liste der ausgewählten Lösungen und deren Bewertungsergebnisse.

13.3 Aufgaben und verwendete Werkzeuge

In diesem Schritt werden Prozessrisiken abgeschätzt und minimiert, und die Implementierung wird geplant. Die Aufgaben dazu sind in Tabelle 13.1 dargestellt.

TABELLE 13.1 In diesem Schritt zu bearbeitende Aufgaben

Aufgabe	Werkzeug
1. Analysieren des Prozessrisikos	Fehlermöglichkeits- und -einflussanalyse
2. Durchführen von Pilotversuchen	
3. Planen der Implementierung	Planungsraster

13.3.1 Aufgabe 1: Analysieren des Prozessrisikos

Ähnlich technischen Prozessen kann bei Prozessänderungen in Dienstleistungsprozessen unbeabsichtigt das Risiko für das Unternehmen, für die Kunden, Mitarbeiter oder die Umwelt erhöht werden. Daher ist es sinnvoll, eine Risikobetrachtung anzustellen.

Aus der Vielzahl der Methoden zur Risikoanalyse wird hier die in vielen Unternehmen aller Branchen bewährte Fehlermöglichkeits- und -einflussanalyse (FMEA) eingesetzt. FMEA ist ein Werkzeug, das sowohl Auswirkung als auch Auftreten und Vermeidbarkeit potenzieller Fehler bewerten hilft und daraus eine Risikoprioritätszahl (RPZ) ermittelt, aus deren Größe das Gesamtrisiko eingeschätzt werden kann.

Die Vorgehensweise ist wie folgt:

1. Auflisten kritischer Prozessschritte, das heißt geänderter Prozessschritte,
2. Zuordnen möglicher Fehler in diesen Prozessschritten,
3. Ableiten der möglichen Auswirkungen dieser Fehler,
4. Bewerten der aus der Auswirkung abgeleiteten Bedeutung,
5. Zuordnen möglicher Ursachen für die Fehler,
6. Bewerten der aus der Ursache abgeleiteten Auftretenswahrscheinlichkeit,
7. Benennen der Prüfmechanismen, die diese Fehler vermeiden können,
8. Bewerten der aus den Prüfmechanismen abgeleiteten Entdeckungswahrscheinlichkeit.
9. Berechnen der Risikoprioritätszahl (RPZ) für jede mögliche Konstellation.

Für die Bewertung (laufende Nummern 4, 6 und 8 in oben genannter Vorgehensweise) werden unternehmensspezifische Skalen in einem Bereich von jeweils 1 bis 10 herangezogen, die in der Multiplikation eine RPZ von 1 bis 1000 ergeben. Für die RPZ sind ebenfalls unternehmensspezifisch geeignete Schwellenwerte festzulegen, bei deren Überschreitung eine risikoreduzierende Abstellmaßnahme eingeführt werden muss, bevor der entsprechende Prozess in Betrieb genommen werden darf.

Die Fehlermöglichkeits- und -einflussanalyse ist ein Instrument, das sowohl in den Bewertungsskalen als auch bei der Ableitung der Notwendigkeit von Maßnahmen aus der Risikoprioritätszahl auf die Bedingungen jeder Organisation angepasst werden muss. Es ist grundsätzlich falsch, dieses wertvolle Arbeitsmittel aus einer Quelle blind zu übernehmen, wenn es sich nicht um die gleiche Branche mit den gleichen Randbedingungen handelt.

In Tabelle 13.2 wird die Wirkungsweise der FMEA am Beispiel des Blutspendeprozesses erläutert. Die vom Team vorgeschlagene Änderung der Reihenfolge der Prozessschritte wird auf Risiko überprüft. Vor der Prozessverbesserung wurde der Konsens vom Spender für eine Plasma- oder Plättchenspende mittels Unterschrift durch die in der Blutabnahme tätigen Schwestern eingeholt. Der Vorschlag des Teams beinhaltet die Entlastung der Schwestern mit der Übernahme dieser Tätigkeit durch die Registrierung. Wird dadurch das Risiko erhöht?

TABELLE 13.2 FMEA für Blutspendeprozess

Nr.	Prozessschritt	Möglicher Fehler	Mögliche Auswirkung	Bedeutung	Mögliche Ursache	Auftreten	Kontrollmaßnahme	Entdeckung	RPZ
01	Einholen der Unterschrift auf Zusatzformular vom Spender	Wird vergessen	Keine rechtliche Handhabe im Falle einer Klage	5	Überlastung	8	Keine	10	400

Wie in Tabelle 13.2 zu sehen ist, wird der Prozessschritt „Einholen der Unterschrift vom Spender“ bewertet. Diese Tätigkeit kann bei der Registrierung vergessen werden, sodass die rechtliche Position der Blutbank im Falle einer Klage durch den Spender geschwächt ist. Diese Auswirkung wird mit 5 bewertet, das heißt, sie ist einerseits nicht unbedeutend, und andererseits nicht gefährlich für den Spender. Gefahren für Leben oder starke Beeinträchtigung der Gesundheit des Spenders werden mit 10 beziehungsweise 9 auf der Skala der Bedeutung bewertet.

Die mögliche Ursache für das Vergessen dieses Schrittes kann zeitliche Überlastung des Registrierungspersonals sein. Die Wahrscheinlichkeit des Auftretens dieses Fehlers wird mit 8 bewertet, das heißt, es kann fast täglich geschehen. Die von der Blutbank definierte Skala sieht folgende Werte für die Auftretenswahrscheinlichkeit vor: 10 ... bei jedem Spender, 9 ... mehrmals täglich, 8 ... mehrmals wöchentlich und so weiter.

Da bisher keine Kontrollmaßnahmen vorgesehen sind, wird die Wahrscheinlichkeit der Entdeckung des Fehlers zur Korrektur mit 0 und damit das aus der Entdeckungswahrscheinlichkeit resultierende Risiko mit 10 bewertet. Falls der Fehler auftritt, kann er nicht entdeckt werden.

Die sich daraus ergebende Risikoprioritätszahl (RPZ) beträgt 400. Von der Blutbank wurde festgelegt, dass jeder Prozessschritt mit einer RPZ größer 100 oder mit einer Bedeutung größer 7 nicht ohne zusätzliche Maßnahmen in Betrieb genommen werden darf.

Nachdem sich das Team des Prozesses noch einmal angenommen hat, wird vorgeschlagen, das Formular gemeinsam mit dem allgemeinen Spenderbelehrungsbogen durch den Doktor einsammeln zu lassen. Das bedeutet keinen zusätzlichen Aufwand für den Doktor und reduziert das Risiko des Vergessens drastisch, da der Doktor bestens mit den Anforderungen vertraut ist und mit jedem Spender mehrere Minuten verbringt. Dadurch wird die Wahrscheinlichkeit der Entdeckung des Fehlers wesentlich erhöht und das entsprechende Risiko reduziert. Die RPZ wird so auf 80 gesenkt. Allerdings bleibt ein Restrisiko, das durch zusätzliche Maßnahmen weiter reduziert werden kann.

Poka Yoke ist ein japanischer Begriff und bedeutet etwa so viel wie „Ausschließen dummer Fehler". Diese Fehler werden in der Regel durch menschliche Schwächen hervorgerufen und können durch Training, Motivation oder Anweisungen nicht vollständig ausgeschlossen werden. Besser ist es, das Auftreten dieser Fehler vollkommen zu unterbinden. Beispielsweise vergisst niemand, das Licht im Kühlschrank auszuschalten, da dieses Missgeschick technisch unmöglich gemacht wurde.

Übertragen auf unsere Blutbank wurde ein Poka Yoke diskutiert. Dieses Poka Yoke sieht vor, die Entgegennahme des unterzeichneten Formulars für Plättchen- und Plasmaspender automatisch vorzunehmen, indem der Spender vor dem Eintritt in die Spendersuite sein Formular in einen Scanner legt, der nach Prüfung die Tür öffnet. Allerdings wurde diese Lösung aufgrund der anfallenden Kosten vorerst verworfen.

Dagegen wird die in Tabelle 13.3 vorgestellte Lösung eingeführt und der Prozess hinsichtlich fehlender Formulare überwacht. Falls sich herausstellen sollte, dass das beschriebene Problem tatsächlich und in signifikanter Anzahl auftritt, wird nach weiteren Abstellmaßnahmen gesucht.

TABELLE 13.3 FMEA für Blutspendeprozess mit Abstellmaßnahmen

Nr.	Abstellmaßnahme	Bedeutung	Auftreten	Entdeckung	RPZ
01	Zusatzformular wird durch Doktor gemeinsam mit Belehrungsbogen vor Belehrung angenommen	5	8	2	80

13.3.2 Aufgabe 2: Durchführen von Pilotversuchen

Obwohl kritische Prozesse wie beispielsweise im Automobilbau oder bei der Herstellung eines Spaceshuttles sehr aufwendig auf Schwächen untersucht werden, bleiben Fahrzeuge liegen und Spaceshuttles explodieren. Das zeigt, dass keine theoretische Untersuchung eines Designs oder – wie in unserem Fall – der Auswirkungen einer Prozessänderung mithilfe von Werkzeugen wie beispielsweise der genannten FMEA die Wirklichkeit nach der Prozessänderung vollständig widerspiegeln kann.

Im Gegensatz zum Spaceshuttle ist es in vielen Fällen möglich, neue oder geänderte Prozesse im Pilotversuch und unter nahezu realen Bedingungen zu testen. Diese Art der Risikoanalyse ist näher an der Wirklichkeit und hilft daher, zusätzliche Schwächen aufzudecken, die in der Theorie nicht vorgedacht werden können.

> Besonders in Dienstleistungsprozessen mit oftmals wesentlich größerer Variation aufgrund vieler subjektiver Einflussfaktoren sind Pilotversuche ein erprobtes Mittel, sowohl die Prozessergebnisse nach der Änderung zu überprüfen als auch die Unterstützung für den neuen Prozess zu mobilisieren. ■

Ein Pilotversuch dient nicht nur der Risikoanalyse, sondern hilft auch, Lösungen zu optimieren, Prozessergebnisse zu verifizieren und die Umsetzung vorzubereiten. Daneben ist ein erfolgreicher Pilotversuch das beste Argument, Prozessbeteiligte und Management von der Wirksamkeit der Lösung zu überzeugen. Gelungene Pilotversuche sind kraftvolle Hilfen im Change Management.

Die Vorgehensweise bei Pilotversuchen ist wie folgt:

1. Festlegen des Umfangs der Pilotversuche hinsichtlich Zeitraum, Prozessabschnitt und zu involvierender Personen,
2. detailliertes Einweisen der Beteiligten,
3. gegebenenfalls Informieren der Prozesslieferanten und -kunden,
4. Durchführen der Pilotversuche,
5. Auswerten der Prozessergebnisse und gegebenenfalls des Kundenfeedbacks,
6. erforderlichenfalls Wiederholen und Ausweiten der Pilotläufe,
7. Auswerten der Ergebnisse,
8. Übertragen der Pilotversuche und der Erkenntnisse auf den vollen Prozess.

Pilotversuche werden in der Regel zeitlich und örtlich begrenzt durchgeführt, um das Risiko möglichst gering zu halten. Dabei sollte der Prozess jederzeit wieder in den ursprünglichen Zustand zurückversetzt werden können.

Beispielsweise wurden die Prozessverbesserungen in der Blutbank zu Beginn nur an einem Vormittag mit geringem Spenderaufkommen getestet, wobei die Schicht maßgeblich mit Schwestern besetzt war, die im Projektteam arbeiten. Alle anderen Beteiligten wurden eingeweiht, trainiert und motiviert, an dem Versuch teilzunehmen. Nach dem ersten dreistündigen Pilottest wurden die Ergebnisse ausgewertet. Dazu wurden sowohl Prozessdaten wie Durchlaufzeit und Vollständigkeit aller Unterlagen als auch die während des Probelaufs eingeholten Spendermeinungen ausgewertet.

Der Pilot wurde als Erfolg anerkannt, da alle Daten auf eine tatsächliche Verbesserung schließen ließen und alle Spender ein positives Urteil abgegeben hatten. Kleinere Prozessoptimierungen wurden beschlossen und der nächste Pilotversuch wurde über eine Schicht und eine volle Woche unter Einbeziehung weiterer Schwestern und Hilfsschwestern geplant.

Nach drei Pilotversuchen über insgesamt einen Monat und signifikant verkürzter Durchlaufzeit bei gleichbleibend guten Prozessdaten und zufriedenen Spendern wurde durch den Direktor die Freigabe für die endgültige Prozessumstellung erteilt.

Pilotversuche sind nahe an der Realität. Sie sind jedoch nicht mit der Realität gleichzusetzen, da im Pilotlauf meist kontrollierte Bedingungen herrschen und oftmals volles Augenmerk auf den Prozess gerichtet ist. Ein gelungener Pilotversuch ist eine gute Voraussetzung für einen erfolgreichen Prozess im Alltagsbetrieb, allerdings ist er keine Garantie dafür. Daher muss der geänderte Prozess weiterhin überwacht werden. ■

13.3.3 Aufgabe 3: Planen der Implementierung

Die Implementierung von Prozessänderungen ist als wichtiger Teil des Projektes sorgfältig zu planen und zu überwachen. Die Planung sollte folgende Aktivitäten umfassen:

1. Planen der Aktivitäten
2. Abschätzen der benötigten Ressourcen
3. Erstellen beziehungsweise Aktualisieren von Prozessbeschreibungen
4. Informieren und Trainieren der Prozessbeteiligten
5. Sicherstellen der erforderlichen Unterstützung
6. Festlegen von Meilensteinen mit entsprechenden Kontrollpunkten
7. Planen von Abstellmaßnahmen im Falle von Problemen

Planen der Aktivitäten

Obwohl Lean-Six-Sigma-Projekte nicht trivial sind und oftmals einen Komplex von mehr als zehn Aktivitäten umfassen, sind sie meist mit einfachen Mitteln zu planen.

> Es ist nicht ratsam, für die Implementierung der Vorschläge eines konventionellen Lean-Six-Sigma-Projekts ein Gantt-Diagramm einzusetzen. Dieses Werkzeug ist für komplexe Projekte konzipiert worden und hier überdimensioniert. Es sollte immer überlegt werden, ob der Aufwand das erzielte Ergebnis rechtfertigt, vor allem bei Softwareanwendungen, die eine umfassende Einarbeitungszeit erfordern. ■

Das Planen der Aufgaben kann in einem Tabellenkalkulationsprogramm wie MS Excel oder auch in einem Präsentationsprogramm wie MS PowerPoint erfolgen.

Die zu planenden Aktivitäten werden tabellarisch dargestellt und umfassen

- den auszuführender Schritt,
- den Abschlusstermin,
- die Zuständigkeit,
- die beteiligten Personen,
- den aktuellen Status.

Die Umsetzung des Planes wird regelmäßig – zum Beispiel wöchentlich – überwacht und ein Statusbericht an den Projektsponsor geliefert, sodass er im Quality Council über sein Projekt Bericht erstatten kann.

Abschätzen der benötigten Ressourcen

Die Kosten-Nutzen-Analyse für die einzelnen Lösungsvorschläge wurde bereits bei der Auswahl der einzuführenden Lösungen erstellt. Nach der Planung der Implementierung ist die Kosten-Nutzen-Analyse zu aktualisieren. Einerseits sind alle während des Pilotlaufs gewonnenen Erkenntnisse in die Kosten-Nutzen-Analyse einzubeziehen. Andererseits sind die für die Umsetzung anfallenden Kosten aufzunehmen. Nicht zuletzt sollten Motivationsmaßnahmen sowie Anerkennungen für die erfolgreiche Projektarbeit budgetiert werden. Kosten können grundsätzlich anfallen für

- die Lösungen selbst wie beispielsweise Kosten für Programmänderungen, Investitionen in Hardware und das Entlohnungspaket von zusätzlichem Personal oder
- die Implementierung von Lösungen wie beispielsweise Kosten für Pilotversuche, Kommunikationsmaßnahmen, Anerkennungsmaßnahmen, externes Training oder zusätzliches Hilfspersonal, um angefallenes Arbeitsvolumen abzubauen.

Ein multinationales Unternehmen hat es zum Brauch gemacht, in jedem Jahr hervorragende Projektleiter, das heißt Green Belts und Black Belts, zu internationalen Ausstellungen und Kongressen zu senden, um auf diesen Veranstaltungen Projektergebnisse vorzustellen. Ein anderes Unternehmen veranstaltet in jedem Jahr eine Ausstellung der besten Projekte aus allen Unternehmen weltweit, wobei der Veranstaltungsort wechselt, sodass die Belts in den Genuss einer interessanten Geschäftsreise kommen. Diese Art Veranstaltungen sind nicht zu unterschätzende Stimuli für die Arbeit der Belts.

Erstellen beziehungsweise Aktualisieren von Prozessbeschreibungen

Jede Organisation hat Prozessbeschreibungen in der ein oder anderen Art und Weise. Das können Arbeitsplatzbeschreibungen oder Verfahrensanweisungen sein, die entweder noch einzeln existieren oder schon in eine Art Qualitätshandbuch nach ISO 9000 eingebunden sind. In vielen Branchen existieren spezifische Vorgaben oder Richtlinien, deren Einhaltung meist regelmäßig von regierungs- oder branchenvereinigungsnahen Gremien überprüft wird.

Daher ist es erforderlich, nach einer Prozessänderung zu entscheiden, in welcher Art und Weise der neue oder geänderte Prozess dokumentiert werden muss. Diese Dokumentation sollte vorliegen, wenn mit dem Training begonnen wird, sodass im Training darauf Bezug genommen werden kann.

> Zur Dokumentation und Überwachung der Einhaltung von Prozessänderungen sollten vorhandene Systeme wie ISO 9000 genutzt werden. Je besser die Dokumentation in existierende Regelwerke – und damit oft gleichzeitig in ein internes oder externes Auditsystem – integriert werden kann, desto größer ist die Wahrscheinlichkeit von Akzeptanz und Konformität. ■

Im Falle der Blutbank wird die Dokumentation in einem Handbuch vorgenommen, das als Grundlage für die jährlichen Audits dient. Ein sorgfältig und lückenlos dokumentiertes System von Prozessen und deren Einhaltung in der Praxis sind eine Voraussetzung für das Bestehen der Audits und damit für die Zulassung der Blutbank.

Im Falle der Veränderung eines Einstellungsprozesses ist es erforderlich, die Arbeitsplatzbeschreibungen der betroffenen Stellen anzupassen, da weder ein ISO-9000-System noch Verfahrensanweisungen existieren.

Informieren und Trainieren der Prozessbeteiligten

Die Prozessbeteiligten sind entsprechend den beschriebenen Prozessbeschreibungen zu informieren und zu schulen.

> Prozessbeteiligte sollten in Trainings oder Workshops möglichst praxisnah informiert werden. Intranet-Veröffentlichungen und E-Mails können nur als Unterstützung dienen, sollten jedoch nicht die direkte Kommunikation mit Rückmeldung und Diskussion ersetzen. ■

Die Schulung hat drei Aspekte:

1. Information und Training aller Prozessbeteiligten vor Einführung der Änderungen.
2. Information und Training neuer Prozessbeteiligter nach Neueinstellung oder Umbesetzung.
3. Information und Training aller Prozessbeteiligten in regelmäßigen Zeitabständen.

Nach Möglichkeit sollten Trainings mit einem Test zur Überprüfung des Verständnisses abgeschlossen werden.

Sicherstellen der erforderlichen Unterstützung

Die bereits in Kapitel 1.3.6 unter „Analyse der Betroffenen" herausgearbeitete Stakeholderanalyse ist um die in der Umsetzung der Problemlösungen direkt und indirekt beteiligten Personen zu ergänzen, und deren Unterstützung ist zu gewährleisten.

> Eine technisch einwandfreie Lösung wird nicht ihre volle Wirksamkeit zeigen können, wenn die am Prozess beteiligten Personen die Lösung nicht unterstützen. Daher ist die Sicherstellung der Unterstützung für eine Lösung ebenso wichtig wie die Qualität der Lösung selbst.

Bei der Umsetzung der Prozessverbesserung in einer Blutbank wurde durch die Stakeholderanalyse festgestellt, dass eine Oberschwester, eine für die Prozesse in der Blutbank sehr wichtige Person, mit der Lösung ein Problem hatte. Als sich das Team mit diesem Zustand beschäftigte, wurde herausgefunden, dass die Oberschwester sowohl bei der Projektauswahl als auch bei den folgenden Informationsveranstaltungen nicht in die Diskussionen einbezogen worden war. Das Team beschloss, dies umgehend zu ändern und die Oberschwester erstens umfassend zu informieren und zweitens wöchentlich auf dem Laufenden zu halten. Der Stimmungsumschwung war perfekt, nachdem das Team es sich zur Gewohnheit gemacht hatte, sie um Rat zu fragen.

Festlegen von Meilensteinen mit entsprechenden Kontrollpunkten

Sowohl bei der Einführung von Lösungen als auch in der Anfangsphase nach der Prozessänderung ist der Prozess mithilfe von Kontrollpunkten zu überwachen. Das heißt, es werden regelmäßig – in Abhängigkeit vom Charakter des Prozesses – Bewertungen vorgenommen, an deren Ergebnis festgestellt wird, ob Umsetzung beziehungsweise Prozess die gewünschten und erwarteten Ergebnisse liefern.

Im Beispiel der Blutbank etwa werden Prozess- und Kundenbefragungsergebnisse – ähnlich der Pilotphase – wöchentlich untersucht und Schlussfolgerungen gezogen. Im Beispiel der Umsetzung von Änderungen in einem Einstellungsprozess für Mitarbeiter werden derartige Meetings monatlich durchgeführt.

Grundsätzlich werden dabei zwei Gruppen von Indikatoren betrachtet:

1. Indikatoren, die über den Stand der Umsetzung der Verbesserungen Auskunft geben, und
2. Indikatoren, die das Prozessergebnis anzeigen.

Planen von Abstellmaßnahmen im Falle von Problemen

Beim Überwachen dieser Indikatoren kann es passieren, dass das Projekt nicht im Plan liegt oder dass der Prozess nicht die gewünschten Ergebnisse liefert. Für diese Fälle sollte festgelegt werden, wie bei Abweichungen zu verfahren ist.

13.4 Ergebnisse

Dieser Schritt liefert die folgenden Ergebnisse:

- Risikoprioritätszahl für kritische Lösungen sowie ggf. Abstellmaßnahmen,
- Pilotversuchsplan und -ergebnisse,
- Implementierungsplan für die ausgewählten Lösungen.

13.5 Tipps

1. Während sich die Phasen DEFINE, MEASURE und ANALYSE mit dem Ist-Prozess beschäftigen, stellt IMPROVE die Phase des Übergangs in den Soll-Prozess, den verbesserten Prozess, dar. Um diesen für die Motivation des Teams oftmals wichtigen Paradigmenwechsel auch deutlich zu machen, sollte der erfolgreiche Abschluss von ANALYSE begangen werden. Eine kleine Feier mit dem Team und dem Sponsor hilft, die Unterstützung für die beiden Phasen IMPROVE und CONTROL zu erhöhen.
2. Die Implementierung von Lösungen ist der entscheidende Schritt zur Übertragung aller bisherigen Erkenntnisse und Ergebnisse in die Praxis des Prozesses. Dafür sind normalerweise zusätzliche Mitarbeiter erforderlich, die in die bisherigen Phasen nicht involviert waren und daher nicht unbedingt das Projekt unterstützen. Daher ist mit gezielten Maßnahmen zum Change Management deren Unterstützung zu sichern.
3. Es bedarf eines mit der FMEA-Methode vertrauten Moderators, um sinnvolle Ergebnisse zu erstellen und damit deren Wirksamkeit zu zeigen. Dies ist besonders deshalb wichtig, da die FMEA beträchtliche Zeit in Anspruch nehmen kann, die sinnvoll investiert sein sollte.
4. Die Implementierung von Lösungen kann selbst ein Projekt sein, das einen Projektleiter erfordert. Dieser Projektleiter sollte entweder der Belt, der Prozesseigner, der Sponsor oder ein anderes Teammitglied sein. Es ist nicht ratsam, diese Aufgabe einem nicht mit den Einzelheiten des Projekts vertrauten Projektleiter zu übergeben.

13.6 Benötigte Zeit

Dieser Schritt benötigt mehrere Meetings. Die Risikoanalyse mittels FMEA sollte ein bis drei Stunden nicht überschreiten.

Falls Pilotversuche möglich sind und geplant werden, sind dafür kurze Meetings zur Vorbereitung und Auswertung erforderlich, die je nach Anzahl der Pilotversuche wiederholt werden müssen.

Implementierungsplanung ist meist innerhalb von zwei Stunden zu erledigen.

13.7 Fallbeispiel

Das Team „Aktivieren schlafender Autohändler" widmet sich zunächst der Risikoanalyse, bevor die Umsetzung der Prozessverbesserungen geplant wird.

13.7.1 Aufgabe 1: Analysieren des Prozessrisikos

Nach der im vorangegangenen Schritt durchgeführten Bewertung sind zwei Lösungsvorschläge mit einem potenziellen Risiko behaftet, das untersucht werden muss, bevor mit der Umsetzung begonnen werden kann. Diese Vorschläge sind:

- Nr. 13 - Identifizieren und Trainieren von Vertretern für Direktor/Kreditentscheider für größere Kredite,
- Nr. 17 - Überprüfen der Definition für kleine und große Kredite, Erhöhen des Limits.

Während Nr. 13 bedeutet, dass zusätzliches Bankpersonal zur Entlastung der Kreditentscheider herangebildet wird, beinhaltet Nr. 17 die Erweiterung der Kompetenzen der vorhandenen Kreditentscheider zur Bearbeitung größerer Kredite und damit zur Entlastung des Direktors. Beide Vorschläge sind ähnlich. Der entscheidende Unterschied besteht darin, dass in Nr. 13 Kreditbearbeiter zu Entscheidern herangebildet werden, während in Nr. 17 Entscheider größere Kredite übertragen bekommen sollen.

Dazu wird eine FMEA durchgeführt.

Aufgrund der Lean-Six-Sigma-Projektarbeit in der Bank ist die FMEA ein vertrautes Mittel zur Risikoanalyse in Prozessen. Daher existiert eine Richtlinie, die die Skalen für die Bewertung festlegt (Tabelle 13.4).

TABELLE 13.4 FMEA-Bewertungsrichtlinie für Kreditgeschäft

Bewertung	Bedeutung	Auftreten	Entdeckung
10	Führt zum Verlust von Kundengruppen durch Verlust von Händlern Führt zur Abschreibung von Krediten für Kundengruppen	Tritt bei jedem Kunden auf	Keine Kontrolle Kann nicht entdeckt werden
8	Führt zum Verlust von einzelnen Kunden Führt zur Abschreibung einzelner Kredite	Tritt ein oder mehrmals täglich auf	Stichprobenkontrolle durch monatliche Audits
6	Führt zur Unzufriedenheit von Kundengruppen	Tritt ein oder mehrmals wöchentlich auf	Stichprobenkontrolle durch tägliche Audits
4	Führt zur leichten Unzufriedenheit einzelner Kunden	Tritt ein oder mehrmals monatlich auf	50 % Stichprobenkontrolle
2	Hat eine untergeordnete Bedeutung für einzelne Kunden	Tritt wenige Male im Jahr auf	100 %-Kontrolle aller Vorgänge
1	Hat keine Auswirkungen	Tritt praktisch nicht auf	Wird bei Auftreten sicher entdeckt
Limit	RPZ darf nicht höher als 100 sein		

Im Team werden die möglichen Konstellationen diskutiert, sodass im Ergebnis die FMEA für beide Prozessänderungen vorliegt (Tabelle 13.5). Aus dieser FMEA geht hervor, dass beide Verbesserungen mit jeweils zwei möglichen Fehlern ein zu hohes Risiko bergen und nicht ohne zusätzliche Vorsichtsmaßnahmen umgesetzt werden dürfen.

TABELLE 13.5 FMEA für Lösungen mit potenziellem Risiko

Nr.	Prozessschritt	Möglicher Fehler	Mögliche Auswirkung	Bedeutung	Mögliche Ursache	Auftreten	Kontrollmaßnahme	Entdeckung	RPZ
01	Kreditentscheidung für größere Kredite durch zusätzliches Personal	Fehlentscheidung: falsche Ablehnung	Verlust aller Kunden eines unzufriedenen Händlers	10	Keine Erfahrung	8	Stichprobenaudit durch Kreditabteilung	8	640
01a	Kreditentscheidung für größere Kredite durch zusätzliches Personal	Fehlentscheidung: falsche Annahme	Kreditausfallrisiko für Bank	7	Keine Erfahrung	8	Stichprobenaudit durch Kreditabteilung	8	448
02	Erhöhen des Limits für kleine Kredite, mehr Kredite werden durch Bearbeiter geprüft, nicht Direktor	Fehlentscheidung: falsche Ablehnung	Verlust aller Kunden eines unzufriedenen Händlers	10	Nicht vertraut mit Zusatzanforderungen	4	Stichprobenaudit durch Kreditabteilung	8	320
02a	Erhöhen des Limits für kleine Kredite, mehr Kredite werden durch Bearbeiter geprüft, nicht Direktor	Fehlentscheidung: falsche Annahme	Kreditausfallrisiko für Bank	7	Nicht vertraut mit Zusatzanforderungen	4	Stichprobenaudit durch Kreditabteilung	8	224

Daher werden Abstellmaßnahmen besprochen, die nachfolgend vom Sponsor sowie Quality Council genehmigt werden (Tabelle 13.6). Die Abstellmaßnahmen helfen, das Risiko für Kreditentscheidungen auf weniger als 100 abzusenken und damit sowohl Kundenzufriedenheit als auch die Sicherheit vor Kreditausfällen zu gewährleisten.

TABELLE 13.6 Abstellmaßnahmen für Lösungen mit potenziellem Risiko

Nr.	Abstellmaßnahme	Bedeutung	Auftreten	Entdeckung	RPZ
01	Reduzierung der Auftretenswahrscheinlichkeit: Neue Kreditentscheider durchlaufen Standardprogramm zur Ausbildung von Kreditpersonal, erhalten Mentor und werden in Monat 1 bis 3 nur erfahrenen Kollegen assistieren (Learning on the Job). Erhöhung der Entdeckungswahrscheinlichkeit: Alle Kredite von neuen Kreditentscheidern werden durch Risikoabteilung überprüft, bis die Fehleranzahl unter die zulässige Grenze reduziert wurde. Alle dieser Kredite werden durch einen erfahrenen Kollegen zur Sicherheit und zur Beschleunigung parallel und unabhängig entschieden.	10	5	1	50
01a		7	5	1	35
02	Alle nicht vom Direktor entschiedenen Kredite mit größerem Kreditvolumen als zuvor werden durch die Risikoabteilung überprüft, bis die Fehleranzahl unter die zulässige Grenze reduziert wurde.	10	4	1	40
02a		7	4	1	28

13.7.2 Aufgabe 2: Durchführen von Pilotversuchen

Nachdem die Abstellmaßnahmen verabschiedet sind, ist festzulegen, ob und wie Pilotversuche unter Einbeziehung aller Änderungen durchgeführt werden können. Das Team beschließt jedoch, dass dies nicht erforderlich ist, da für die einzig riskanten Prozessänderungen durch die Abstellmaßnahmen während der Anfangsphase bereits eine Art Pilotphase vorgesehen ist. Der Prozess wird erst freigeschaltet, nachdem die verschärften Kontrollen durch die Kreditabteilung verlässliche Ergebnisse nachweisen können.

13.7.3 Aufgabe 3: Planen der Implementierung

Planen der Aktivitäten

Die Umsetzung der beschlossenen Änderungen wird wie in Tabelle 13.7 geplant. Dabei wird festgelegt, auf jedem alle zwei Wochen stattfindenden Quality Council kurz Bericht darüber zu erstatten, ob die Implementierung wie geplant läuft. Im Falle von Problemen werden diese genannt und Lösungsvorschläge unterbreitet, die, falls erforderlich, vom Quality Council genehmigt werden.

TABELLE 13.7 Umsetzungsplan für Lösungen (Auszug)

Nr.	Lösung	Tätigkeit	Zuständig	Fällig	Status
01	Erläutern der Regeln für Händler (regelmäßig) und Senden der Händlermappe	E-Mail mit Erläuterungen an alle Händler	Peter	30. Mai	
		Überarbeiten der Händlermappe zum Herausstellen der Kreditbedingungen	Christian	15. Juni	
02	Erläutern der Regeln für Kreditbearbeiter (regelmäßig)	Training für alle Kreditbearbeiter und -entscheider zweimal pro Jahr	Anne	4. Juni	
		Training wird Teil des Einführungsprogrammes für neue Mitarbeiter in Abwicklung	HR	18. Juni	
		Entwickeln eines Tests/Exams, das nach jedem Training zu bestehen ist	Axel + HR	27. Aug.	
03	Anwenden der Regeln ohne Ausnahme, das heißt keine Informationsbeschaffung durch Kreditbearbeiter	Siehe 02			
04	Kleinkreditablehnungen sollen innerhalb von 60 Minuten erfolgen	Erstellen eines Dashboards der Kreditdurchlaufzeiten und Publizieren täglich	Anne	9. Juni	

Abschätzen der benötigten Ressourcen

Im Team wird ebenfalls über die Kosten-Nutzen-Analyse beraten. Dabei wird festgestellt, dass nach Eliminierung der kostenintensiven Lösungen im vorangegangenen Schritt keine signifikanten Kosten anfallen. Auch die Überarbeitung und Ausgabe neuer Informationshandbücher für Händler, der sogenannten Händlermappen, ist bereits budgetiert und bedarf keiner zusätzlichen Aufwendungen. Information und Trainings werden intern organisiert und mit eigenen Trainern durchgeführt, sodass die dafür anfallenden Kosten minimal sind.

Erstellen beziehungsweise Aktualisieren von Prozessbeschreibungen

Die Bank verfügt nicht über eine ISO-9000-Zertifizierung. Sie unterliegt allerdings einer regulären Überprüfung durch die Aufsichtsbehörde. Zusätzlich werden durch die Kreditabteilung regelmäßig interne Audits durchgeführt, um die Einhaltung der Regelwerke sicherzustellen.

Prozessänderungen werden durch die Kreditabteilung in den entsprechenden Regelwerken vermerkt.

Informieren und Trainieren der Prozessbeteiligten

Alle Prozessbeteiligten werden über die Änderungen in einer zweistündigen Schulung trainiert. Zur Unterstützung wird im Mitarbeiterhandbuch auf die geänderten Regeln verwiesen, die auch im Intranet zum Download zur Verfügung stehen.

Für Kreditbearbeiter und -entscheider werden die ohnehin regelmäßig durch die Kreditabteilung stattfindenden Schulungen um die Details des Projektes angereichert. Am Ende der Schulung findet ein Test statt, dessen Resultate von der Kreditabteilung langfristig vorgehalten werden.

Sicherstellen der erforderlichen Unterstützung

Die bereits in Kapitel 1.3.6 unter „Analyse der Betroffenen“ herausgearbeitete Stakeholderanalyse ist inzwischen – wie zu Beginn des Projektes beschlossen – mehrfach durchgeführt worden, sodass die erneute Darstellung des Grades der Unterstützung keine Überraschung bringt. Das Team ist sicher, dass sowohl die Leitung der Bank als auch Vertrieb, Abwicklung und auch Händler das Projekt unterstützen. Daher wird auf weitere gezielte Maßnahmen verzichtet.

Vom Quality Council wird ein Stimulus in Aussicht gestellt:

- Phase 1: Nach erfolgter Implementierung und Stabilisierung des Prozesses wird das Team zu einem gemeinsamen Musicalbesuch und anschließendem Abendessen eingeladen.
- Phase 2: Wenn es gelingt, die Rate der schlafenden Autohändler unter 10% zu drücken, wird das gesamte beteiligte Team mit einem Wochenende in einem Vergnügungspark auf Kosten der Bank belobigt werden.

Festlegen von Meilensteinen mit entsprechenden Kontrollpunkten

Es wird festgelegt, dass die Überwachung der Implementierung in der Verantwortung des Teams liegt, während der Prozess nach Übergabe von den jeweiligen Verantwortlichen betrieben wird. Dazu werden an jedem Freitag vor einem Quality Council die Ergebnisse zusammengetragen und am folgenden Montag durch den Projektleiter im Council vorgestellt.

Nach Übergabe des stabilisierten Prozesses wird die Berichterstattung durch den Sponsor durchgeführt, der Mitglied des Quality Councils ist.

V CONTROL – ÜBERWACHEN

Übersicht

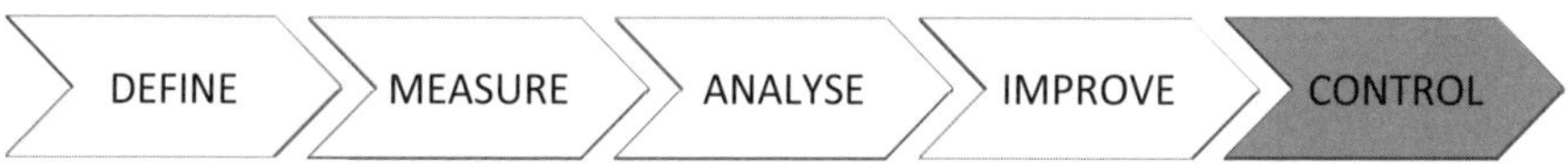

Schritte

Ergebnisse sicherstellen:

- Aufbau eines Prozessmanagementsystems,
- Standardisieren von Prozessen,
- Schulen von Prozessbeteiligten,
- Einführen von Prozessüberwachungssystemen,
- Übergeben des Prozesses an den Prozesseigner,
- Abschließen des Projektes.

Zielsetzung

Absicherung der Ergebnisse

In der Phase IMPROVE wurden Abstellmaßnahmen zur Problembehebung konzipiert, getestet und eingeführt.

In der Phase CONTROL werden Maßnahmen entwickelt und umgesetzt, die die Effektivität der während der IMPROVE-Phase eingeführten Abstellmaßnahmen langfristig absichern.

Voraussetzungen

Folgende Voraussetzungen müssen gegeben sein, um diese Phase beginnen zu können:

- Liste der Prozessverbesserungen,
- Liste der signifikanten Ursachen und Schichtungsfaktoren X,
- Liste der Ergebnisvariablen Y.

Ergebnisse

Diese Phase liefert die folgenden Ergebnisse:

- Prozessmanagementplan,
- Prozessregelsystem,
- Integration von verbessertem Prozess und dessen Hauptindikatoren (Y und Xs) in das KPI-System der Organisation,
- Projektabschlussdokumentation,
- Empfehlung von weiterführenden Maßnahmen.

Checkliste auf Vollständigkeit und Erfolg

Zur Überprüfung des erfolgreichen Abschlusses der Phase CONTROL sind die folgenden Fragen zu beantworten:

1. Welche Maßnahmen wurden ergriffen, damit die Veränderungen langfristig wirksam bleiben und die Fehlerursachen nicht wieder eintreten?
2. Wie wurde der veränderte Prozess dokumentiert?
3. Wie wurde und wird in Zukunft das entsprechende Personal für den veränderten Prozess geschult?
4. Wie wurde der Prozess an den Prozesseigner übergeben?
5. Wie wird der Prozess durch den Prozesseigner regelmäßig überwacht?

6. Wie ist zu verfahren, wenn der Prozess nicht die gewünschten Ergebnisse liefert? Gibt es einen Plan für kurzfristige Abstellmaßnahmen und langfristige Korrekturen?
7. Welche Lehren wurden aus dem Projekt gezogen? Wie werden diese kommuniziert?
8. Welche weiterführenden Maßnahmen für den betroffenen Prozess werden vom Team empfohlen?
9. Welche Projektabschlussdokumentation wurde an den Prozesseigner übergeben?

Hinweise

1. Die Phase CONTROL wird oft als weniger wichtig wahrgenommen, da die Lösungen bereits generiert und implementiert sind. Dieser Versuchung kann vorgebeugt werden, wenn das Team die Verantwortung für den veränderten Prozess und für den Nachweis von signifikant verbesserten Ergebnissen für eine angemessene Zeitspanne behält. Die Länge dieser Zeitspanne richtet sich nach dem Charakter des Prozesses und beträgt in der Regel nicht weniger als drei Monate.
2. Wichtiger Bestandteil der CONTROL-Phase ist die Integrierung des durch das Team erstellten Prozessmanagementsystems einschließlich des Regelsystems in das Informations- und Berichtssystem der Organisation.
3. Um die Ergebnisse des Projektes langfristig abzusichern, sollten Prozessveränderungen in das Managementsystem und damit in den Auditzyklus der Organisation eingebunden werden.

Teamdynamik

Die Herausforderung in der CONTROL-Phase besteht in der Aufrechterhaltung des Teams, nachdem die Lösungen eingeführt und wirksam sind. Das kann einerseits sowohl durch nicht nachlassendes Interesse durch den Sponsor als auch durch regelmäßige Präsentation der Ergebnisse im Quality Council erfolgen.

Projektablauf

Im Team „Aktivieren schlafender Autohändler“ werden die in Tabelle 1 dargestellten Projektmeetings durchgeführt.

TABELLE 1 Projektmeetings

Nr.	Projektschritt	Termin	Dauer
01	Erstellen eines Prozessmanagementsystems	29. Juni	2 h
02	Einrichten eines Prozessregelsystems	29. Juni	2 h
03	Nachweisen der Prozessverbesserung	25. Mai	2 h
04	Vorstellen der Ergebnisse im Quality Council	27. Juli	30 min
04	Vorstellen der Ergebnisse im Quality Council	21. Sept.	30 min
04	Vorstellen der Ergebnisse und der vorgeschlagenen Projektabschlussdokumente im Quality Council	23. Nov.	1 h
05	Übergeben des Prozesses	6. Dez.	
06	Abschließen des Projektes	6. Dez.	

14 Ergebnisse sicherstellen

14.1 Ziel und Hintergrund

Im vorangegangenen Schritt wurden Lösungen erarbeitet, auf Risiko untersucht, gegebenenfalls in einem Pilotversuch getestet und für die Implementierung vorbereitet. Gegenwärtig findet die Umsetzung des Implementierungsplanes statt.

Ziel dieses Schrittes ist es, die Projektergebnisse zu überwachen und langfristig abzusichern sowie geeignete Maßnahmen zu treffen, um eine kontinuierliche Verbesserung des Prozesses zu gewährleisten. Außerdem wird der Prozess an die Prozesseigner übergeben sowie das Projekt abgeschlossen.

14.2 Voraussetzungen

Voraussetzungen für diesen Schritt sind:

- Liste der signifikanten Ursachen und Schichtungsfaktoren X,
- Liste der Ergebnisvariablen Y.

14.3 Aufgaben und verwendete Werkzeuge

In diesem Schritt werden Maßnahmen zur Prozessüberwachung und Qualitätsregelung getroffen und wird darauf aufbauend eine kontinuierliche Verbesserung vorbereitet. Die Aufgaben dazu sind in Tabelle 14.1 dargestellt.

TABELLE 14.1 In diesem Schritt zu bearbeitende Aufgaben

Aufgabe	Werkzeug
1. Erstellen eines Prozessmanagementplans	Prozessmanagementplan
2. Einrichten eines Regelsystems	Qualitätsregelkarten
3. Nachweisen der Prozessverbesserung	Grafische Darstellungen
4. Übergeben des Prozesses	
5. Abschließen des Projektes	

14.3.1 Aufgabe 1: Erstellen eines Prozessmanagementplans

Wie technische Prozesse sind auch Dienstleistungsprozesse zu überwachen und zu regeln. Bevor Überwachungssysteme installiert werden können, ist über die einzubeziehenden Indikatoren zu entscheiden. Diese Indikatoren lassen sich grundsätzlich in zwei Kategorien unterteilen.

Die erste Kategorie wird durch die sogenannten verzögerten Indikatoren gebildet, die am Ende eines Prozesses ein Ergebnis oder auch einen Trend anzeigen. Finanzindikatoren wirken meist verzögert, da der Prozess in der Regel schon durchlaufen ist, wenn die Finanzen betrachtet werden können. Diese Art Indikatoren kann nur langfristig, aber nicht kurzfristig zur Prozessregelung eingesetzt werden.

Die zweite Kategorie beinhaltet die sogenannten führenden Indikatoren, die während des Prozessablaufs Auskunft über das zu erwartende Resultat geben, bevor der Prozess abgeschlossen ist. Daher lassen sich diese Indikatoren wesentlich besser zur kurzfristigen Prozessregelung benutzen.

In der Blutbank sind verzögerte Indikatoren beispielsweise die Gesamtdurchlaufzeit der Spender, die Zufriedenheit der Spender und die Rate der wiederholten Blutspende. Als führende Indikatoren können prozessinterne Messpunkte wie die Anzahl der wartenden Spender, die Durchlaufzeit für einzelne Schritte und das Vorhandensein von vorbereiteten Blutbeuteln bezeichnet werden.

Oftmals können die Projektergebnisvariablen Y als verzögerte Indikatoren eingestuft werden, während die Ursachen X in der Regel führende Indikatoren sind. Daher sollte bei der Auswahl der für die Prozessüberwachung benutzten Indikatoren mit der Durchsicht der Fehlerursachen X begonnen werden. Es ist sinnvoll, ebenso die Ergebnisvariablen Y heranzuziehen. Ein Prozessüberwachungssystem besteht aus den folgenden Elementen:

- Beschreibung der kritischen Prozessschritte,
- Definition des zu betrachtenden Indikators mit Schwellenwert,
- Festlegung der zu ergreifenden kurzfristigen Abstellmaßnahmen im Falle der Über- oder Unterschreitung,
- Benennung der zu betrachtenden langfristigen Korrekturmaßnahmen,
- Darstellung der Messwerte in zeitlicher Reihenfolge, sodass Trends und Verschiebungen leicht erkennbar sind.

Ein solches Prozessüberwachungssystem beginnt mit dem Prozessmanagementplan (Tabelle 14.2), der die ersten vier Punkte beinhaltet, sodass auf unmittelbare Probleme sofort reagiert werden kann.

TABELLE 14.2 Prozessmanagementplan für Blutspendezentrale (Auszug)

Nr.	Prozessschritt	Indikator und Trigger	Abstellmaßnahme	Korrekturmaßnahme
01	Registrierung	Stufe 1: Anzahl wartender Spender > 5	Stoppen der Vorbereitung von Blutbeuteln	Mitteilung an Abteilungsleiter zu Schichtende
		Stufe 2: Anzahl wartender Spender > 10	Hinzuziehen von Hilfsschwestern	
02	Medizinische Untersuchung	Anzahl wartender Spender > 3	Hinzuziehen eines Doktors aus Bereitschaft	Mitteilung an Abteilungsleiter zu Schichtende
03	Blutabnahme	Stufe 1: Anzahl wartender Spender > 5	Hinzuziehen von Hilfsschwestern aus Plasmaspende	Mitteilung an Abteilungsleiter zu Schichtende
		Stufe 2: Anzahl wartender Spender > 10	Sofortige Mitteilung an leitende Schwester	

Im Prozessmanagementplan (Tabelle 14.2) wird für jeden wichtigen Prozessschritt in der Blutspendezentrale in einfacher Art und Weise beschrieben, worauf zu achten ist und welche Maßnahmen unter welchen Bedingungen einzuleiten sind.

Die eigentlich interessante Größe für einen Blutspender ist die Gesamtdurchlaufzeit, die sich aus den Bearbeitungszeiten für die einzelnen Schritte zusammensetzt. Allerdings sind weder Gesamtdurchlaufzeit noch Bearbeitungszeit einfach messbar, ohne das Personal zusätzlich zu belasten. Daher wird die leicht erfassbare, mittelbare Messgröße „Anzahl wartender Spender“ benutzt, um längere Wartezeiten und damit längere Durchlaufzeiten zu signalisieren. Die Abstellmaßnahmen sind auf den jeweiligen Prozessschritt zugeschnitten und erprobt. Wird durch die mit „Stufe 1“ bezeichnete Abstellmaßnahme nicht das gewünschte Ergebnis erreicht, bietet sich die Abstellmaßnahme der „Stufe 2“ an.

Die Einleitung von Korrekturmaßnahmen obliegt der Leitung der Blutbank. Es ist jedoch wichtig, die Information über längere Wartezeiten weiterzuleiten, sodass längerfristig mit zusätzlichem Personal geplant werden kann oder Prozessoptimierungen vorgenommen werden können.

Die beschriebenen Prozessmanagementmaßnahmen sind in Arbeitsanweisungen oder Arbeitsplatzbeschreibungen für die einzelnen Positionen im Prozess abzulegen und in geplanten Trainingsmaßnahmen aufzunehmen, sodass deren Umsetzung gewährleistet wird.

14.3.2 Aufgabe 2: Einrichten eines Regelsystems

Neben dem Prozessmanagementplan, der vorzugsweise der kurzfristigen Prozessregelung dient und nur Momentaufnahmen des Prozesszustandes gestattet, ist der Aufbau von langfristig wirksamen Regelsystemen erforderlich. Die Basis für diese Regelsysteme bietet die Darstellung wichtiger Prozessindikatoren über der Zeitachse. Dadurch lassen sich mithilfe einfacher Regeln Muster in Prozesskennwerten erkennen, die auf systematische Änderungen wie Verschiebungen, Trends oder Ausreißer hindeuten.

Als Werkzeuge für diese Aufgaben haben sich in der produzierenden Industrie Regelkarten bewährt, die auch in Serviceprozessen Einzug gehalten haben. Sie bieten gegenüber dem Verlaufsdiagramm den entscheidenden Vorteil, dass sie die Interpretation von vermeintlichen Mustern im Verlauf des Prozesses unterstützen.

Grundsätzlich existieren Qualitätsregelkarten für variable und attributive Messgrößen, sodass fast jeder sich wiederholende Prozess mit deren Hilfe überwacht und bei Notwendigkeit korrigiert, das heißt geregelt werden kann.

Qualitätsregelkarten sind statistische Werkzeuge, die den Verlauf von Prozessen zeigen und dabei systematische von zufälligen Einflussgrößen unterscheiden helfen. Für die Anwendung von Regelkarten ist ein stabiler Prozess Voraussetzung.

Aus der Vielzahl der existierenden Regelkarten werden die am häufigsten in Serviceprozessen verwendeten in Tabelle 14.3 betrachtet.

TABELLE 14.3 Bevorzugte Qualitätsregelkarten für Serviceprozesse

Qualitätsregelkarte	Anwendung	Anwendungsbeispiele
Einzelwertkarte	Darstellung von variablen Merkmalswerten annähernd normalverteilter Daten	Durchlaufzeiten für jeglichen Prozess
p-Regelkarte	Darstellung von Anteilswerten attributiver Merkmalswerte binomialverteilter Daten	Anteil von überfälligen Rechnungen Anteil von fehlerhaften Kreditanträgen Anteil von Blutplättchenbeuteln mit Klümpchen Anteil von Ablehnungen von Kandidaten bei Rekrutierungen
u-Regelkarte	Darstellung von Merkmalen je Einheit poissonverteilter Daten	Anzahl von Fehlern je Rechnung Anzahl von Fehlern je Kreditantrag Anzahl von Klümpchen je Blutplättchenbeutel Anzahl von offenen Stellen in Organisation

Der grundsätzliche Aufbau von Qualitätsregelkarten besteht aus einem Verlaufsdiagramm, das mit Regelgrenzen und gegebenenfalls mit weiteren Mechanismen zum Erkennen von Mustern ausgestattet ist. Beispiele für Regelkarten sind in Kapitel 7 erläutert.

Neben dem Erkennen von Mustern und der eventuell anschließenden Einleitung von Korrekturmaßnahmen ist ein anderer wichtiger Zweck von Regelkarten, einen stabilen Prozess vor Eingriffen, das heißt Störungen zu bewahren, die oftmals die Variation des Prozesses vergrößern und Mitarbeiter verunsichern. Das bedeutet, dass bei Prozessvariation, die einen bestimmten Schwellenwert unterschreitet, nicht in den Prozess eingeschritten wird.

Aufgabe in der CONTROL-Phase ist es, geeignete Formen zur Darstellung von relevanten Prozessindikatoren zu identifizieren und zu implementieren. Obwohl das Führen dieser Prozessmanagementsysteme letztendlich dem Prozesseigner und den am Führen des Prozesses beteiligten Personen obliegt, ist es Aufgabe des Lean-Six-Sigma-Teams, die passenden Werkzeuge auszuwählen und zu installieren sowie die genannten Personen in der Anwendung zu schulen.

14.3.3 Aufgabe 3: Nachweisen der Prozessverbesserung

Der Prozess ist dann in der Phase CONTROL, wenn die Verbesserungen umgesetzt sind. Daher ist es Aufgabe des Lean-Six-Sigma-Teams in dieser Phase, den Nachweis für die erfolgreiche Prozessverbesserung zu erbringen. Dieser Nachweis ist – wie üblich in der Lean-Six-Sigma-Kultur – mithilfe von Daten zu erzielen.

Dabei bieten sich die gleichen Werkzeuge an, die bereits benutzt wurden, um signifikante Treiber für die Probleme zu identifizieren. Aus den in Kapitel 10 erläuterten Werkzeugen sind besonders die in Tabelle 14.4 gezeigten geeignet.

TABELLE 14.4 Werkzeuge zum Nachweis von signifikanten Prozessverbesserungen

Aufgabe	Grafische Darstellung	Statistischer Nachweis
Variable Ergebnisgröße Y	Boxplot oder Dotplot	t-Test für normalverteilte Daten Mann-Whitney-Test für nicht normalverteilte Daten
Attributive Ergebnisgröße Y	Balkendiagramm oder Kreisdiagramm	Proportionentest X^2-Test

Beispielsweise wird in Bild 14.1 das Ergebnis eines 2-Proportionen-Tests gezeigt, der die Prozessverbesserung in einem Rechnungsstellungsprozess nachweisen hilft. Vor der Prozessverbesserung wurden über einen bestimmten Zeitraum 834 Rechnungen gestellt, von denen 75 aufgrund von Fehlern Gutschriften nach sich zogen. Das sind 8,99 %. Im verbesserten Prozess werden auf 635 Rechnungen nur 16 Gutschriften erforderlich, das heißt nur 2,52 %. Das Risiko für die Aussage „Der Prozess ist signifikant besser" beträgt 0,000 % (Normal approximation p-value [2-sided, H_a: $P_1 \neq P_2$]).

Hypothesis Test for the Equality of Two Proportions		
Sample Data (user inputs)		
Number of elements in sample #1 in category of interest:	x_1	75
Size of Sample #1:	n_1	834
Number of elements in sample #2 in category of interest:	x_2	16
Size of Sample #2:	n_2	635
Hypothesis Test Results:		
Proportion (sample #1)	$P_1 = x_1/n_1$	0,0899
Proportion (sample #2)	$P_2 = x_2/n_2$	0,0252
Z_o Statistic		5,099
Normal approximation p-value (2-sided, Ha: $P_1 \neq P_2$)		0,000
Normal approximation p-value (1-sided, Ha: $P_1 < P_2$)		1,000
Normal approximation p-value (1-sided, Ha: $P_1 > P_2$)		0,000

BILD 14.1 Proportionentest, der eine Prozessverbesserung anzeigt

Neben diesen Werkzeugen ist die Regelkarte ein probates Mittel, Veränderungen nachzuweisen. In diesem Falle wird mithilfe der Regelkarte nach einem Signal für eine Prozessveränderung gesucht. Dieses Signal ist in der Regel eine Verschiebung, wie in Bild 14.2 gezeigt.

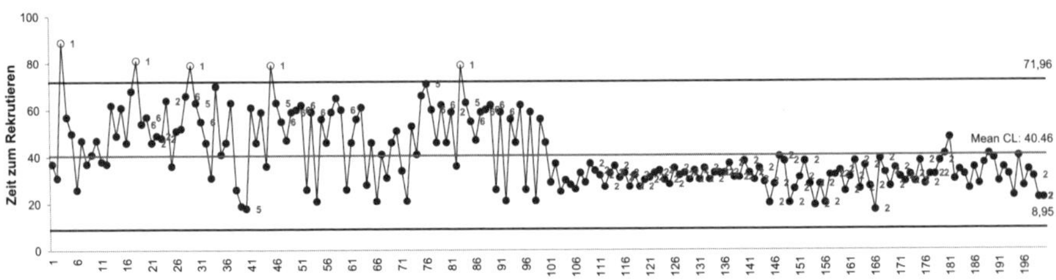

BILD 14.2 Qualitätsregelkarte, die eine Prozessverbesserung ab Punkt 101 anzeigt

Mithilfe statistischer Methoden kann der Beweis erbracht werden, dass es sich nicht nur um eine zufällige Streuung handelt, die die Verschiebung verursacht, sondern dass der Prozess systematisch verändert wurde.

Der statistische Nachweis der Prozessverbesserung ist ein wichtiges Mittel, die allseits existierenden Zweifler mithilfe von Daten von der Wirksamkeit der eingeleiteten Maßnahmen zu überzeugen.

14.3.4 Aufgabe 4: Übergeben des Prozesses

Ein Lean-Six-Sigma-Projekt ist noch nicht abgeschlossen, wenn die Lösungen implementiert sind. Das Team hat die Aufgabe, die Wirksamkeit der Lösungen zu zeigen, wie in Kapitel 14.3.3 erläutert. Die Dauer für den Nachweis hängt von der Durchlauffrequenz und Durchlaufzeit des betrachteten Prozesses ab.

Beispielsweise können in einer Blutspendezentrale mit mehreren Hundert Spendern am Tag Prozessveränderungen nach wenigen Tagen statistisch nachgewiesen werden.

Die Wirksamkeit von Verbesserungen in einem Rekrutierungsprozess ist dagegen nur nach längerer Zeit beweisbar, da wahrscheinlich nur wenige Neueinstellungen monatlich vorgenommen werden und außerdem der Prozess einige Wochen läuft. In diesem Falle bedarf es der Daten von mehreren Monaten, um den Prozess nachweislich als verbessert und stabil bezeichnen zu können.

> Vorsicht. Ein Prozess wird nach der Implementierung von vermeintlichen Verbesserungen aufgrund des Hawthorne-Effekts wahrscheinlich verbesserte Ergebnisse zeigen. Es ist nachzuweisen, dass der Prozess auch langfristig bessere Ergebnisse generiert. ■

Nur dann ist es möglich, das Projekt als erfolgreich zu betrachten und die Verantwortung an den Prozesseigner zu übergeben. Diese Übergabe sollte beinhalten:

- alle Projektpräsentationen,
- alle während der Projektarbeit erstellten Ergebnisse,
- alle anderen Ergebnisse, die nicht im Projekt verarbeitet wurden, jedoch für den Prozesseigner relevant oder interessant sind.

14.3.5 Aufgabe 5: Abschließen des Projektes

Der Abschluss des Projektes sollte in einem würdigen Rahmen erfolgen und die Arbeit des Teams auszeichnen.

Beispielsweise werden alle Projekte eines multinationalen Unternehmens einmal im Jahr während eines sogenannten Gallery Walks dem weltweiten CEO vorgestellt, der sich von jedem einzelnen Belt die Erläuterungen anhört. Für viele Belts ist diese Projektabschlussveranstaltung die einzige Möglichkeit, einmal dem „Boss“ gegenüberzustehen.

Der Projektabschluss sollte folgende Fragen beantworten:

1. Wurde das Ziel erreicht?
2. Was war die Hauptursache für das Problem?
3. Welche weiterführenden Maßnahmen zur weiteren Optimierung des Prozesses werden vorgeschlagen?

4. Wie hat sich die Teamdynamik während der Projektarbeit entwickelt?
5. Welcher Rat sollte zukünftigen Projektteams auf den Weg gegeben werden?

14.4 Ergebnisse

Dieser Schritt liefert die folgenden Ergebnisse:

- Prozessmanagementplan,
- Prozessregelsystem,
- Integration von verbessertem Prozess und dessen Hauptindikatoren (Y und Xs) in das KPI-System der Organisation,
- Projektabschlussdokumentation,
- Empfehlung von weiterführenden Maßnahmen.

14.5 Tipps

1. Die Bedeutung der Phase CONTROL wird oftmals unterschätzt, da die Ergebnisse in den vorangegangenen Phasen erzeugt werden und nach Implementierung offenbar die „Arbeit getan“ ist. Es sind Maßnahmen zur Aufrechterhaltung der Projektarbeit bis zum Nachweis von Verbesserungen vorzusehen.
2. Ein weiterer Grund für die Vernachlässigung von CONTROL ist die Übergabe der Projektverantwortung an den/die Prozesseigner. Daher ist es erforderlich, geeignete Stimuli einzusetzen, um das Team zum „Durchhalten“ zu motivieren. Beispielgebend ist die Übergabe eines Green-Belt- oder Black-Belt-Zertifikates nur dann, wenn tatsächlich alle Aufgaben wie beschrieben erledigt sind und die Prozessergebnisse über einen gewissen Zeitraum aufrechterhalten werden konnten.
3. CONTROL sollte nicht dazu führen, wesentliche Mehrarbeit für die Projekteigner zu generieren. Im Gegenteil sollten die in dieser Phase besprochenen Schritte in die bereits vorhandene Infrastruktur integriert werden. Dadurch wird die Akzeptanz wesentlich erhöht.
4. Die langfristige Überwachung von Einhaltung und Wirksamkeit der eingeführten Verbesserungen sollte in nach ISO 9000 oder abgeleiteten Standards zertifizierten Unternehmen mit erprobten Mitteln wie Qualitätsaudits ergänzt werden.

14.6 Benötigte Zeit

Dieser Schritt benötigt ein Meeting von etwa zwei Stunden zur Planung sowie weiterführende Maßnahmen, die fortlaufend anfangs durch das Projektteam und später durch den Prozesseigner und sein Team durchzuführen sind.

14.7 Fallbeispiel

Die Verbesserungsmaßnahmen wurden vom Team „Aktivieren schlafender Autohändler" zusammen mit den bisherigen bereits erreichten Ergebnissen im Quality Council präsentiert und ohne wesentliche Änderung genehmigt. Die von einigen Mitgliedern des Councils angemahnte Nachhaltigkeit der Verbesserungen soll mithilfe der im Folgenden beschriebenen Maßnahmen erreicht werden.

14.7.1 Aufgabe 1: Erstellen eines Prozessmanagementplans

Der Prozessmanagementplan sieht die Überwachung sowohl der Messgrößen des Prozessergebnisses als auch von einigen entscheidenden Problemursachen vor.

Der Projekterfolg wird durch die wöchentliche Erfassung des Anteils „schlafender Autohändler" bewertet, der sich in Umsatz und Gewinn umrechnen lässt. Dieser Projekterfolg kann nur erreicht werden, wenn die Bearbeitungszeit von Kundenkreditanträgen entsprechend der Zielstellung reduziert und damit den Kunden eine hohe, mit anderen Banken vergleichbare Prozessqualität angeboten werden kann. Daher ist es erforderlich, auch die Kreditbearbeitungszeit ständig im Auge zu behalten.

Die für den Prozessmanagementplan vorgesehenen Problemursachen sind die Kreditentscheidungszeit für kleine und für große Kredite, die Anzahl von zu entscheidenden Anträgen in der Warteschlange für kleine und große Kredite sowie die Anzahl der Fehler auf Kreditanträgen. Für den letztgenannten Indikator werden keine zusätzlichen Maßnahmen geplant oder eingeleitet, da die Kreditanträge durch die Risikoabteilung genau beobachtet werden. Wie in Kapitel 13.7.1 unter Risikoanalyse beschrieben werden alle Kredite in der Anfangsphase nach Prozessänderung durch die Kreditabteilung überprüft, sodass Fehler in den Kreditunterlagen und in der -entscheidung mit hoher Wahrscheinlichkeit entdeckt und entsprechende Abstell- und Korrekturmaßnahmen eingeleitet werden können.

Wie sich bereits in der Anfangsphase des Projektes herausgestellt hat, ist ein wesentlicher Treiber für die Kundenbindung die Kontaktierung von Händlern durch den Vertrieb. Diese nach der Erfassung der Stimme des Kunden und den daraus hervorgegangenen zusätzlichen Umsätzen von vormals schlafenden Autohändlern gezogene Schlussfolgerung hat bereits in der frühen Phase des Projektes zu Korrekturen im Vertriebsprozess geführt, die seitdem überwacht werden.

Das Team beschließt, die entsprechenden Maßnahmen in den Prozessmanagementplan aufzunehmen (Tabelle 14.5).

TABELLE 14.5 Prozessmanagementplan

Nr.	Prozessschritt	Indikator und Trigger	Frequenz und Verantwortlichkeit	Abstellmaßnahme	Korrekturmaßnahme
01	Kreditabwicklung von Kleinkrediten	Durchlaufzeit > 60 min	Alle Anträge Dan	Überprüfen der Anzahl der Anträge und gegebenenfalls Zuteilen von Mitarbeitern	Wird im Quality Council diskutiert
02	Kreditabwicklung von Großkrediten	Durchlaufzeit > 180 min			
03	Kreditentscheidung von Kleinkrediten	Entscheidungszeit > 15 min	Alle Anträge Anne	Heranziehen von Ressourcen von Operations	Wird im Quality Council diskutiert
04		Anzahl zu bearbeitender Kreditanträge > 6	Alle Anträge Anne		
05	Kreditentscheidung von Großkrediten	Entscheidungszeit > 120 min	Alle Anträge Dan	Direktor nimmt teil	Wird im Quality Council diskutiert
06		Anzahl zu bearbeitender Kreditanträge > 3	Alle Anträge Dan		
07	Kreditprüfung	Antragsformular nicht vollständig ausgefüllt	Alle Anträge Axel	Antragsdaten vom Kunden einholen	Wird im Quality Council diskutiert
08	Anteil schlafender Autohändler	Neue Händler werden inaktiv	Alle Anträge Anke	Anruf oder Besuch beim Kunden	Wird im Quality Council diskutiert

Bei der Einführung des Prozessmanagements werden die Arbeitsplatzbeschreibungen für jeden betroffenen Prozessschritt angepasst und daraufhin Schulungen zur Erklärung der Änderungen durchgeführt.

Einige der genannten Indikatoren werden grafisch dargestellt, um somit den Verlauf des Prozesses verfolgen und systematische Abweichungen wie Überschreitungen von Triggerwerten, Verschiebungen oder Trends zuverlässig erkennen zu können.

14.7.2 Aufgabe 2: Einrichten eines Regelsystems

Das Team beschließt eine Reihe von Darstellungen (Tabelle 14.6), die in das Managementinformationssystem aufgenommen werden.

Den wichtigsten Indikator für die Effektivität des Prozesses, der von eminentem Interesse für den Vertrieb ist, stellt der Anteil schlafender Autohändler dar. Die Daten dafür sind sehr einfach aus dem Vertriebssystem zu generieren. Daher wird beschlossen, diesen Indikator wöchentlich auf der Vertriebsmitteilungstafel zu publizieren und zusätzlich im Intranet zur Verfügung zu stellen. Um die systematische Veränderung des Prozesses zeigen zu können, wird eine p-Regelkarte eingesetzt, die den Anteil schlafender Autohändler direkt zeigt (Bild 12.42).

Nach einiger Diskussion im Team wurde die Idee verworfen, diese Daten allein im Intranet zu veröffentlichen. Das Team ist der Meinung, dass es erforderlich ist, diese Information „zum Vertriebspersonal zu bringen". Es ist nicht ausreichend, die Information im Intranet „zum Abholen bereitzustellen". Daher wird für die Zeit der Projektarbeit und danach bis mindestens zum Jahresende ein Whiteboard mit den wichtigen Indikatoren in den betroffenen Abteilungen platziert. Während die wöchentliche Darstellung des Anteils schlafender Autohändler im Vertrieb gut sichtbar aufgestellt wird, ist der richtige Platz für die Visualisierung der Kreditbearbeitungszeit in Operations. Die Darstellungen werden auf ausgedruckten Vorlagen manuell vorgenommen.

TABELLE 14.6 Indikatoren im Regelsystem des Prozesses

Nr.	Indikator	Wer?	Wie oft?	Wo?	Wie?
01	Anteil schlafender Autohändler	Valerie Kluge Vertrieb	Wöchentlich	Mitteilungstafel in Vertrieb und Intranet-Dashboard	Mittels p-Regelkarte
02	Durchlaufzeit für Kreditabwicklung, getrennt nach Groß- und Kleinkrediten	Amy Winter Abwicklung	Täglich	Mitteilungstafel in Abwicklung und Intranet-Dashboard	Mittels X-Regelkarte
03	Fehler in Kreditanträgen	Andreas Holz Risiko/Audit	Monatlich	Intranet-Dashboard	Mittels u-Regelkarte

Ein weiterer wichtiger Indikator besteht in der Kreditdurchlaufzeit. Aus diesem Grunde wird die Durchlaufzeit getrennt nach Klein- und Großkrediten in der Abwicklungsabteilung gut sichtbar veröffentlicht. Datenpunkte werden täglich aufgenommen, wobei es nach einigen kleineren Umstellungen am EDV-System möglich ist, die Durchlaufzeit für jeden Kredit zu erfassen und zu publizieren.

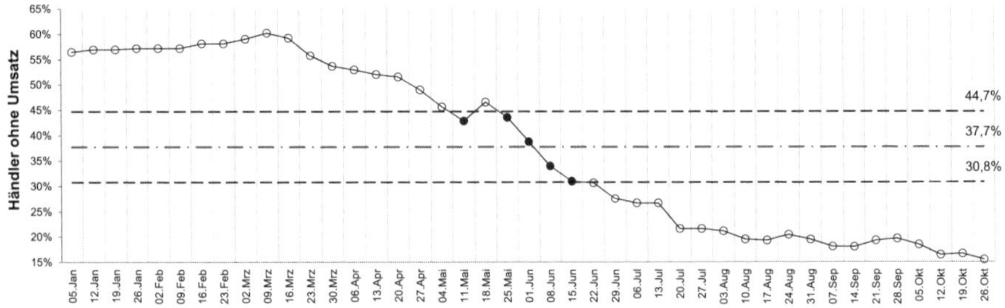

BILD 14.3 p-Regelkarte für Anteil schlafender Autohändler

In Bild 14.4 ist die Durchlaufzeit für Kleinkredite vor Beginn des Projektes, während der Projektarbeit und nach der Einführung von Verbesserungen dargestellt. Daraus ist eine deutliche Verringerung der Bearbeitungszeit zwischen Einreichen des Kredites und Mitteilen der Entscheidung an den Händler erkennbar.

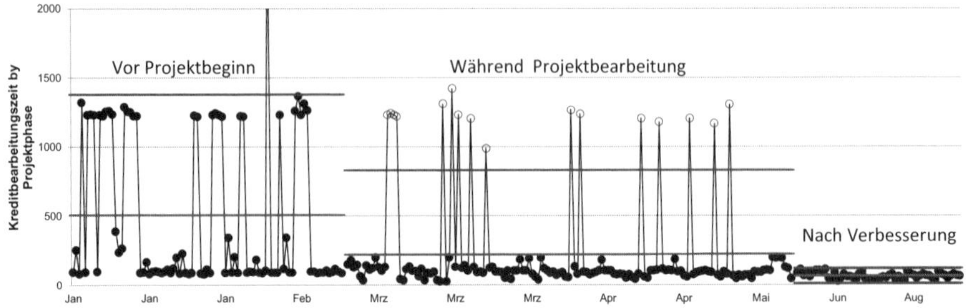

BILD 14.4 Kleinkredit-Durchlaufzeit vor, während und nach Prozessverbesserung

14.7.3 Aufgabe 3: Nachweisen der Prozessverbesserung

Der Nachweis der Prozessverbesserung hat in mehreren Ebenen zu erfolgen.

Da eine Hauptursache für das Abwandern der Händler in der Durchlaufzeit der Kreditbearbeitung liegt, ist der Nachweis der signifikanten Verringerung dieser Durchlaufzeit zu erbringen. Dieser Nachweis kann entweder mithilfe des Diagramms in Bild 14.4 oder mithilfe eines Hypothesentests erfolgen. Aufgrund der aus der grafischen Darstellung offensichtlichen Dezimierung der Durchlaufzeit wird auf einen Test verzichtet.

Der für das Geschäft der Bank weitaus wichtigere Indikator ist die Rate der inaktiven Autohändler. Das Projekt basiert auf der durch Kundenbefragungen gestützten Hypothese, dass viele der Autohändler ihre Kreditkunden zu anderen Banken bringen, da einerseits Vertriebsprozess (42 % der Kundennennungen) und andererseits Antragsabwicklung und -entscheidung (35 % der Kundennennungen) Verbesserungsbedarf haben.

Während der Vertriebsprozess durch bereits unmittelbar nach der Kundenbefragung eingeführte Quick Wins verbessert wurde, ist die Auftragsabwicklung inklusive der Kreditentscheidung Gegenstand dieses Projektes. Der Effekt der Verbesserungen im

Vertriebsprozess auf die Anzahl inaktiver Kunden lässt sich qualitativ und quantitativ bewerten. So werden durch regelmäßigen Kontakt mit Händlern ständig Rückmeldungen eingeholt, die in der großen Mehrheit auf einen verbesserten Vertriebsprozess schließen lassen. Daten dazu werden nach der nächsten Kundenbefragung vorliegen. Zusätzlich ist seit Einführung der Veränderungen im Vertriebsprozess ein systematischer Rückgang des Anteils schlafender Händler zu verzeichnen, der sich nach dem 9. März in einem statistisch signifikanten Trend zeigt (mehr als sechs Wochen systematische Verringerung), woraus auf den Erfolg der Veränderungen geschlossen werden kann.

Der Erfolg der Veränderungen im Abwicklungsprozess auf den Anteil schlafender Händler lässt sich in Bild 14.3 in einem positiven, das heißt fallenden Trend beginnend in der Woche vom 25. Mai ableiten.

Allerdings werden mehrere Veränderungen schrittweise in den Prozess eingeführt, sodass eine Zuordnung der einzelnen Verbesserungen zu den Auswirkungen auf das Prozessergebnis nicht möglich ist. Dieser Nachweis würde erfordern, schrittweise jede einzelne Verbesserung separat einzuleiten und daraufhin das Prozessergebnis zu beobachten. Das Team entscheidet sich gegen diese Vorgehensweise, da dadurch wertvolle Zeit und damit Umsatz und Gewinn verloren gehen würden.

14.7.4 Aufgabe 4: Übergeben des Prozesses

Die Übergabe der Prozessteile an die Prozesseigner erfolgt während der offiziellen Abschlusspräsentation durch das Projektteam. Das Team hat dazu alle relevanten Dokumentationen der Projektarbeit sowie die für Prozessmanagement und -regelung erforderlichen Unterlagen zusammengestellt. Das sind im Einzelnen:

- alle wesentlichen Projektpräsentationen,
- alle wesentlichen Projektdaten,
- alle wesentlichen Analyseunterlagen wie Tabellenkalkulationsdateien,
- Prozessmanagementunterlagen,
- Regelkarten,
- weitere Unterlagen, die für den Prozesseigentümer von Belang sein könnten.

Die Schulung der Projektbeteiligten wurde bereits während der IMPROVE-Phase durchgeführt und abgeschlossen.

Auch die visuellen Mittel des Prozessmanagementsystems sind bereits eingeführt, erprobt und werden regelmäßig mit aktuellen Daten versehen.

14.7.5 Aufgabe 5: Abschließen des Projektes

Der offizielle Abschluss des Projektes wird für Ende des Jahres angesetzt, sodass einerseits ausreichend Zeit für die Einführung der Prozessverbesserungen eingeplant werden kann und andererseits genügend Daten zum Nachweis des verbesserten Ergebnisses gesammelt werden können. Zum Abschluss wird das Projekt auf einer Mitarbeiterversammlung vorgestellt.

Neben den Ergebnissen des Projektes stellt das Team auch die durch die Beteiligung am Projekt gewonnenen Erfahrungen dar. Das Team listet auf:

- Es ist leicht, sich in der Methodik und den Einzelheiten der Projektarbeit zu verlieren. Daher ist es unumgänglich, von Zeit zu Zeit zu prüfen, ob der Fokus des Projektes mit der Zielstellung durch das Unternehmen übereinstimmt. Der Sponsor spielt dabei eine wesentliche Rolle.
- Bei der Erstellung von Lösungen besteht ebenfalls die Gefahr, zu viele vielversprechende Ideen ungeprüft in das Projekt aufzunehmen und dabei die Organisation mit Veränderungsprozessen zu überladen. Das kann durch klares Setzen von Prioritäten vermieden werden.
- Während das Team zu Beginn des Projektes sehr starr den Werkzeugen folgend durch das Projekt gelaufen war, ist in den späteren Phasen eine gewisse Flexibilität zu erkennen, die praktikablere und effizientere Vorgehensweisen zur Folge hat.
- Die frühe Einführung von Quick Wins hat entscheidend dazu beigetragen, sowohl Akzeptanz für die Projektarbeit im Unternehmen als auch das Vertrauen der Kunden in die Ernsthaftigkeit der Initiative zu entwickeln.
- Die Aufnahme eines Kunden, eines Gebrauchtwagenhändlers, in das Projektteam hat sich als ein entscheidender Faktor für den Erfolg des Projektes gezeigt.

Außerdem listet das Team eine Reihe von Empfehlungen zu Folgeprojekten und zu nicht weiterverfolgten Lösungsideen auf, die durch zukünftige Teams bearbeitet werden sollten.

Das Projektteam wird als Auszeichnung mit einem Scheck ausgestattet mit der Auflage, diesen für eine Teamveranstaltung zu verwenden.

Alle Projektleiter des Unternehmens, die Green Belts, durchlaufen zusätzlich ein Green-Belt-Examen und werden nach dessen Bestehen zum zertifizierten Green Belt ernannt.

Nachwort

Die Lean-Six-Sigma-Initiative war neu für das im Fallbeispiel behandelte Kreditinstitut. Diese Initiative wurde initiiert, weil sie sich zuvor sowohl in anderen Unternehmen als auch in Schwesterunternehmen des Mutterkonzerns als erfolgreich erwiesen hatte. Allerdings war die Anwendung im Umfeld einer Bank, insbesondere der Einsatz zur Verbesserung von Vertriebsprozessen, ohne Beispiel. Daher bestanden zu Beginn berechtigte Zweifel an der Umsetzung und damit an den Erfolgsaussichten des Pilotprojektes „Aktivieren schlafender Autohändler".

Aus diesem Grunde ergab sich erheblicher Druck sowohl für das Projektteam als auch für Teile des Managementteams der Bank. Einige der Direktoren hatten eine indifferente, abwartende Stellung bezogen. Auch der Projektsponsor, der Vertriebsdirektor, war nicht von der Anwendbarkeit der Lean-Six-Sigma-Methode zur Verbesserung seiner von persönlichem Kontakt und damit von subjektiven Faktoren geprägten Prozesse überzeugt. Die ersten Zeichen des Meinungsumschwungs im Managementteam der Bank wurden bereits in der Anfangsphase des Projektes während der Aufnahme der Stimme des Kunden sichtbar (Kapitel 3), nachdem die Kundenbefragung einige gravierende Mängel in den Vertriebsprozessen wie beispielsweise unzureichende und wenig proaktive Kontaktpflege mit den Händlern und nicht umfassende Kommunikation neuer, günstigerer Kreditkonditionen zutage gefördert hatte und Quick Wins eingeführt worden waren.

Bedeutung der Prozessanalyse

Regelmäßige Analyse von scheinbar bekannten Prozessen bringt in jedem Fall Erkenntnisse, die zur Prozessoptimierung beitragen. Dazu ist es nicht ausreichend, den Prozess im Meeting zu besprechen, sondern es ist erforderlich, „nach Gemba zu gehen", das heißt, den tatsächlichen Ablauf dort zu untersuchen, wo er stattfindet. Besondere Aufmerksamkeit ist dem „Moment der Wahrheit" zu widmen, in dem der Kunde Produkt oder Service bewertet.

Bereits wenige Wochen nach der Einführung der Quick Wins wurde zunehmende Aktivität der vorher schlafenden Händler beobachtet, was sich sofort in steigendem Umsatz und nach gewisser Laufzeit der Kredite in erhöhtem Gewinn auswirkte. Ein Nebeneffekt dieser Quick Wins, kleiner Prozessänderungen ohne Risiko und mit geringen Investitionen, und der daraus erwachsenen positiven Ergebnisse waren gestiegenes Interesse seitens des Managementteams und zusätzliche Unterstützung insbesondere durch den Vertriebsdirektor und sein Team.

Über die Zeit der Arbeit am Projekt „Aktivieren schlafender Autohändler" und anderer parallel bearbeiteter Projekte wurde eine Kulturveränderung offensichtlich. Der damit verbundene Paradigmenwechsel konnte in folgenden Verhaltensweisen beobachtet werden:

1. **Datenbasierte Entscheidungen:** Durch die mit der Projektarbeit neu eingeführte Aufnahme von geschäftsrelevanten Prozessdaten sowie deren Analyse und Präsentation im zweiwöchentlichen Quality Council wurde es möglich, Geschäftsentscheidungen basierend auf Daten zu treffen. Einige der vom Team vorgeschlagenen Kennziffern wie Anteil schlafender Autohändler und Laufzeit der Kreditbearbeitung wurden in das Reporting der Bank aufgenommen und für wichtige Entscheidungen herangezogen. Damit wurden neben den bisherigen Indikatoren, die sich auf die Ergebnisse von Prozessen beschränkt hatten, zunehmend prozessinterne Indikatoren überwacht, die eine Korrektur im Prozess zulassen und damit das Prozessergebnis positiv beeinflussen können.
2. **Systematischer Einsatz von Werkzeugen zur Problemanalyse und -behebung:** Probleme wurden auf deren Charakter untersucht und daraufhin entsprechende Projektteams mit einer klaren Aufgabenstellung zur Analyse und Verbesserung, einem Projektcharter, versehen. Damit wurde der Schritt von einem eher willkürlichen Methodeneinsatz zur systematischen Anwendung von geeigneten Werkzeugen gemacht. Die Verwendung von Lean Six Sigma und anderen Methoden erfolgte dadurch planmäßig und zielgerichtet.
3. **Konzentration auf den Kunden:** Durch die strikte Umsetzung der Lean Six Sigma methodenimmanenten kundenzentrischen Herangehensweise und dem daraus erwachsenen Fokus auf für die Kunden wichtige Abläufe wurden alle Mitarbeiter umfassend auf den Kunden ausgerichtet. Die Frage nach der „Stimme des Kunden" wurde zum Standard zu Beginn eines jeden Verbesserungsprojektes. Die mehrmals jährlich durchgeführten Kundenbefragungen, insbesondere die umfassende Analyse der aufgenommenen Daten sowie die Ableitung von Maßnahmen, wurden erheblich verbessert.
4. **Denken in der Dimension „Prozess":** Durch die von der Methode erzwungene Prozesssicht wurde eine merkliche Veränderung in der Sichtweise des Managementteams erkennbar. Es wurde weniger in der Dimension Funktion, sondern wesentlich öfter in der Dimension Prozess diskutiert. Dieser Effekt wurde insbesondere durch funktions- und bereichsübergreifende Projekte unterstützt, bei deren Bearbeitung die funktionalen Grenzen zum Vorteil des Kunden in den Hintergrund gedrängt wurden.

Die mit diesen neuen Herangehensweisen verbundene Veränderung im Management der Bank wurde mehr und mehr Bestandteil der täglichen Arbeit.

Literaturverzeichnis

Bornhöft, Frank; Faulhaber, Norbert: *Lean Six Sigma erfolgreich implementieren.* Frankfurt School Verlag, 2010

COE's Lean Six Sigma Training Material for Black Belts. Centre for Organisational Effectiveness, 2005

COE's Lean Six Sigma Training Material for Champions. Centre for Organisational Effectiveness, 2005

COE's Lean Six Sigma Training Material for Green Belts. Centre for Organisational Effectiveness, 2005

George, Michael L. et al.: *The Lean Six Sigma Pocket Toolbook: A Quick Reference Guide to 70 Tools for Improving Quality and Speed.* McGraw-Hill Professional, 2004

George, Michael L.: *Lean Six SIGMA for Service: How to Use Lean Speed and Six Sigma Quality to Improve Services and Transactions.* McGraw-Hill Professional, 2003

Kroslid, Dag et al.: Six Sigma: Erfolg durch Breakthrough-Verbesserungen. Hanser, 2003

Pietsch 2003

Rath & Strong Management Consultants (Hrsg.): *Rath & Strong's Six Sigma Pocket Guide: Werkzeuge zur Prozessverbesserung.* TÜV Media, 2008

Rath & Strong Management Consultants (Hrsg.): *Rath & Strong's Six Sigma Leadership Handbook.* John Wiley & Sons, 2003

Abkürzungen

5-Warum-Fragetechnik	Methode zum mehrstufigen Hinterfragen von Ursachen für ein Problem mit dem Ziel der Aufdeckung der zugrunde liegenden Zusammenhänge
Acct	Account, Finanzen
A-D Test	Anderson-Darling-Test, Normalverteilungstest
C & A	Capable & Available, Prozentsatz der einem Prozessschritt tatsächlich zur Verfügung stehenden FTE
CEO	Chief Executive Officer, Generaldirektor
CI (Mean, Sigma)	Confidence Interval, Vertrauensbereich
C_p	Process Capability, Prozessfähigkeit
C_{pk}	Critical Process Capability, kritische Prozessfähigkeit
CPS	Creative Problem Solving
CTQ	Critical to Quality (Qualitätsmerkmal)
DF	Freiheitsgrad
DMAIC	Define – Measure – Analyse – Improve – Control
dpm	Defects per Million, Fehler je Million Einheiten
dpmo	Defects per Million Opportunities
dpo	Defects per Opportunity
dpu	Defects per Unit
DS	Deputy Secretary, Leiter in Regierungsstellen
F	F-Statistik des F-Tests (Fisher Test)
FMEA	Fehlermöglichkeits- und -einflussanalyse
FTE	Full Time Equivalent, Maßeinheit für die einer Vollzeitkraft entsprechenden personellen Ressourcen
Gage R & R	Gage Repeatability and Reproducibility
H_a	Alternativhypothese
H_o	Nullhypothese
HR	Human Resources, Personalwesen
KPI	Key Performance Indicator, Leistungskennzahl
LC Median	Lower Confidence Level Median, untere Vertrauensgrenze für Median

LCL	Lower Control Limit, untere Regelgrenze
Logs Mgr	Logistics Manager, Leiter Logistik
LSL	Lower Specification Limit, untere Spezifikationsgrenze
Min Batch	Minimal Batch, minimale Stapelgröße, bevor Bearbeitung startet
MS	Mean of Squares, Mittelwert der Summe der Quadrate
MSA	Messsystemanalyse
N/A	Not applicable, nicht anwendbar, nicht relevant
P	Wahrscheinlichkeitswert, Risiko einer statistikbasierten Entscheidung
P/T	Verhältnis Prozessstreuung zu Prozesstoleranz
Pack Off	Packaging Officer, Mitarbeiter Verpackung
P_p	Process Performance, Prozessleistung
P_{pk}	Critical Process Performance, kritische Prozessleistung
ppm	Parts per Million, fehlerhafte Einheiten pro Million Einheiten
p-Regelkarte	Qualitätsregelkarte, die die Anzahl fehlerhafter Einheiten über der Zeit darstellt
PT	Processing Time, Bearbeitungszeit
p-value	Wahrscheinlichkeitswert, Risiko einer statistikbasierten Entscheidung
Reg Off	Registration Officer, Mitarbeiter Registrierung
RPZ	Risikoprioritätszahl
R-Square, R^2	R^2-Wert, Bestimmtheitsmaß, das die Güte einer Voraussage mithilfe eines statistischen Modells angibt (0 % bis 100 %)
S	Standardabweichung
SE	Standardfehler des Mittelwerts
Secs	Seconds, Sekunden
SIPOC	Supplier - Input - Process - Output - Customer
SLA	Service-Level-Agreement
SS	Sum of Squares, Summe der Quadrate
Stdev	Standard Deviation, Standardabweichung
T	T-Statistik des t-Tests (Student-Test)
UC Median	Upper Confidence Level Median, obere Vertrauensgrenze für Median
UCL	Upper Control Limit, obere Regelgrenze
u-Regelkarte	Qualitätsregelkarte, die die Anzahl von Fehlern je Einheit über der Zeit darstellt
USL	Upper Specification Limit, obere Spezifikationsgrenze
VIF	Variance Inflation Factor, ein Messwert für Kollinearität in statistischen Regressionsmodellen
VOC	Voice of the Customer
VSM	Value Stream Map, Wertstromanalyse
WIP	Work in Progress, im Prozess befindliche noch zu bearbeitende Menge von Einheiten
Z	Z-Statistik der Normalverteilungsfunktion

Glossar

Affinitätsdiagramm Ein Affinitätsdiagramm ist sowohl Methode als auch Ergebnis bei der Gruppierung (Clusterbildung) einer Vielzahl von Ideen, Meinungen oder Rückmeldungen.
Die Besonderheit der Methode besteht in der Bearbeitung der Informationen im Team bis zur Herausbildung von Gruppen oder Kategorien, ohne miteinander zu sprechen. Dadurch wird die Bearbeitungszeit wesentlich verkürzt.
In DEFINE kann das Affinitätsdiagramm eingesetzt werden, um eine große Menge von Kundenrückmeldungen zu strukturieren, während in IMPROVE damit Lösungsideen zusammengefasst werden können.

Attributive Daten Attributive Daten sind diskrete Daten, die durch Zählen von Einheiten mit oder ohne bestimmte Merkmale ermittelt werden und oftmals in Prozent angegeben werden. Attributive Daten sind entweder der Anteil fehlerhafter Einheiten, wie beispielsweise der Anteil von fehlerhaften Kreditanträgen, oder die Anzahl von Fehlern pro Einheit, wie beispielsweise die Anzahl von unterschiedlichen Fehlern auf Kreditanträgen.

Baumdiagramm Ein Baumdiagramm ist die grafische Darstellung von Elementen eines Systems in einer Hierarchie. In DEFINE kann ein Baumdiagramm bei der hierarchischen Darstellung und Analyse der Gesamtheit von Kundenforderungen, das heißt beim Übertragen der Kundenstimme in messbare Prozessparameter (CTQ), eingesetzt werden.

Benchmarking Das Benchmarking benennt die vergleichende Analyse von Prozessergebnissen und Prozessablauf mit vergleichbaren Prozessen anderer Organisationen mit dem Ziel der Prozessoptimierung.

Bewertungsmatrix Eine Bewertungsmatrix (Prioritätenmatrix) wird während der Analyse von Lösungsvarianten eingesetzt, um anhand von Bewertungskriterien die vorteilhafteste Lösung auszuwählen.

Black Belt Black Belt (Schwarzgürtel, Bezeichnung für einen Meistergürtel im Judo) bezeichnet einen erfahrenen Projektleiter für Lean-Six-Sigma-Verbesserungsprojekte.

Box-Cox-Transformation Die Box-Cox-Transformation wird eingesetzt, um mithilfe einer auf alle Merkmalswerte gleichermaßen angewendeten, iterativ ermittelten Exponentialfunktion stetige, nicht normalverteilte Daten in eine Normalverteilung zu transformieren.

C_p, C_{pk}, P_p, P_{pk} C_p ... Prozessfähigkeit, C_{pk} ... kritische Prozessfähigkeit, P_p ... Prozessleistung, P_{pk} ... kritische Prozessleistung
C_p und C_{pk} stellen die Fähigkeit eines Prozesses unter Kurzzeitbeobachtung dar, während P_p und P_{pk} die Leistung eines Prozesses unter Langzeitbeobachtung widerspiegeln.
C_p und P_p geben das Potenzial des Prozesses unter optimal zentrierten Bedingungen wider, während C_{pk} und P_{pk} das tatsächliche Prozessergebnis beschreiben. Für einen zwischen den Spezifikationsgrenzen zentrierten Prozess sind $C_p = C_{pk}$ und $P_p = P_{pk}$.

Creative Problem Solving Creative Problem Solving beschreibt eine Methode der kreativen Problemlösung in sechs Schritten, die auch unter dem Namen Osborn-Parnes CPS Process bekannt ist und in den 50er-Jahren an der University at Buffalo in New York entwickelt wurde.

Critical to Quality (CTQ) Von Kundenforderungen abgeleitetes, messbares Qualitätsmerkmal, das sowohl Messgröße als auch Spezifikation enthält.

Dashboard Grafische Darstellung von auf die jeweilige Unternehmensebene und den betreffenden Unternehmensprozess zugeschnittenen Kenngrößen, die oftmals nach der Balanced Scorecard aus den Elementen Finanzen, Kunden, Prozess und Optimierung zusammengesetzt sind und zur Unternehmenssteuerung eingesetzt werden.

FMEA Die Fehlermöglichkeits- und -einflussanalyse ist eine Methode zur theoretischen Betrachtung von Risiken in Prozessen (oder auch im Design) und deren Bewertung nach den Kriterien Gefährdungspotenzial, Auftretenswahrscheinlichkeit und Entdeckungswahrscheinlichkeit. Ziel ist die Ableitung von Maßnahmen zur Verringerung der Risiken, bevor die entsprechenden Prozesse implementiert werden.

Führende Indikatoren Führende Indikatoren in Prozessen sind solche Indikatoren, die es ermöglichen, beim Erkennen von systematischen Prozessabweichungen in den Prozess einzugreifen, bevor das Prozessergebnis nachteilig beeinflusst wird.
Demgegenüber sind verzögerte Indikatoren solche Indikatoren, die allein das Prozessergebnis bewerten, ohne dass die Möglichkeit der Einflussnahme besteht.

Gage R&R Messsystemanalyse (von Gage, US-amerikanisch für Gauge: Messsystem) zur Überprüfung von Wiederholbarkeit (Repeatability) und Reproduzierbarkeit (Reproducibility) der Ergebnisse von Datensammlungsprozessen.
Wiederholbarkeit kennzeichnet die Fähigkeit, unter absolut gleichen Bedingungen das gleiche Bewertungsergebnis zu erzielen. Reproduzierbarkeit kennzeichnet die Fähigkeit, unter veränderten Bedingungen für die gleiche Einheit das gleiche Bewertungsergebnis zu erzielen.

Gallery Walk Gallery Walk ist ein Rundgang durch eine Ausstellung von Projektergebnissen auf Postern, die den Gästen durch die Bearbeiter der auf den Postern ausgestellten Projekte erläutert werden.

Gemba Gemba ist japanisch und steht für den „Tatort“. Gemba wird in Lean Six Sigma verwendet, um den Ort des Geschehens, des Prozessablaufes zu kennzeichnen.

Green Belt Green Belt (Grüngürtel, Bezeichnung für einen Anfängergürtel im Judo) bezeichnet einen weniger erfahrenen Projektleiter für wenig komplexe Lean-Six-Sigma-Verbesserungsprojekte.

Idealzustand Der Idealzustand kennzeichnet das beste Ergebnis für einen Prozess unter Idealbedingungen. Der Idealzustand für einen Fehleranteil ist gewöhnlich null. Der Idealzustand für eine Durchlaufzeit ist der beste jemals erreichte oder ein durch Benchmarking ermittelter Wert.

Ist-Zustand Der Ist-Zustand kennzeichnet den vor Projektbeginn unter stabilen Bedingungen dauerhaft erreichten Wert für das Prozessergebnis.

Kano-Diagramm Ein Kano-Diagramm ist ein Diagramm zur Darstellung der Kundenzufriedenheit in Abhängigkeit von der Erfüllung von Qualitätsmerkmalen (CTQ). Das Kano-Diagramm unterscheidet drei Arten von Qualitätsmerkmalen: unverzichtbare Merkmale, Je-mehr-desto-besser-Merkmale und Begeisterungsmerkmale.
Unverzichtbare Merkmale führen zu Kundenunzufriedenheit bei Nichterfüllung, während die Erfüllung in der Regel als gegeben angenommen wird (Beispiel: die Gesprächsfunktion eines Mobiltelefons).
Je-mehr-desto-besser-Merkmale stellen einen linearen Zusammenhang zwischen der Erfüllung von Kundenforderungen und deren Zufriedenheit dar (Beispiel: die Akkulaufzeit eines Mobiltelefons).

Begeisterungsmerkmale werden nicht gefordert und führen daher bei Nichterfüllung auch nicht zu Unzufriedenheit, während das Bereitstellen solcher Merkmale eine gesteigerte Kundenzufriedenheit bis zur Begeisterung nach sich ziehen kann. Solche Merkmale können Alleinstellungsmerkmale im Markt bedeuten und für einen eingeschränkten Zeitraum erhebliche Vorteile bringen (Beispiel: die Einführung neuer Funktionen wie ein Navigationssystem auf dem Mobiltelefon).

Korrelationskoeffizient Der Korrelationskoeffizient r kennzeichnet den Zusammenhang zwischen zwei stetigen Variablen und wird in einer Dezimalzahl von −1 bis 1 dargestellt. Ein Wert von mehr als 0,7 stellt einen starken positiven, ein Wert von weniger als −0,7 einen starken negativen Zusammenhang dar.

Kundennutzen Als Kundennutzen wird der Vorteil bezeichnet, der für den Kunden aus dem Lean-Six-Sigma-Projekt erwächst.

Mann-Whitney-Test Mann-Whitney-Test ist ein statistischer Hypothesentest, der den Zusammenhang einer diskreten Einflussvariablen auf eine stetige Ergebnisvariable darstellt. Dieser nicht parametrische Test wird dann eingesetzt, wenn die stetigen Daten nicht normalverteilt sind und auch nicht in Normalverteilung transformiert werden können.

Master Black Belt Master Black Belt bezeichnet einen erfahrenen Projektleiter für komplexe Lean-Six-Sigma-Verbesserungsprojekte, der oftmals als Lean-Six-Sigma-Trainer oder -Berater arbeitet. Der Master Black Belt ist in der Regel Mitglied der Unternehmensführung und leitet als solcher die Einführung und Umsetzung der Lean-Six-Sigma-Initiative.

Moment der Wahrheit Der Moment der Wahrheit kennzeichnet den Augenblick, in dem ein Produkt oder eine Dienstleistung des Unternehmens vom Kunden empfangen und begutachtet wird.

Mystery-Shopping Beim Mystery-Shopping werden geschulte Testkäufer eingesetzt, um den Moment der Wahrheit als Kunde zu erfahren, zu analysieren und an das Unternehmen zu berichten, um daraus Schlussfolgerungen für Verbesserungen abzuleiten.

Pilotversuch Beim Pilotversuch werden Lösungen und Lösungsvarianten in verringertem Umfang unter realen Bedingungen getestet, optimiert und validiert, bevor sie ganzflächig umgesetzt werden.

Poka Yoke Poka Yoke (japanisch für „idiotensicher") steht für Lösungen, die bestimmte menschliche Fehler ausschließen und daher die Fehleranfälligkeit eines Systems drastisch senken.

Prioritätenmatrix Eine Matrix zur Priorisierung einer Gruppe von Eingangsgrößen in Abhängigkeit einer Gruppe von gewichteten oder ungewichteten Bedingungen.
In MEASURE findet die Prioritätenmatrix beispielsweise Anwendung bei der Priorisierung von Ursachenvariablen X in Abhängigkeit von deren Einfluss auf die Problemvariablen, um die Anzahl der in die Datenerfassung einzubeziehenden Variablen zu begrenzen. Eine weitere Anwendung ergibt sich in IMPROVE bei der Priorisierung von Lösungsideen in Abhängigkeit von der Erfüllung von zuvor definierten Lösungskriterien und bestehenden Randbedingungen.

Proaktive Kanäle Die Stimme des Kunden kann über proaktive Kanäle aufgenommen werden. Diese Kanäle beschreiben die Aufnahme von abgeforderten Kundenrückmeldungen wie Umfragen, Interviews, Kundenbeobachtungen.

Projektleiter Projektleiter für Lean-Six-Sigma-Projekte sind entweder Green Belts oder Black Belts.

Projektmitarbeiter Projektmitarbeiter für Lean-Six-Sigma-Projekte sind neben dem Projektleiter alle Teammitglieder, die einen Anteil an der Projektarbeit haben.

Projektsponsor Projektsponsoren sind Mitglieder der Unternehmensführung, die zur Verbesserung ihrer Prozessergebnisse ein Lean-Six-Sigma-Projekt in ihrem Verantwortungsbereich einsetzen und dafür die entsprechenden Ressourcen bereitstellen. Projektsponsoren sind für die Definition des Projekts, dessen Überwachung und Umsetzung verantwortlich.

Projektunterstützung Die Projektunterstützung bezeichnet temporäre Projektmitarbeiter, die nur in bestimmten Phasen wie beispielsweise der Datensammlung oder der Kosten-Nutzen-Analyse herangezogen werden.

Prozessergebnis Das Prozessergebnis ist das vom betrachteten Prozess gelieferte Resultat gemessen an den Kundenforderungen für diesen Prozess. Das Prozessergebnis wird beispielsweise in Prozent oder in Prozess-Sigma gemessen.

Prozess-Sigma-Wert Der Prozess-Sigma-Wert wird als Kenngröße zur Beurteilung des Prozessergebnisses benutzt. Er wird aus dem Prozentsatz der Erfüllung der Kundenforderungen berechnet, indem der dem Prozentsatz entsprechende z-Wert aus der Normalverteilungsfunktion ermittelt und 1,5 addiert wird.

Qualitätsmerkmal Ein Qualitätsmerkmal ist eine Kenngröße zur Beurteilung der Erfüllung von Kundenforderungen an einen Prozess.

Qualitätsregelkarte Qualitätsregelkarten sind grafische Darstellungen von Merkmalswerten über der Zeit, die die Unterscheidung von zufälligen und systematischen Prozessstreuungen erlauben und damit die Voraussetzung für angemessene Aktionen zur Prozesssteuerung bilden.

Quality Council Ein Quality Council ist das auf Prozessverbesserung und damit Steigerung von Kundenzufriedenheit und Unternehmensergebnis ausgerichtete Gremium zur Steuerung der Lean-Six-Sigma-Initiative. Der Quality Council ist ein Gremium der obersten Führungsebene und findet meist monatlich statt.

Quick Wins Quick Wins sind risikofreie oder risikoarme und nicht investitionsrelevante Prozessverbesserungen. Sie stellen sich als sogenannte tief hängende Früchte (low hanging fruits) dar, die bereits in den Phasen DEFINE, MEASURE und ANALYSE geerntet werden und es damit erlauben, Prozessverbesserungen zu erreichen und dadurch sowohl Projektmitarbeiter als auch Prozessbeteiligte und Führungskräfte zur weiteren Unterstützung zu motivieren.

Reaktive Kanäle Die Stimme des Kunden kann über reaktive Kanäle aufgenommen werden. Diese Kanäle beschreiben die Aufnahme von nicht abgeforderten Kundenrückmeldungen wie beispielsweise Beschwerden, Service-Hotline-Kommentaren oder Informationen über Fehler.

Resultierende Messgröße Die resultierende Messgröße kennzeichnet eine Messgröße, die nicht vordergründig Gegenstand des Lean-Six-Sigma-Projektes ist, allerdings als Ergebnis dessen Veränderungen erfahren kann und daher zusätzlich überwacht werden sollte.

Service-Level-Agreement (SLA) Service-Level-Agreements sind Vereinbarungen zwischen Unternehmen und deren Kunden sowie Lieferanten, die Qualität, Termin und Preis für die Lieferungen festlegen.

Signifikanter Unterschied Ein signifikanter Unterschied ist ein Unterschied, der auf der Basis von Daten statistisch nachgewiesen werden kann. Das in Kauf genommene Risiko für die Annahme eines signifikanten Unterschieds ist in der Regel weniger als 5 %.

SIPOC SIPOC steht für Supplier (Prozesszulieferer), Input (Prozesseingabe), Process, Output (Prozessausgabe) und Customer (Prozesskunde). Während DEFINE wird zur Gewinnung eines Prozessüberblicks ein SIPOC erstellt, der gleichzeitig den Prozessumfang aufzeigt. In MEASURE dient der SIPOC der Generierung einer Liste von Input- und Prozessvariablen, aus denen potenzielle Ursachenvariablen X gewonnen werden.

Stabiler Prozess Ein stabiler Prozess ist ein ungestörter Prozess, der nur erwartete, zufällige Streuung aufweist, die auf einen dafür vorbereiteten Prozess trifft.

Stakeholder Stakeholder sind Personen, die ein Interesse am betrachteten Prozess haben. Stakeholder können oft das Ergebnis positiv oder negativ beeinflussen.

Stichprobengröße Die Stichprobengröße stellt die Anzahl von Merkmalswerten dar, die in einer Stichprobe aufgenommen werden. Stichproben werden eingesetzt, wenn das Erfassen aller Daten nicht möglich oder unökonomisch ist.

Streudiagramm Streudiagramme sind grafische Darstellungen des Zusammenhangs der Merkmalswerte zweier stetiger Variablen.

t-Test Ein t-Test ist ein statistischer Hypothesentest, der den Zusammenhang einer diskreten Einflussvariablen mit zwei Ausprägungen auf eine stetige Ergebnisvariable darstellt. Dieser parametrische Test wird dann eingesetzt, wenn die stetigen Daten normalverteilt sind oder in Normalverteilung transformiert werden können.

Value Value steht für Wert. Wertschöpfende Prozessschritte aus der Sicht des Prozesskunden sind solche Prozessschritte,

- die eine Wertsteigerung darstellen, für die der Kunde bezahlen würde,
- die das Produkt oder die Dienstleistung physisch verändern und
- die beim ersten Mal gleich richtig durchgeführt werden.

Variable Daten Variable Daten sind stetige Daten, die durch Messen von Größen wie beispielsweise Zeit, Dimension oder Gewicht ermittelt und in entsprechenden Einheiten wie beispielsweise Minuten, Metern, Gramm angegeben werden.

Vertrauensbereich Bei der Stichprobenentnahme kennzeichnet der Vertrauensbereich den Bereich um das Stichprobenergebnis, in dem das tatsächliche Ergebnis der Population erwartet werden kann.

Verzögerte Indikatoren Verzögerte Indikatoren in Prozessen sind solche Indikatoren, die allein das Prozessergebnis bewerten, ohne dass die Möglichkeit der Einflussnahme besteht.
Demgegenüber sind führende Indikatoren solche Indikatoren, die es ermöglichen, beim Erkennen von systematischen Prozessabweichungen in den Prozess einzugreifen, bevor das Prozessergebnis nachteilig beeinflusst wird.

VOC Die Stimme des Kunden (Voice of the Customer) beschreibt sowohl Methode als auch Ergebnis der Sammlung und Analyse von Kundenforderungen.

Wertstromanalyse Wertstromanalyse (Value Stream Mapping) ist eine Methode zur Aufnahme des Prozessablaufes mit zu den Prozessschritten gehörigen Kenndaten wie beispielsweise

- Bearbeiter und deren Fähigkeit und Verfügbarkeit,
- Bearbeitungszeiten und deren wertschöpfender Anteil,
- Liege- und Wartezeiten,
- im Prozess befindliche Einheiten,
- Prozessmerkmale wie Stapelbearbeitung, Defektrate, Umstellzeit etc.

Stichwortverzeichnis

Symbole

A

B

C

D

E

F

G

H

I

K

L

M

N

P

W

X

Z